普通高等教育"十一五"国家级规划教材

重点大学计算机专业系列教材

数据库系统实验指导教程
（第二版）

汤娜 李建国 肖菁 汤庸 叶小平 编著

清华大学出版社

北京

内 容 简 介

本书分为 6 章,第 1 章针对本科教学中 SQL 语言的基本知识点进行实验内容组织,第 2～5 章分别就系统中的完整性控制、安全性控制、并发控制、数据备份与恢复等进行实验内容组织,第 6 章围绕 XML 进行实验内容组织。每个实验都有自我实践环节,可以进一步检验读者对相关知识的掌握程度。

本书是为了配合本科教学中的数据库实践部分而编写的,紧贴本科教学内容组织每一章的实验。本书可以独立使用,也可以配合任何一本数据库教材来使用。

图书在版编目(CIP)数据

数据库系统实验指导教程/汤娜,李建国等编著. —2 版. —北京:清华大学出版社,2011.1
(重点大学计算机专业系列教材)

ISBN 978-7-302-23949-9

Ⅰ. ①数…　Ⅱ. ①汤…　②李…　Ⅲ. ①数据库系统—教材　Ⅳ. ①TP311.13

中国版本图书馆 CIP 数据核字(2010)第 198312 号

责任编辑:魏江江　张为民
责任校对:焦丽丽
责任印制:何　芊

出版发行:清华大学出版社　　　　　　　　　地　　址:北京清华大学学研大厦 A 座
　　　　　http://www.tup.com.cn　　　　　　邮　　编:100084
　　　　　社　总　机:010-62770175　　　　邮　购:010-62786544
　　　　　投稿与读者服务:010-62795954,jsjjc@tup.tsinghua.edu.cn
　　　　　质　量　反　馈:010-62772015,zhiliang@tup.tsinghua.edu.cn
印 装 者:北京国马印刷厂
经　　销:全国新华书店
开　　本:185×260　印　张:15.75　字　数:382 千字
版　　次:2011 年 1 月第 2 版　　印　次:2011 年 1 月第 1 次印刷
印　　数:1～3000
定　　价:25.00 元

产品编号:039528-01

出版说明

　　随着国家信息化步伐的加快和高等教育规模的扩大,社会对计算机专业人才的需求不仅体现在数量的增加上,而且体现在质量要求的提高上,培养具有研究和实践能力的高层次的计算机专业人才已成为许多重点大学计算机专业教育的主要目标。目前,我国共有 16 个国家重点学科、20 个博士点一级学科、28 个博士点二级学科集中在教育部部属重点大学,这些高校在计算机教学和科研方面具有一定优势,并且大多以国际著名大学计算机教育为参照系,具有系统完善的教学课程体系、教学实验体系、教学质量保证体系和人才培养评估体系等综合体系,形成了培养一流人才的教学和科研环境。

　　重点大学计算机学科的教学与科研氛围是培养一流计算机人才的基础,其中专业教材的使用和建设则是这种氛围的重要组成部分,一批具有学科方向特色优势的计算机专业教材作为各重点大学的重点建设项目成果得到肯定。为了展示和发扬各重点大学在计算机专业教育上的优势,特别是专业教材建设上的优势,同时配合各重点大学的计算机学科建设和专业课程教学需要,在教育部相关教学指导委员会专家的建议和各重点大学的大力支持下,清华大学出版社规划并出版本系列教材。本系列教材的建设旨在"汇聚学科精英、引领学科建设、培育专业英才",同时以教材示范各重点大学的优秀教学理念、教学方法、教学手段和教学内容等。

　　本系列教材在规划过程中体现了如下一些基本组织原则和特点。

　　1. 面向学科发展的前沿,适应当前社会对计算机专业高级人才的培养需求。教材内容以基本理论为基础,反映基本理论和原理的综合应用,重视实践和应用环节。

　　2. 反映教学需要,促进教学发展。教材要能适应多样化的教学需要,正确把握教学内容和课程体系的改革方向。在选择教材内容和编写体系时注意体现素质教育、创新能力与实践能力的培养,为学生知识、能力、素质协调发展创造条件。

　　3. 实施精品战略,突出重点,保证质量。规划教材建设的重点依然是专业基础课和专业主干课;特别注意选择并安排了一部分原来基础比较好的优秀教材或讲义修订再版,逐步形成精品教材;提倡并鼓励编写体现重点大学计算机专业教学内容和课程体系改革成果的教材。

4. 主张一纲多本,合理配套。专业基础课和专业主干课教材要配套,同一门课程可以有多本具有不同内容特点的教材。处理好教材统一性与多样化的关系;基本教材与辅助教材以及教学参考书的关系;文字教材与软件教材的关系,实现教材系列资源配套。

5. 依靠专家,择优落实。在制订教材规划时要依靠各课程专家在调查研究本课程教材建设现状的基础上提出规划选题。在落实主编人选时,要引入竞争机制,通过申报、评审确定主编。书稿完成后要认真实行审稿程序,确保出书质量。

繁荣教材出版事业,提高教材质量的关键是教师。建立一支高水平的以老带新的教材编写队伍才能保证教材的编写质量,希望有志于教材建设的教师能够加入到我们的编写队伍中来。

教材编委会

前言

　　数据库系统原理作为大学计算机及相关专业的必修主干课程,也是其他许多专业学生的选修课程。数据库是一门实践的学科,目前很多学校都开设了与数据库相关的实验课程或者实验环节,实验内容大都围绕着某个信息系统的设计与开发,即数据库的设计与开发进行。本书的实验内容主要是从数据库管理系统(DBMS)原理的角度出发,通过案例现象引导读者主动思考现象的成因,再通过新的现象测试验证对成因的揣度是否正确。实验的设计思路是现象→原理→现象,锻炼学生的抽象、归纳和演绎的能力。通过案例测试DBMS的用户和系统边界,让学生能清晰了解 DBMS 与用户的边界在哪里,什么是一个 DBA 要做的事情,帮助学生深入了解系统,而不仅仅停留在会使用和操作的层次。总之,希望本书能为数据库实验教材的建设提供一定的角度和思路。

　　为了使教学内容和实验内容更容易被接受,本书在现有的关系数据库产品中选用了 Microsoft SQL Server 作为实验平台,该产品以简单、实用并且界面友好著称。这对于数据库系统知识的入门者,既能全面了解数据库的系统知识,又能避免陷入 DBMS 技术要点的海洋中。本书并不着眼于产品介绍,而是着眼于帮助读者了解 DBMS 的基本工作原理,并清楚了解系统的边界。所以,如果读者需要对数据库产品的操作有更细致的了解,可以参考产品的帮助文件和支撑网站。

　　本书为了配合本科教学中的数据库实践部分,在内容上紧贴本科教学来组织每一章的实验,本书可以独立使用,也可以配合任何一本数据库教材来使用。在每一章中首先对实验中涉及的知识点作了回顾,然后每个实验中在组织实验数据及现象的观察过程中,为了阐述现象后的本质,对涉及的知识点会做进一步的解释。

　　本书的相关资源放在清华大学出版社网站上,database 目录下是本书采用的实验数据库和实验数据。读者可以先通过阅读本书附录 1 了解数据库的逻辑结构,然后通过附录 2 搭建实验环境,并将数据库结构和数据直接导入到用户自己的计算机中。

　　本书为第二版,在第一版的基础上,我们根据教学过程中学生学习的重点和难点进行了案例的增加,并根据一些学校的教学反馈修改了实验的内容,将第一版中的第 6 章"性能检测"和第 7 章"索引"内容去除,增加了 XML 的相关内容。同时实验环境也从 Microsoft SQL Server 2000 升级到了 Microsoft SQL Server 2005。实验环境的更新换代不仅意味着界面的变化,还意味着可能有更多的原理案例展现,如在 SQL Server 2005 中新增了两种隔离级别,由于这两种隔离级别是用到并发中的多版本协议和乐观协议,而 SQL Server 2000 仅支持二段式锁协议。通过设计新的案例就可以帮助学生去理解和应用多版本协议和乐观协议,让实验教学内容更为丰富和系统。

从本书的组织结构框架来看,共分为 6 章。第 1 章针对本科教学中 SQL 语句涉及的所有基本知识点进行实验内容组织,第 2~5 章分别就系统中的完整性控制、安全性控制、并发控制、数据备份与恢复等系统知识进行实验内容组织,第 6 章围绕 XML 进行介绍。每个实验都有自我实践环节,可以进一步检验读者对相关知识的掌握程度。

本书由汤娜和汤庸统稿,还有李建国、肖菁、叶小平、石磐、刘斌、戚洪睿、胡智超、郑汉雄等参加了部分内容编写与校对工作。在本书编写过程中,还参考了国内外数据库相关教材和书籍,在此一并表示衷心的感谢。

编写一本适用本科教学的实验教材并非易事,由于作者水平所限,上述目的能否达到,还需要实践检验。对于本书的不足与疏漏之处,恳请读者和专家批评指正。读者的建议和意见可以通过发电子邮件到 sinceretn@ hotmail.com 或 issty@ mail.sysu.edu.cn 与我们联系,我们会把这些建议和意见作为下一个版本修改的参考。

作 者

2010 年 9 月于华南师范大学

CONTENTS

目录

SQL 语言　　第 1 章

SQL(Structured Query Language,结构化查询语言),是一种介于关系代数与关系演算之间的语言,其功能包括查询(Data Query)、操纵(Data Manipulation)、定义(Data Definition)和控制(Data Control)4 个方面,是一个通用的、功能极强的关系数据库语言。目前,SQL 语言已经成为关系数据库的标准语言。

SQL 语言具有高度综合统一、高度非过程化、采取面向集合操作方式、支持三级模式结构、具有一种语法两种使用方式、结构简洁、易学易用的特点,所以为广大用户和业界所接受,成为国际标准。

SQL 语言支持关系数据库三级模式结构。其中,内模式对应于存储文件,概念模式对应于基本表,外模式对应于视图(View)。

存储文件的逻辑结构组成了关系数据库的内模式,存储文件的物理文件结构是透明的。基本表是本身独立存在的表,在 SQL 中一个关系就对应一个表。一些基本表对应一个存储文件,一个表可以带若干索引,索引也存放在存储文件中。

视图是从基本表或其他视图中导出的一个虚表。在数据库中只存放视图的定义而不存放视图对应的数据。可以用 SQL 语言对视图和基本表进行查询。通常视图和基本表都是关系,而存储文件是透明的。

SQL 语言的基本功能包括数据定义功能、数据查询功能、数据更新功能、视图管理功能和数据控制功能 5 个方面。其中,数据查询是 SQL 语言的最主要功能。

1.1　数据定义

1.1.1　实验目的

熟悉 SQL 的数据定义语言,能够熟练地使用 SQL 语句来创建和更改基本表,创建和取消索引。

1.1.2 原理解析

SQL 的数据定义包括基本表的定义、索引的定义和视图的定义 3 部分,这里的"定义"包括创建(Create)、取消(Drop)和更改(Modify)3 部分内容,如表 1.1.1 所示。在本节实验中,主要介绍基本表和索引的定义,视图部分的内容将在 1.4 节中讨论。

表 1.1.1　SQL 的数据定义语句

操 作 对 象	创　建	取　消	更　改
表	CREATE TABLE	DROP TABLE	ALTER TABLE
视图	CREATE VIEW	DROP VIEW	
索引	CREATE INDEX	DROP INDEX	

(1) SQL 的基本数据类型。

SQL 在定义表的各个属性时,要求指明其中的数据类型和长度。不同的 DBMS 支持的数据类型不完全一样。表 1.1.2 列举了 Microsoft SQL Server 2005 支持的主要数据类型。

表 1.1.2　Microsoft SQL Server 2005 支持的主要数据类型

序号	符　　号	数 据 类 型	说　　明
01	TINYINT	整数类型	其值按 1 个字节存储
02	SMALLINT	整数类型	其值按 2 个字节存储
03	INTEGER or INT	整数类型	其值按 4 个字节存储
04	REAL	实数类型	其值按 4 个字节存储
05	FLOAT	实数类型	其值按 8 个字节存储
06	CHARACTER(n) or CHAR(n)	长度为 n 的字符类型	一个字符占一个字节
07	VARCHAR(n)	最大长度为 n 的变长字符类型	所占空间与实际字符数有关
08	DATETIME	日期时间类型	默认格式为 MM-DD-YYYY, HH:MM:AM/PM
09	TIMESTAMP	时间戳	更新或插入一行时,系统自动记录的日期时间类型

(2) 用 CREATE 语句来创建基本表,一般形式如下。

```
CREATE  TABLE  <表名>(<列名>,<数据类型>[列级完整性约束条件]
[,<列名>,<数据类型>[列级完整性约束条件]]…
[,<表级完整性约束条件>])
```

其中,[]内的内容是可选项,<表名>是所要定义的基本表名称。

在使用 CREATE 语句创建基本表时,必须指定基本表的表名、每个列名和数据类型,而列级的完整性约束则是备选的内容,可以指定,也可以省略。对主键和外键等的定义,一般是在基本表中各个列属性的定义之后出现。各个列的数据类型必须与表 1.1.2 中的数据类型相匹配,不然会产生编译错误,不能运行。

在定义外键的时候,要用保留字 REFERENCES 来指出外键来自的表名,即主表。可以通过使用引用完整性任选项 ON DELETE,来指出主表中被引用主属性被删除时,在引用表中的数据的处理方式。为了保证完整性,可以采取的方法有 3 种:

- 选用 RESTRICT 选项,表明被基本表所引用的主属性不得删除。
- 选用 CASCADE 选项,表明若主表中删除被引用的主属性,则基本表中引用该外键的对应行应随着被删除。
- 选用 SET NULL 选项,表明若主表中删除被引用的主属性,则基本表中引用该外键的对应行中的该属性值会被置空。当然,这必须具有一个前提,即该属性在前面说明应该没有 NOT NULL 限制。

(3) 在更改表的时候,可以使用 ALTER 语句增加新的列,或修改列的数据类型,取消完整性约束。更改的过程是将列作为一个对象来进行。例如修改列的数据类型,则在整个表中,所有元组这一列的取值类型都发生改变。SQL 没有提供直接删除列的功能,当需要删除列的时候,必须通过间接步骤来实现。

ALTER 语句更改表的语句的一般格式如下:

```
ALTER   TABLE <表名>
[ADD <新列名><数据类型>[完整性约束条件]]
[DROP CONSTRAINT[完整性约束名]]
[ALTER COLUMN <列名><数据类型>]
```

其中,ADD 子句用于增加新列和新的完整性约束条件;DROP CONSTRAINT 子句用于取消完整性约束条件;ALTER COLUMN 子句用于更改原有的定义,包括更改列名和数据类型。

(4) 取消表的语句格式:

```
DROP   TABLE <表名>
```

(5) 创建索引的语句格式:

```
CREATE[UNIQUE][CLUSTERED]INDEX <索引名>
ON <表名>(<列名>[<排序方式>][,<列名>[,<排序方式>]]…)
```

(6) 取消索引的语句格式:

```
DROP   INDEX   表名.索引名
```

1.1.3　实验内容

本节实验的主要内容包括:

- 使用 CREATE 语句创建基本表。
- 更改基本表的定义,增加列,删除列,修改列的数据类型。
- 创建表的升降序索引。
- 取消表、表的索引或表的约束。

1.1.4　实验步骤

要求:

(1) 使用 SQL 语句创建关系数据库表:人员表 PERSON(P♯,Pname,Page,Pgender),房间表 ROOM(R♯,Rname,Rarea),表 P-R(P♯,R♯,Date)。其中 P♯ 是表 PERSON 的主键,具有唯一性约束,Page 具有约束:大于 18;R♯ 是表 ROOM 的主键,具有唯一性约束。

表 P-R 中的 P♯,R♯是外键。

(2) 更改表 PERSON,增加属性 Ptype(类型是 CHAR,长度为 10),取消 Page 大于 18 的约束。把表 ROOM 中的属性 Rname 的数据类型改成长度为 30。

(3) 删除表 ROOM 的一个属性 Rarea。

(4) 取消表 PR。

(5) 为 ROOM 表创建按 R♯降序排列的索引。

(6) 为 PERSON 表创建按 P♯升序排列的索引。

(7) 创建表 PERSON 的按 Pname 升序排列的唯一性索引。

(8) 取消 PERSON 表 P♯升序索引。

分析与解答:

(1) 使用 SQL 语句创建关系数据库表:人员表 PERSON(P♯,Pname,Page, Pgender),房间表 ROOM(R♯,Rname,Rarea),表 P-R(P♯,R♯,Date)。其中 P♯是表 PERSON 的主键,具有唯一性约束,Page 具有约束:大于 18;R♯是表 ROOM 的主键,具有唯一性约束。表 P-R 中的 P♯,R♯是外键。

在实际情况中,可以使用代码 1.1.1 中的 SQL 语句来实现上述功能。

```
CREATE TABLE PERSON
(P♯ CHAR(8) NOT NULL UNIQUE,
Pname CHAR(20) NOT NULL,
Page INT,
PRIMARY KEY(P♯),CHECK(Page>18))

CREATE TABLE ROOM
(R♯ CHAR(8) NOT NULL UNIQUE,
Rname CHAR(20),
Rarea FLOAT(10),
PRIMARY KEY(R♯))

CREATE TABLE PR(
P♯ CHAR(8) NOT NULL UNIQUE,
R♯ CHAR(8) NOT NULL UNIQUE,
Date Datetime,

PRIMARY KEY(P♯,R♯)
FOREIGN KEY(P♯) REFERENCES PERSON ON DELETE CASCADE,
FOREIGN KEY(R♯) REFERENCES ROOM ON DELETE CASCADE
)
```

代码 1.1.1

(2) 更改表 PERSON,增加属性 Ptype(类型是 CHAR,长度为 10),取消 Page 大于 18 的约束。把表 ROOM 中的属性 Rname 的数据类型改成长度为 40。

可以使用代码 1.1.2 中的 SQL 语句来更改表:

```
ALTER TABLE PERSON ADD Rtype CHAR(10)
ALTER TABLE PRRSON DROP CONSTRAINT CK_PERSON_Page_78B3EFCA
ALTER TABLE ROOM ALTER COLUMN Rname CHAR(40)
```

代码 1.1.2

在取消约束的时候,应该写出约束的名称。当定义约束的时候,虽然没有指定约束的名称,但是数据库会为这个约束起一个名称。需要注意的是,不同的时候创建名称可能不同。要查看这个名称,可以通过 Management Studio 中对象浏览器查看此表中的约束选项,可以看到这个约束的名称。在这个具体的实验中,这个约束的名称为 CK__PERSON__Page__78B3EFCA。

(3) 删除表 ROOM 的一个属性 Rarea。

在 SQL Server 2005 中,提供了删除列的操作,可以使用代码 1.1.3 中的 SQL 语句实现:

```
ALTER TABLE ROOM DROP COLUMN Rarea
```

代码 1.1.3

而在其他的数据库支持的 SQL 中,不是都有直接删除列的语句的。当 SQL 不支持直接删除列操作的时候,要实现这一个操作,可以通过先把表删除,再重新定义符合要求的新表这两步的操作来完成。在这个过程中,删除表会导致数据的丢失,所以在删除表之前,需要复制一份原表的数据和定义用以保存。在定义了新的符合要求的表后,再把表的数据导入新的表中。

(4) 取消表 PR。

取消表,直接使用代码 1.1.4 所示的 DROP 语句。

```
DROP TABLE PR
```

代码 1.1.4

(5) 为 ROOM 表创建按 R♯ 降序排列的索引,如代码 1.1.5 所示。

```
CREATE INDEX XCNO ON ROOM(R♯ DESC)
```

代码 1.1.5

(6) 为 PERSON 表创建按 P♯ 升序排列的索引。

创建索引使用 CREATE 语句,需要指出索引的名称,如代码 1.1.6 所示。

```
CREATE INDEX XSNO ON PERSON(P♯)
```

代码 1.1.6

在本例中,创建的索引的名称是 XSNO,在这里列名的排列方式省略了。在 SQL 语句中,排列方式只有 ASC(升序)和 DESC(降序)两种,缺省为 ASC。所以,本例中排列的方式是升序。

(7) 创建表 PERSON 按 P♯ 升序排列的唯一性索引。

在前面的创建索引的实验中,所有的保留字 UNIQUE 和 CLUSTER 都省略了,这时取缺省值 CLUSTER。当需要建立唯一性索引的时候,UNIQUE 就不能省略。例如下面代码 1.1.7中的 SQL 语句:

```
CREATE UNIQUE INDEX RNUA ON PERSON (Pname ASC)
```

代码 1.1.7

(8) 取消 PERSON 表 P♯升序索引。

所要求的 SQL 语句如代码 1.1.8 所示。

```
DROP INDEX PERSON.XSNO
```

代码 1.1.8

说明：

在 Microsoft SQL Server 2005 中执行 SQL 语句,可以采取下面步骤：

① 打开 SQL Server Management Studio,双击选定的数据库。在工具栏中,单击"新建查询",打开 SQL 语句的文本区。

② 在文本编辑区中输入相应的 SQL 语句。

③ 按 F5 键或选择"执行"快捷键来运行 SQL 语句。

1.1.5 自我实践

(1) 创建数据库表 CUSTOMERS(CID,CNAME,CITY,DISCNT),数据库表 AGENTS(AID,ANAME,CITY,PERCENT),数据库表 PRODUCTS(PID,PNAME)。其中,CID,AID,PID 分别是各表的主键,具有唯一性约束。

(2) 创建数据库表 ORDERS(ORDNA,MONTH,CID,AID,PID,QTY,DOLLARS)。其中,ORDNA 是主键,具有唯一性约束。CID,AID,PID 是外键,分别参照的是表 CUSTOMERS 的 CID 字段,表 AGENTS 的 AID 字段,表 PRODUCTS 的 PID 字段。

(3) 增加数据库表 PRODUCTS 的三个属性列：CITY,QUANTITY,PRICE。

(4) 为以上 4 个表建立各自的按主键增序排列的索引。

(5) 取消步骤(4)建立的 4 个索引。

试一试：

在自己的计算机的 SQL Server 中进行直接删除表 PRODUCTS 的列 CITY 的操作,看看自己的 SQL Server 的版本是否支持这一操作?

1.2 数据查询

1.2.1 实验目的

熟悉 SQL 语句的数据查询语言,能够使用 SQL 语句对数据库进行单表查询、连接查询、嵌套查询、集合查询和统计查询。通过实验理解在数据库表中对数据的 NULL 值的处理。

1.2.2 原理解析

SQL 提供了 SQL 映像语句用于数据库查询。将一个子查询定义为 SUBQUERY,可以得到如下的查询语句的一般形式：

子查询：

```
SUBQUERY::=
SELECT [ALL|DISTINCT]<目标列表达式> [别名][,<目标列表达式> [别名]]…
FROM <表名或视图名> [别名][,<表名或视图名> [别名]]…
```

```
[WHERE <条件表达式>]
[GROUP BY <列名 1>[,<列名 2,>]…]
[HAVING <条件表达式>]]
```

查询表达式：

```
SELECT STATEMENT::=
SUBQUERY|SUBQUERYUNION[ALL]|INTERSECT[ALL]|EXCEPT[ALL]SUBQUERY
[ORDER BY (<列名 1> [ASC|DESC] [,<列名 2>] [ASC|DESC]…]
```

在子查询 SUBQUERY 中，SELECT，FROM 和 WHERE 这三个保留字分别带三个子句，构成了 SQL 语句中最基本的查询语句：

- SELECT 子句表示查询的目标属性。
- FROM 子句表示查询所涉及的关系。
- WHERE 子句表示查询的逻辑条件。

由 SELECT 子句，FROM 子句和 WHERE 子句构成的映像语句的含义是，将 FROM 子句指定的基本表或视图做笛卡儿积，再根据 WHERE 子句的条件表达式，从中找出满足条件的元组；再根据 SELECT 子句中的目标列表达式形成结果表。

GROUP 子句的作用是将元组按后面所跟的列名 1 的值进行分组，属性列中将值相等的元组分成一个组，每个组在结果表中产生一个记录。如果 GROUP 子句带有 HAVING 子句，则表示只有满足 HAVING 子句指定的条件的元组才能在结果关系表中输出。如果有 ORDER 子句，则结果还要按<列名 2>的值的升序或降序的排列次序输出。

上述形式中的目标列表达式可以有如下两种：

- [<表名>.]或 *
- [<表名>.]<属性列名表达式>[,[<表名>.]<属性列名表达式>]…

其中，<属性列名表达式>是由属性列、作用于属性列的集函数和常量的任意算术运算(＋，－，*，/)组成的运算公式。

上述一般形式中的条件表达式形式如下(其中 θ 是比较运算符)：

- <属性列名>θ<属性列名>
- <属性列名>θ<常量>
- <属性列名>θ[ANY|ALL](SELECT 语句)
- <属性列名> [NOT] BETWEEN<常量>AND<常量>
- <属性列名> [NOT] IN(<值 1>[,<值 2>]…)
- <属性列名> [NOT] IN(SELECT 语句)
- <属性列名> [NOT] LIKE <匹配串>
- <属性列名> IS [NOT] NULL
- [NOT] EXISTS (SELECT 语句)
- 条件表达式 AND|OR 条件表达式[AND|OR 条件表达式]…
- NOT <条件表达式>
- 常量 θ <集合函数>(只能用在 HAVING 的条件表达式中)

由上面的目标表达式和条件表达式的多种不同形式，SQL 语句可以提供多种数据查询方式。

1. 单表查询

使用 SELECT 语句做单表查询时,若在 SELECT 后面只指定输出某些列时,可以只查询表中的这些列;若 SELECT 后面跟 * ,则可以查询所有列;若 SELCECT 后面带列名的算术表达式,还可以查询经过计算之后的值。而且,还可以通过别名来改变查询结果的列标题,这对于含算术表达式、常量、函数名的目标列表达式尤为有用。

1) DISTINCT 的用法

当需要消除在查询结果中的重复行的时候,可以使用保留字 DISTINCT。DISTINCT 的对应的选项是 ALL(缺省值)。所以,当要显示重复行的时候,ALL 可以写也可以省略;而要消除重复行的时候,DISTINCT 则一定要写出来。使用 DISTINCT 的时候要注意其保持的唯一性是对 SELECT 后的列名所组成的新的元组的唯一性,而不是各个单独的列取值或原来元组(没有经过 SELECT 子句映射的原来基本表中的元组)的唯一性。

2) WHERE 子句中条件的运算符用法

在 WHERE 子句中,可以用下列方法来表示结果元组必须满足的条件:

- 使用常见的比较符号 = , > , < , >= , != , <> , !> , !< , = * , * = 来做比较;
- BETEWEEN AND,NOT BETWEEN AND 用来指定范围;
- 使用 IN,NOT IN 来查找属性值属于或不属于指定集合;
- 使用谓词 LIKE,NOT LIKE 来查找匹配的元组;
- 使用 IS NULL 查找属性值为空值的元组;
- 使用逻辑运算符 AND 和 OR 可用来连接多个查询条件。如果这两个运算符同时出现在同一个 WHERE 条件子句中,则 AND 的优先级高于 OR,但可以用括号改变优先级。

3) 使用 ORDER BY 对查询结果排序

可以用 ORDER BY 子句指定按照一个或多个属性列的升序(ASC)或降序(DESC)重新排列查询结果,其中升序为缺省值。

4) 使用集函数

SQL 提供集函数进行查询,可以直接返回查询的一些统计结果,可以方便地统计需要得到的数据。SQL 函数是一种综合信息的统计函数,包括计数、求最大值、最小值、平均值、和值等。SQL 函数一般是以列标识符出现在 SELECT 子句的目标列中,也可以出现在 HAVING 子句的条件中。在 SQL 查询语句中,如果有 GROUP BY 分组子句,则语句中的函数为分组统计函数;如果没有 GROUP BY 分组子句,则语句中的函数为全部结果集的统计函数。基本的 SQL 函数的名称和功能如表 1.2.1 所示。

表 1.2.1　基本的 SQL 函数

函　　数	功　　能
AVG(<数值表达式>)	求与字段相关的数值表达式的平均值
SUM(<数值表达式>)	求与字段相关的数值表达式的和值
MIN(<字段表达式>)	求字段表达式的最小值
MAX(<字段表达式>)	求字段表达式的最大值
COUNT(* | <字段>)	求记录行数(*),或求不是 NULL 的字段的行数

5）使用 GROUP BY 进行分组

GROUP BY 子句可以将查询结果表的各行按一列或多列取值相等的原则进行分组。对查询结果分组的目的是为了细化集函数的作用对象。如果未对查询结果分组，集函数将作用于整个查询结果，即整个查询结果只有一个函数值。否则，集函数将作用于每一个组，即每一组都有一个函数值。

如果分组后还要求按一定的条件对这些组进行筛选，最终只输出满足指定条件的组，则可以使用 HAVING 短语指定筛选条件。

注意：

- SELECT 子句中如果有集合函数，则不允许出现包含其他的字段的表达式，但如果有 GROUP BY 子句，则允许 GROUP BY 子句出现的字段。
- 如果在查询语句中有 GROUP BY 子句，则 SELECT 子句不允许出现包含其他的字段的表达式，允许 GROUP BY 子句出现的字段和集合函数表达式。

2. 连接查询

1）不带谓词连接和等值连接

在连接运算中有两种特殊情况，第一种是做笛卡儿乘积的连接：是不带连接谓词的连接，对两个表中元组的交叉乘积。这就意味着其中一个表中的每一元组都要与另一个表中的每一元组进行拼接，因此结果表往往很大。第二种是自然连接，按照两个表中的相同属性进行等值连接，且目标列中去掉了重复的属性列，但保留了所有不重复的属性列。在具体的操作中，一般都是使用自然连接，很少使用笛卡儿乘积的连接。

2）自连接

这是连接的另外一种特殊的情况。它要对自身的连接，在具体的使用中，一般是采用表别名来实现。

3）外连接

在通常的连接操作中，只有满足连接条件的元组才能作为结果输出。但是有时可能不满足连接条件但仍需要输出其中一个表的信息时，可以使用外连接（Outer Join）。

4）复合条件连接

复合条件连接是指 WHERE 语句的条件不只一个而是有多个条件的连接的情况。

5）多表连接

连接操作除了可以是两表连接，一个表与其自身连接外，还可以是两个以上的表进行连接，即多表连接。

3. 嵌套查询

嵌套查询就是指一个查询语句中 WHERE 子句的逻辑条件含有另一个查询语句的情况。因为查询语句的结果是一张表，表就是元组的集合，因此可以将 WHERE 子句内的查询语句看作是一个集合。WHERE 子句所涉及的逻辑条件，也就可以转化为"元素 x 与集合 S"或者"集合 S1 与集合 S2"之间的关系表示。

1）子查询的限制

- 不能使用 ORDER BY 子句；
- 外层 SELECT 语句的变量可以用在子查询中，但反之则不行。

2) 不相关子查询和相关子查询

这两种子查询不同之处在于：不相关子查询的子查询是在没有接受任何输入数据的情况下向外层的 SELECT 语句传递一个行集,即内层的子查询完全独立于外层的 SELECT 语句;而相关子查询要使用外层 SELECT 语句所提供的数据。

由于对外层的依赖性不同,因此这两种子查询的处理方法也不相同:

不相关子查询,是由里向外逐层处理。即每个子查询在上一级查询处理之前求解,子查询的结果用于建立其父查询的查找条件。当查询涉及多个表时,使用嵌套结构逐次求解,就可以将复杂的问题转化为多个相对简单的查询,使得语句层次分明。这恰好是 SQL 语言的结构化的反映。有些嵌套查询可以用连接运算替代,但同时对于多表查询来说,嵌套查询的执行效率也比连接查询的笛卡儿乘积效率要高。这在后面的具体实验中将得到验证。

相关子查询,首先取外层查询中表的第一个元组,根据它与内层查询相关的属性值处理内层查询,若 WHERE 子句返回值为真,则取此元组放入结果表;然后再取外层表的下一个元组;重复这一过程,直至外层表全部检查完为止。

3) 连接子查询使用的谓词

第一类,是使用带有 IN 的谓词的子查询。它的一般格式如下:

expr [NOT] IN (subquery) | expr [NOT] IN (val { ,val… })

第二类,是带有比较运算符的子查询。当能确切知道内层查询返回单值时,可用比较运算符($>$,$<$,$=$,$>=$,$<=$,$!=$或$<>$)。需要注意的是,当内层返回的不是单值时,会引起编译上的错误,不能执行。

同时,这类运算符可以和 SOME,ANY 配合使用。一般格式如下:

EXPR θ { SOME|ANY | ALL } (SUBSQUERY)

其中,θ IS SOME OPERTER IN THE SET $\{<,<=,=,<>,>,>=\}$中的元素。

第三类,带有 SOME,ANY 或 ALL 谓词的子查询。谓词 SOME/ANY 的语义是任意一个值;谓词 ALL 则是表示所有值。需要配合使用比较运算符,如表 1.2.2 所示。

表 1.2.2 比较运算符的谓词含义

比较运算符	含　义
$>$ ANY	大于子查询结果中的某个值
$>$ ALL	大于子查询结果中的所有值
$<$ ANY	小于子查询结果中的某个值
$<$ ALL	小于子查询结果中的所有值
$>=$ ANY	大于等于子查询结果中的某个值
$>=$ ALL	大于等于子查询结果中的所有值
$<=$ ANY	小于等于子查询结果中的某个值
$<=$ ALL	小于等于子查询结果中的所有值
$=$ ANY	等于子查询结果中的某个值
$=$ ALL	等于子查询结果中的所有值(通常没有实际意义)
$!=$(或$<>$) ANY	不等于子查询结果中的某个值
$!=$(或$<>$) ALL	不等于子查询结果中的任何一个值

ANY 和 ALL 谓词有时也可以用集函数实现,它们的对应关系如表 1.2.3 所示。用集函数实现子查询通常比直接用 ANY 或 ALL 查询效率要高,因为前者通常能够减少比较次数。

表 1.2.3　ANY 与 ALL 与集函数的对应关系

谓词	=	<>或! =	<	<=	>	>=
SOME|ANY	IN	-	<MAX	<=MAX	>MIN	>=MIN
ALL	-	NOT IN	<MIN	<=MIN	>MAX	>=MAX

第四类,带有 EXISTS 谓词的子查询,它的一般格式如下:

```
[NOT] EXISTS(SUBSQUERY)
```

带有 EXISTS 谓词的子查询不返回任何数据,只产生逻辑真值 TRUE 或逻辑假值 FALSE。若内层查询结果非空,则返回真值;反之,则返回假值。由 EXISTS 引出的子查询,其目标列表达式通常都用 *,因为带 EXISTS 的子查询只返回真值或假值,给出列名,没有实际意义。当然,如果非要写出列名,也是允许的,在 SQL SERVER 中不会产生语法错误。

注意:一些带 EXISTS 或 NOT EXISTS 谓词的子查询不能被其他形式的子查询等价替换;而所有带 IN 谓词、比较运算符、ANY 和 ALL 谓词的子查询都能用带 EXISTS 谓词的子查询等价替换。

使用 EXISTS/NOT EXISTS 实现全称量词。SQL 语言中没有全称量词 $\forall$(FOR ALL),可以把带有全称量词的谓词转换为等价的带有存在量词的谓词:

$$\forall x(P) \equiv \neg (\exists x(\neg P))$$

这样转换得到的等价形式,给出了这类问题的求解方式。也就是说,如果所面临的查询要求被检索的对象集合必须符合某个带有"所有"这类关键词的条件,可以按照下列步骤来执行:

(1) 为要检索的对象命名并考虑如何表述要检索的候选对象的一个反例。这个反例刚好是不符合前面提到的"所有"对象规定的条件。

(2) 建立 SELECT 语句的搜索条件以选出步骤(1)所创建的所有反例。

(3) 建立包含步骤(2)所创建的语句的搜索条件,说明不存在步骤(1)定义的那种反例,一般用到 NOT EXISTS 谓词。

另外,使用 EXISTS/NOT EXISTS 还能够实现差运算,例如,在实验步骤中的查询没有学生选的课程的编号。这就是用 NOT EXISTS 实现的一个差运算。

4. 集合运算

在 SQL 语句中可以使用集合运算符 UNION,INTERSECT 和 EXCEPT 来实现集合运算或、交、减运算。一般格式如下:

```
SUBQUERY{UNION [ALL] | INTERSECT [ALL] | EXCEPT [ALL]} SUBQUERY
```

当其中的保留字 ALL 省略时,运算的结果会自动地把重复的结果项去掉。当需要显示重复项的时候,要写上 ALL。

例如,当在 R 表中有值 A 出现 5 次,S 表中值 A 出现 3 次。若做 UNION 运算,去掉重复项,只出现 1 次。若使用 UNION ALL 则会出现 8 次。若做 INTERSECT 运算,只出现 1

次;若使用 INTESECT ALL 则出现 3 次。若做 EXCEPT 运算,不出现;若使用 EXCEPT ALL 则出现 2 次。

事实上,Microsoft SQL Server 2005 已经既支持 UNION 运算符,又支持 INTERSECT 和 EXCEPT 运算符。而以前很多的 SQL Server,包括 SQL Server 2000 中,只支持 UNION 运算符,而不支持 INTERSECT 和 EXCEPT 运算符。在具体的实验中,必须使用其他形式进行代替。

1.2.3　实验内容

本节内容主要是对数据库进行查询操作,包括如下 4 类查询方式。

1) 单表查询
- 查询的目标表达式为所有列、指定列或指定列的运算。
- 使用 DISTINCT 保留字消除重复行。
- 对查询结果排序和分组。
- 集合分组使用集函数进行各项统计。

2) 连接查询
- 笛卡儿连接和等值连接。
- 自连接。
- 外连接。
- 复合条件连接。
- 多表连接。

3) 嵌套查询
- 通过实验验证对子查询的两个限制条件。
- 体会相关子查询和不相关自查询的不同。
- 考察 4 类谓词的用法,包括:
  第 1 类,IN,NOT IN;
  第 2 类,带有比较运算符的子查询;
  第 3 类,SOME,ANY 或 ALL 谓词的子查询;
  第 4 类,带有 EXISTS 谓词的子查询。

4) 集合运算
- 使用保留字 UNION 进行集合或运算。
- 采用逻辑运算符 AND 或 OR 来实现集合交和减运算。

1.2.4　实验步骤

要求:

以 school 数据库为例,在该数据库中存在 4 张表格,分别为:

```
STUDENTS(sid,sname,email,grade)
TEACHERS(tid,tname,email,salary)
COURSES(cid,cname,hour)
CHOICES(no,sid,tid,cid,score)
```

在数据库中,存在这样的关系:学生可以选择课程。一个课程对应一个教师。在表 CHOICES 中保存学生的选课记录。

按以下要求对数据库进行查询操作:

(1) 查询年级为 2001 的所有学生的名称,按编号升序排列。

(2) 查询学生的选课成绩合格的课程成绩,并把成绩换算为积点(60 分对应积点为 1, 每增加 1 分,积点增加 0.1)。

(3) 查询课时是 48 或 64 的课程的名称。

(4) 查询所有课程名称中含有 data 的课程编号。

(5) 查询所有选课记录的课程号(不重复显示)。

(6) 统计所有老师的平均工资。

(7) 查询所有学生的编号,姓名和平均成绩,按总平均成绩降序排列。

(8) 统计各个课程的选课人数和平均成绩。

(9) 查询至少选修了三门课程的学生编号。

(10) 查询编号 800009026 的学生所选的全部课程的课程名和成绩。

(11) 查询所有选了 database 的学生的编号。

(12) 求出选择了同一个课程的学生对。

(13) 求出至少被两名学生选修的课程编号。

(14) 查询选修了编号 80009026 的学生所选的某个课程的学生编号。

(15) 查询学生的基本信息及选修课程编号和成绩。

(16) 查询学号 850955252 的学生的姓名和选修的课程名称及成绩。

(17) 查询学号 850955252 的学生同年级的所有学生资料。

(18) 查询所有的有选课的学生的详细信息。

(19) 查询没有学生选的课程的编号。

(20) 查询选修了课程名为 C++的学生学号和姓名。

(21) 找出选修课程成绩最差的选课记录。

(22) 找出和课程 UML 或课程 C++的课时一样的课程名称。

(23) 查询所有选修编号 10001 的课程的学生的姓名。

(24) 查询选修了所有课程的学生姓名。

(25) 利用集合运算,查询选修课程 C++或课程 Java 的学生的编号。

(26) 实现集合交运算,查询既选修课程 C++又选修课程 Java 的学生的编号。

(27) 实现集合减运算,查询选修课程 C++而没有选修课程 Java 的学生的编号。

分析与解答:

(1) 根据要求,查询年级为 2001 的所有学生的名称,只需对 STUDENTS 表进行单表查询。SQL 语句代码 1.2.1 所示。

```
SELECT SNAME
FROM STUDENTS
WHERE GRADE = '2001'
ORDER BY SID
```

代码 1.2.1

数据库系统实验指导教程(第二版)

需要注意,当属性列的数值类型是 CHAR 时,与指定的值进行比较,指定的值要加上单引号(如本题中的 2001 就必须加上单引号)。这是比较容易忽视的地方,容易引发错误。OREDER BY 有两种方式,即 ASC 或 DESC。在本题采用了缺省的情况,缺省值是 ASC,即结果是按 SID 的取值升序排列。

(2) 查询选课成绩合格的学生的课程成绩,并把成绩换算为积点。

在这道题中,积点这个属性在原来的表定义里面是没有的。怎样才能得到这个属性值呢? 从给出的定义中,可以发现积点是可以从表 CHOICES 中的 SCORE 属性计算得到的。SELECT 子句中可以带列名,也可以是含有标准运算符号的表达式。所以,积点这一个属性,可以用(SCORE-50)/10 这个式子来表示,为增加可读性,还可以在结果集中,每行的积点的值前面加提示"POINT OF SOCRE:",符合要求的 SQL 语句如代码 1.2.2 所示。

```
SELECT TID,CID,SCORE,'POINT OF SCORE',(SCORE-50)/10
FROM CHOICES
WHERE SCORE > 60
```

代码 1.2.2

(3) 查询课时是 48 或 64 的课程名称,考虑使用 IN 运算符,匹配的集合是('48','64'),SQL 语句如代码 1.2.3 所示。

```
SELECT CNAME
FROM COURSES
WHERE HOUR IN('48','64')
```

代码 1.2.3

注意:48 和 64 都必须加上单引号''。

(4) 查询所有课程名称中含有 data 的课程编号,可以使用模糊匹配的符号 LIKE,SQL 语句如代码 1.2.4 所示。

```
SELECT CNAME
FROM COURSES
WHERE CNAME like '%data%'
```

代码 1.2.4

查询得到 database,data structure,data mining,data warehouse 这四个值。

(5) 要查询所有选修记录的课程号,考虑直接查询表 CHOICES,SQL 语句如代码 1.2.5 所示。

```
SELECT CID FROM CHOICES
```

代码 1.2.5

执行之后,可以看到有 293441 个项,其中有很多的重复选项。怎样去掉这些重复选项呢? 可以使用保留字 DISTINCT 来解决这个问题。修改后的 SQL 语句如代码 1.2.6 所示。

```
SELECT DISTINCT CID FROM CHOICES
```

代码 1.2.6

现在运行之后，就可以得到不重复的所有的课程编号，共 49 个。

使用 DISTINCT 的时候需要注意一个问题，那就是，当 DISTINCT 后面跟的是多个列名的时候，DISTINCT 保证的唯一性是关于所有列组成的行的唯一性，而不保证单独的列的取值的唯一性。例如，使用代码 1.2.7 中的语句来进行查询。

```
SELECT DISTINCT CID,TID
FROM CHOICES
```

代码 1.2.7

这时，DISTINCT 保证的唯一性，是由 CID,TID 构成的这个行的唯一性。（10008，262241926）这个行只出现一次，满足唯一性。而对于组成这个行的 CID 和 TID，就不一定是唯一了，在查询结果中还可能出现 CID＝10008，而 TID 不等于 262241926 的行或 TID＝262241926 而 CID 不等于 10008 的行，比如（1008,233197726）这个元组。

保留字 ALL 是用来表示与 DISTINCT 相对的查询方式。当这个保留字缺省的时候，即是既不出现 ALL 也不出现 DISTINCT 的时候，默认是显示重复选项也就是 ALL。所以，在 SQL 语句里面写上 ALL 与没写在执行的效果上是一样的。但有些时候，需要增强可读性时，可以在语句中写上 ALL 来表示强调。

（6）查询所有老师的平均工资，使用 SQL 函数 AVG() 来求平均数，如代码 1.2.8 所示。

```
SELECT AVG(SALARY) FROM TEACHERS
```

代码 1.2.8

（7）查询所有学生的编号，姓名和平均成绩，按总平均成绩降序排列。考虑使用 GROUP BY 对所有的选课信息按学生标号分组，再对每个组求平均，即可以得到平均成绩。所用的 SQL 语句如代码 1.2.9 所示。

```
SELECT TID,AVG(SCORE)
FROM CHOICES
GROUP BY TID
ORDER BY AVG(SCORE) DESC
```

代码 1.2.9

需要注意的是，如果在查询语句中有 GROUP BY 子句，则 SELECT 子句不允许出现包含其他字段的表达式，允许 GROUP BY 子句出现的字段和集合函数表达式。例如本题中，如果在 SELECT 子句中出现表 CHOICES 的其他列名时，会出现语法错误。而 TID 是 GROUP BY 子句出现的字段，AVG(SCORE) 是集合函数表达式，所以可以出现在 SELECT 子句中。还有一个特殊的地方，一旦查询中出现了分组 GROUP BY 子句，则集合函数是对组内进行操作。例如，本题中，求平均数 AVG 不是求所有元组的 SCORE 的平均数，而是求每个组中的元组的 SCORE 的平均数，一个组有一个平均数。

（8）统计各个课程的选课人数和平均成绩，可以使用 SQL 函数中的 COUNT() 函数来求记录数和 AVG() 函数来求平均数。题目要求是按各个课程统计，可以使用按课程分组（GROUP BY）来实现，得到 SQL 语句如代码 1.2.10 所示。

```
SELECT CID,COUNT(NO),AVG(SCORE)
FROM CHOICES
GROUP BY CID
```

代码 1.2.10

（9）查询至少选修了三门课程的学生编号，可以考虑按学生编号进行分组，只要一个组中包含有 3 个以上元组，这个组名就是满足查询条件的，如代码 1.2.11 所示。

```
SELECT SID
FROM CHOICES
GROUP BY SID
HAVING COUNT( * )> 3
```

代码 1.2.11

通过这道题，可以看出 WHERE 子句与 HAVING 短语的根本区别在于作用对象不同。WHERE 子句作用于基本表或视图，从中选择满足条件的元组。HAVING 短语作用于组，从中选择满足条件的组。

以上第(1)~(9)题都属于单表查询，简单的查询语句与 ORDER BY，GROUP BY，集合函数等结合使用，可以查询广泛的信息。

说明：

单表查询在 Microsoft SQL Server 2005 中，还可以使用下面的步骤来进行实验：

- 打开 SQL Server Management Studio，双击选定的数据库 school。
- 选定需要更新的基本表，右击，选择"编写脚本为"，再选择"SELECT 到"，进入"新建编辑查询器"窗口。
- 按照提示，写出 WHERE 子句，再执行。

（10）查询编号 800009026 的学生所选的全部课程的课程名和成绩，如代码 1.2.12 所示。

```
SELECT COURSES.CNAME,CHOICES.SCORE
FROM COURSES,CHOICES
WHERE CHOICES.SID = '800009026' AND COURSES.CID = CHOICES.CID
```

代码 1.2.12

（11）查询所有选了 database 的学生的编号。这个操作需要对两个表进行连接操作。可以采用等值连接，SQL 语句如代码 1.2.13 所示。

```
SELECT CHOICES.SID
FROM CHOICES,COURSES
WHERE CHOICES.CID = COURSES.CID AND COURSES.CNAME = 'database'
```

代码 1.2.13

如果考虑子查询的形式，并由外界 SELECT 语句向内部传递数据 database 的话，那么本查询也可以使用代码 1.2.14 所示的语句。

（12）要求出选择同一课程的所有学生对，必须对表 CHOICES 进行自身的连接并使用 SQL 语句来查询，需要两个不同名称来标志同一个表 CHOICES。这时，可以通过对表起不同的别名来实现，如代码 1.2.15 所示。

```
SELECT SID
FROM CHOICES
WHERE 'database' IN
(
SELECT CNAME
FROM COURSES
WHERE COURSES.CID = CHOICES.CID
)
```

代码 1.2.14

```
SELECT X.TID,Y.TID
FROM CHOICES X,CHOICES Y
WHERE X.CID = Y.CID AND X.NO < Y.NO
```

代码 1.2.15

对表起别名,SQL 语句支持多种表达形式。通过代码 1.2.16 中的 SQL 语句也可以得到相同的结果:

```
SELECT X.TID, Y.TID
FROM CHOICES AS X, CHOICES AS Y
WHERE X.CID = Y.CID AND X.NO < Y.NO
```

代码 1.2.16

使用条件 X. NO<Y. NO 是为了保证元组 X 和元组 Y 是不同的元组(因为在表 CHOICES 中,列 NO 具有唯一性),也就是确保每个学生对中,不存在学生自己与自己组成的对。

(13) 查询至少被两位学生选修的课程编号,代码如代码 1.2.17 所示。

```
SELECT X.CID
FROM CHOICES X
group by x.tid
having count( * )> 2
```

代码 1.2.17

(14) 查询选修了编号 850955252 的学生所选的某个课程的学生编号。

在这个查询中,首先要找出编号为 80009026 的学生选修的全部课程。再找出至少选修了其中某一个课程的学生编号。事实上,这道题仍然是对同一个表先进行连接操作再选择元组的类型。代码如代码 1.2.18 所示。

```
SELECT Y.SID
FROM CHOICES AS X,CHOICES AS Y
WHERE X.CID = Y.CID AND X.SID = '850955252'
```

代码 1.2.18

在这道题中,如果题目要求是"查询选修了编号 850955252 的学生所选的某个课程的其他学生编号"时,也就是不包含编号 850955252 学生自身的情况时,在查询的条件 WHERE 中,还需要加上条件 X. NO<>Y. NO。

(15) 查询学生的基本信息及选修课程编号和成绩。

在这个查询中,需要以 Student 表为主体列出每个学生的基本情况及其选课情况,若某个学生没有选课,则只输出其基本情况信息,其选课信息为空值即可,这时就需要使用外连接(Outer Join)。使用的 SQL 语句如代码 1.2.19 所示。

```
SELECT STUDENTS.SID, STUDENTS.SNAME, STUDENTS.GRADE, CHOICES.CID, CHOICES.SCORE
FROM STUDENTS JOIN CHOICES ON STUDENTS.SID = CHOICES.SID
```

代码 1.2.19

(16) 查询学号 850955252 的学生的姓名和选修的课程名称及成绩。

这个查询涉及三个表 STUDENTS、COURSES 和 CHOICES 的查询,可以对三个表进行连接,得到所需信息,如代码 1.2.20 所示。

```
SELECT STUDENTS.SNAME, COURSES.CNAME, CHOICES.SCORE
FROM STUDENTS, COURSES, CHOICES
WHERE STUDENTS.SID = CHOICES.SID AND COURSES.CID = CHOICES.CID AND STUDENTS.SID = '850955252'
```

代码 1.2.20

以上第(10)~(16)题都属于连接查询,包括笛卡儿连接,等值连接,自连接,外连接和多表连接等情况。

(17) 查询与学号 850955252 的学生同年级的所有学生资料,首先考虑子查询中查询编号 850955252 的学生的年级,在外层查询查询这些学生的资料,那么代码 1.2.21 中的 SQL 语句是否符合要求呢?

```
SELECT  *
FROM STUDENTS
WHERE (    SELECT GRADE
            FROM STUDENTS
          WHERE SID = '850955252'
        ) = GRADE
```

代码 1.2.21

将其执行后会发现上述语句产生了一个编译错误。这是什么原因呢?原来,在 SQL 语句中规定子查询一定要跟在比较符之后,所以代码 1.2.21 中的语句应该改成代码 1.2.22 中的形式,才能得到正确的结果。

```
SELECT  *
FROM STUDENTS
WHERE GRADE = (
        SELECT GRADE
         FROM STUDENTS
        WHERE SID = '850955252'
        )
```

代码 1.2.22

(18) 查询所有有选课的学生信息,可以采用嵌套查询的方式来实现。在子查询中查询所有有选课的学生的学号,构成一个集合。在外层查询中,查询学生表中的所有学号属于这个集合的元组的信息。可以看出,这是一个不相关的子查询。可以在父查询的条件中使用 IN 操作符,在其后接子查询,如代码 1.2.23 所示。

子查询的语句形式和普通查询是大致是一样的。但是,需要注意的是,子查询中没有

ORDER BY 子句,而且外层 SELECT 语句的变量可以用在子查询中,但子查询的 SELECT
语句的变量不能用于外层的查询中。

```
SELECT *
FROM STUDENTS
WHERE SID IN
(
SELECT SID
FROM CHOICES
)
```

代码 1.2.23

(19) 查询没有学生选的课程的编号,可以采用与(18)题相类似的方法,不过是使用
NOT IN 操作符来实现,如代码 1.2.24 所示。

```
SELECT CNAME
FROM COURSES
WHERE CID NOT IN
(
  SELECT CID
FROM CHOICES
)
```

代码 1.2.24

(20) 查询选修了课程名为 C++ 的学生学号和姓名,考虑采用多重嵌套子查询来实现。
由于所采用的都是不相关的子查询,所以采用嵌套结构逐次求解,将复杂的问题转化为多个
相对简单的问题来求解。在这道题中,将问题分成三个查询来实现。

最里层的子查询是在表 COURSES 中找出课程名称为 Java 的课程编号。

第二次子查询是在表 CHOICES 中找出选择了上个查询得到的课程号的学生编号。

最外层查询是在表 STUDENTS 中取出编号为上个查询得到的学生编号的学生的编号和姓名。

由这三个查询构成的符合条件的 SQL 语句如代码 1.2.25 所示。

```
SELECT SID,SNAME
FROM STUDENTS
WHERE SID IN
     (
      SELECT SID
      FROM CHOICES
      WHERE CID IN
          (
          SELECT CID
          FROM COURSES
          WHERE CNAME = 'C++'
          )
     )
```

代码 1.2.25

(21) 找出选修课程成绩最差的选课记录。

查询成绩最差的情况,可以使用比较符和谓词的结合<ALL 来实现。ALL 后面跟着
一个查询成绩的子查询,就可以得到一个所有成绩的集合。满足关系不大于这个集合的任

意元素的成绩就一定是最小的,也即是题目所要求的,SQL 语句如代码 1.2.26 所示。

思考:

如果在子查询省略了 WHERE 子句会得到什么结果? 为什么呢?

```
SELECT *
FROM CHOICES
WHERE CHOICES. SCORE > = ALL
      ( SELECT SCORE
      FROM CHOICES
      WHERE SCORE IS NOT NULL
      )
```

代码 1.2.26

(22) 找出和课程 UML 或课程 C++ 的课时一样的课程名称,可以使用比较符和谓词的结合＝SOME 来实现,如代码 1.2.27 所示。

```
SELECT CNAME
FROM COURSES
WHERE HOUR = SOME
(
SELECT HOUR
FROM COURSES
WHERE CNAME = 'UML' OR CNAME = 'C++'
)
```

代码 1.2.27

这道题有多个等价形式。首先,将＝SOME 换成＝ANY,得到的结果是一样的。这是因为在 SQL 语句中认为 SOME 和 ANY 都是表示任意的一个值。

其次,把＝SOME 换成谓词 IN 也是可行的。事实上,谓词＝SOME 和谓词 IN 的作用是一样。需要注意的是,＜＞SOME 与 NOT IN 则是不同的。NOT IN 实际是与＜＞ALL 等价。在使用的时候需要小心对待。

注意: 只有在内层子查询的返回值是单值时,才可以使用带比较运算符的子查询。否则,会产生编译错误。

(23) 查询所有选修编号 10001 的课程的学生的姓名,可以理解为查找在表 CHOICES 中是否存在连接课程编号 10001 和学生姓名 SNAME 的元组。查找是否存在符合某种条件的元组,可以使用谓词 EXISITS 来实现。当 EXISTS 后面的子查询返回空集合时, EXISTS 判断的结果是假,而当后面的子查询返回非空集合时,EXISTS 判断的结果是真, 即满足条件。NOT EXISTS 的结果刚好相反,如代码 1.2.28 所示。

```
SELECT SNAME
FROM STUDENTS
WHERE EXISTS
(
SELECT *
FROM CHOICES X
WHERE X. CID = '10001' AND X. SID = STUDENTS. SID
)
```

代码 1.2.28

本题的子查询属于相关子查询,因为内层的 SELECT 语句需要接收外层传递的数据 STUDENTS.SID。

(24) 查询选修了所有课程的学生姓名。

这道题是查询具有全称量词 FOR ALL(所有)的情况。根据在实验内容中所指出的接题步骤,考虑对这个查询条件的形式进行变形。

首先,考虑条件表达式 1,表示存在课程 X 学生 S 没有选修,即在选课记录表 CHOICES 中,没有学生 S 选修课程 X 的记录。表达式 1 的形式如下:

```
NOT EXISTS
(SELECT *
FROM CHOICES
WHERE SID = STUDENTS.SID AND CID = X.CID
)
```

接着,考虑条件表达式 2,表示不存在条件表达式 1 所表示的这种反例,即在选课记录表 CHOICES 中不存在学生 S 没有选的课程。这就是题目所要求的条件。条件表达式 2 如下:

```
NOT EXISTS
(SELECT *
FROM CHOICES AS X
WHERE 条件表达式 1
)
```

结合起来,就是题目要求的答案,如代码 1.2.29 所示。

```
SELECT SNAME
FROM STUDENTS
WHERE NOT EXISTS
    (SELECT *
    FROM COURSES AS X
    WHERE NOT EXISTS
        (SELECT *
        FROM CHOICES AS Y
        WHERE Y.SID = STUDENTS.SID AND Y.CID = X.CID
        )
    )
```

代码 1.2.29

以上第(17)～(24)题都属于嵌套查询,包括使用带谓词 IN,带比较运算符,带谓词 SOME,ANY 或 ALL,带谓词 EXISTS 等四类嵌套查询方式。

(25) 使用集合查询方式查询选择课程 C++或选择课程 Java 的学生的编号。根据条件,可以采用集合运算符号 UNION 来实现或运算。SQL 语句如代码 1.2.30 所示。

```
SELECT TID
FROM CHOICES
WHERE CHOICES.CID =
    (
```

代码 1.2.30

数据库系统实验指导教程(第二版)

```
SELECT COURSES.CID
FROM COURSES
WHERE COURSES.CNAME = 'C++'
)
UNION
SELECT TID
FROM CHOICES
WHERE CHOICES.CID =
(
SELECT CID
FROM COURSES
WHERE COURSES.CNAME = 'Java'
)
```

代码 1.2.30（续）

如果不使用集合查询方式,而只是采用 OR 连接两个判断条件是否能够实现本题的要求呢?

```
SELECT TID
FROM CHOICES
WHERE CHOICES.CID =
(
SELECT COURSES.CID
  FROM COURSES
  WHERE COURSES.CNAME = 'C++'OR COURSES.CNAME = 'Java'
)
```

代码 1.2.31

直接输入代码 1.2.31 中的语句执行,会出现错误,其提示是:"子查询返回的值多于一个。当子查询跟随在 =、!=、<、<=、>、>= 之后,或子查询用作表达式时,这种情况是不允许的。"这也就是说,这组语句违反了在前面提到的使用比较运算符必须确保子查询返回是单值的要求。所以,必须将代码 1.2.31 中的的 SQL 语句作适当修改,将其改成代码 1.2.32中的语句则可以正确执行。

```
SELECT TID
FROM CHOICES,COURSES
WHERE CHOICES.CID = COURSES.CID
AND ( COURSES.CNAME = 'C++'OR COURSES.CNAME = 'Java')
```

代码 1.2.32

注意:在 WHERE 语句中的运算符 AND 的结合的优先级高于 OR,所以上例中 WHERE 子句里面的括号是不可缺少的。

比较一下两种方法,可以发现使用嵌套查询和等值连接查询在很多时候都可以得到相同的结果。然而,实际上可以发现使用嵌套查询的效率更高一些。

(26)实现集合交运算,查询既选修课程 C++又选修课程 Java 的学生的编号。

在 Microsoft SQL Server 2005 中支持直接使用保留字 INTERSECT 进行交运算,可以直接考虑使用保留字 INTERSECT 来实现,如代码 1.2.33 所示。

```
SELECT SID FROM CHOICES
    WHERE CNAME = 'C++'
INTERSECT
CELECT SID FROM CHOICES
    WHERE CNAME = 'Java'
```

代码 1.2.33

有些 DBMS 不支持保留字 INTERSECT，如 SQL Server 2000，就需要通过嵌套查询来实现集合交运算，如代码 1.2.34 所示。

(27) 实现集合减运算，查询选修课程 C++ 而没有选修课程 Java 的学生的编号。

在 Microsoft SQL Server 2005 中支持直接使用保留字 EXCEPT 进行补运算，可以直接考虑使用保留字 EXCEPT 来实现，如代码 1.2.35 所示。

如果是在 Microsoft SQL Server 2000 中，不支持直接使用保留字 EXCEPT 进行交运算，可以考虑使用 NOT 运算符来实现，SQL 语句如代码 1.2.36 所示。

```
SELECT X.SID
FROM COURSES AS X,CHOICES AS Y
WHERE (X.CID = (
        SELECT CID
        FROM COURSES
        WHERE CNAME = 'C++'
    ) AND Y.CID = (
            SELECT CID
            FROM COURSES
            WHERE CNAME = 'Java'
            )
    ) AND X.SID = Y.SID
```

代码 1.2.34

```
SELECT SID FROM CHOICES
    WHERE CNAME = 'C++'
EXCEPT
SELECT SID FROM CHOICES
    WHERE CNAME = 'Java'
```

代码 1.2.35

```
SELECT DISTINCT CHOICES.CSID
FROM (SELECT SID
    FROM CHOICES,COURSES
    WHERE CHOICES.CID = COURSES.CID
    AND COURSES.CNAME = 'C++'
    ) AS CHOICES(CSID)
WHERE CHOICES.CSID NOT IN
    (SELECT SID
    FROM CHOICES,COURSES
    WHERE CHOICES.CID = COURSES.CID
    AND COURSES.CNAME = 'Java'
    )
```

代码 1.2.36

以上第(25)~(27)题考虑使用集合运算的情况。如果 SQL Server 支持直接使用保留字 UNION、INTERSECT 和 EXCEPT 进行集合运算则直接用之就行。否则,可以考虑使用逻辑运算符如 AND 和 NOT 来实现。

说明:

事实上,在具体实验中,可以发现 SQL 的查询语句很多都具有等价的形式。所以,上述介绍的解决方法并非都是唯一可行的方法,可能还有其他多种解决方法。

1.2.5　自我实践

(1) 查询全部课程的详细记录;

(2) 查询所有有选修课的学生的编号;

(3) 查询课时<88(小时)的课程的编号;

(4) 请找出总分超过 400 分的学生;

(5) 查询课程的总数;

(6) 查询所有课程和选修该课程的学生总数;

(7) 查询选修成绩合格的课程超过两门的学生编号。

(8) 统计各个学生的选修课程数目和平均成绩;

(9) 查询选修 Java 的所有学生的编号及姓名;

(10) 分别使用等值连接和谓词 IN 两种方式查询姓名为 sssht 的学生所选的课程的编号和成绩;

(11) 查询其他课时比课程 C++ 多的课程的名称;

(12) 查询选修 C++ 课程的成绩比姓名为 znkoo 的学生高的所有学生的编号和姓名;

(13) 找出和学生 883794999 或学生 850955252 的年级一样的学生的姓名;

(14) 查询没有选修 Java 的学生名称;

(15) 找出课时最少的课程的详细信息;

(16) 查询工资最高的教师的编号和开设的课程号。

(17) 找出选修课程 ERP 成绩最高的学生编号。

(18) 查询没有学生选修的课程的名称。

(19) 找出讲授课程 UML 的教师讲授的所有课程名称。

(20) 查询选修了编号 200102901 的教师开设的所有课程的学生编号;

(21) 查询选修课程 Database 的学生集合与选修课程 UML 的学生集合的并集;

(22) 实现集合交运算,查询既选修课程 Database 又选修课程 UML 的学生的编号;

(23) 实现集合减运算,查询选修课程 Database 而没有选修课程 UML 的学生的编号。

1.3　数据更新

1.3.1　实验目的

熟悉数据库的数据更新操作，能够使用 SQL 语句对数据库进行数据的插入、更新、删除操作。

1.3.2　原理解析

(1) 使用 SQL 语句对数据库进行数据插入操作，一般使用 INSERT 语句，格式如下：

```
INSERT
INTO <基表名>[<列名>[,<列名>]…]
VALUES   (<常量>[<常量>]…)|<子查询>
```

该语句的作用是执行一个插入操作，可以将 VALUES 所给出的值插入 INTO 所指定的表中或将子查询的结果插入到数据库中。

在指定列名的时候，可以指定全部列或其中的几个列。当指定 VALUES 值的时候，列名和插入的元组的 VALUES 后面所跟的数值必须一一对应。当只指定基本表中的某几列而不是所有列时，必须保证被省略的这些列的取值允许为空值，否则会出现错误。如果省略的列的取值允许为空值，则指定的元组(没有赋值的列的值被置为 NULL 值)可以插入到数据库中。

当插入的是子查询的结果的时候，必须保证子查询得到的数值类型与将插入的基本表中对应列的数值类型是一致的。

(2) 进行数据的插入操作还可以用 SELECT INTO 语句，一般格式如下：

```
SELECT [ALL|DISTINCT [ ON (<目标列表达式> [,…])]] * |
表达式 [AS <列名>][,…]
INTO[TEMPORARY|TEMP] [TABLE] <表名>
[FROM <表名或视图名> [别名] [,<表名或视图名> [别名]]…]
[WHERE 条件表达式]
[GROUP BY <列名 1>[,<列名 1,>]…
[HAVING <条件表达式>]]
```

这个语句的作用是从一个查询的计算结果中创建一个新表。数据并不返回给客户端，这一点和普通的 SELECT 不同。新表的字段具有和 SELECT 的输出字段相关联(相同)的名字和数据类型。

(3) DBMS 在执行插入语句时会检查所插元组是否破坏表上已定义的完整性规则。

- 实体完整性。
- 参照完整性。
- 自定义的完整性。对于有 NOT NULL 约束的属性列是否提供了非空值；对于有 UNIQUE 约束的属性列是否提供了非重复值；对于有值域约束的属性列所提供的属性值是否在值域范围内。

（4）对数据的修改，可以使用 UPDATE 语句，一般形式如下：

```
UPDATE <基表名>
SET    <列名> = 表达式 [,<列名> = 表达式] …
WHERE   <逻辑条件>
```

该语句的作用是修改指定的基本表中满足 WHERE 子句的条件的元组，并把这些元组按照 SET 子句中的表达式修改相应列上的值。UPDATE 语句的一个语句可以修改一个记录，或同时修改多个记录。

（5）使用 UPDATE 语句可以修改指定表中满足 WHERE 子句条件的元组，有三种修改的方式。

- 修改某一个元组的值。
- 修改多个元组的值。
- 带子查询的修改语句。

同样，DBMS 在执行修改语句时会检查修改操作是否破坏表上已定义的完整性规则，除上面插入操作需要满足的完整性，更新操作还要满足主码不允许修改的约束。

（6）数据删除的 SQL 语句。

```
DELETE
FROM   <基表名>
WHERE   <逻辑条件>
```

该语句表示从指定的表中删除满足 WHERE 字句条件的所有元组，当 WHERE 子句省略时，则表示删除表中所有元组。对于省略了 WHERE 子句的删除语句，使用时必须慎重对待。DELETE 在删除数据时是以元组为单位进行删除的。当需要对某个元组的某个属性值删除时，可以通过 UPDATE 语句去更新元组实现，或是通过将这个元组用 DELETE 删除再插入一个新的符合要求的元组的方法来实现。直接用 DELETE 语句来删除元组的某个属性值是没有办法直接实现的。

（7）使用 DELETE 语句删除数据也有三种方式。

- 删除某一个元组的值。
- 删除多个元组的值。
- 带子查询的删除语句。

DBMS 在执行删除语句时会检查所插元组是否破坏表上已定义的参照完整性约束。

1.3.3　实验内容

在本次实验中，主要的内容是如何使用 SQL 语句对数据进行更新。

- 使用 INSERT INTO 语句插入数据，包括插入一个元组或将子查询的结果插入到数据库中两种方式。
- 使用 SELECT INTO 语句，产生一个新表并插入数据。
- 使用 UPDATE 语句可以修改指定表中满足 WHERE 子句条件的元组，有三种修改的方式：修改某一个元组的值，修改多个元组的值，带子查询的修改语句。
- 使用 DELETE 语句删除数据：删除某一个元组的值，删除多个元组的值，带子查询的删除语句。

1.3.4　实验步骤

要求：

在数据库 school 中按下列要求进行数据更新。

（1）使用 SQL 语句向 STUDENTS 表中插入元组（编号：700045678；名字：LiMing；EMAIL：LX@cdemg.com；年级：1992）

（2）对每个课程，求学生的选课人数和学生的平均成绩，并把结果存入数据库。使用 SELECT INTO 和 INSERT INTO 两种方法实现。

（3）在 STUDENTS 表中使用 SQL 语句将姓名为"LiMing"的学生的年级改为"2002"。

（4）在 TEACHERS 表中使用 SQL 语句将所有教师的工资多加 500 元。

（5）将姓名为 zapyv 的学生的课程"C"的成绩加上 5 分。

（6）在 STUDENTS 表中使用 SQL 语句删除姓名为"LiMing"的学生信息。

（7）删除所有选修课程"Java"的选课记录。

（8）对 COURSES 表做删去时间<48 的元组的操作，并讨论该删除操作所受到的约束。

分析与解答：

（1）使用 SQL 语句向 STUDENTS 表中插入元组（编号：700045678；名字：LiMing；EMAIL：LX@cdemg.com；年级：1992）

向数据库插入一个指定的元组，可以使用 INSERT 语句，如代码 1.3.1 所示。

```
INSERT
INTO STUDENTS
VALUES ('700045678','LiMing','LX@cdemg.com',1992)
```

代码 1.3.1

在本题中，表名 STUDENTS 后面的列名都被省略了，这种做法在 VALUES 里面已经给定了所有的列的取值（各个列的顺序应该与表的定义相一致）的时候是可以的。当然，在 STUDENTS 后面写出对一般对应的各个列的列名，也可以得到相同结果。当插入的元组的各个属性都有赋值时，在 SQL 语句中可以不用写出列名。而在其他情况下，也就是只指定部分列的值的时候，则需按照相应的顺序把有指定值的属性名都写下来。同时，还必须满足一个条件就是没有指定值的列在前面的定义里面是允许为空值的。

（2）对每个课程，求学生的选课人数和学生的平均成绩，并把结果存入数据库。在数据库 school 中并不存在这样的表，如果使用 SELECT INTO 语句，可以先建表，再插入数据。方法如下：

第一步，建表，如代码 1.3.2 所示。

```
CREATE TABLE CHOICESRESULT
(
CID CHAR(10),
STUDENTS SMALLINT,
AVGSCORE SMALLINT
)
```

代码 1.3.2

数据库系统实验指导教程(第二版)

第二步,插入数据,如代码 1.3.3 所示。

```
INSERT INTO CHOICESRESULT
SELECT CID,COUNT(SID),AVG(SCORE)
FROM CHOICES
GROUP BY CID
```

代码 1.3.3

在第二步的实验中,可以将子查询的结果的数据直接插入到表 CHOICESRESULT 中。在子查询中可以返回多个元组,在这里仅用一个语句就可以实现将这多个元组插入到数据库中。

实际上,SQL 还提供了更方便的方法来实现上面例子的功能来插入数据。可以使用 SELECT INTO 语句来实现,具体语句如代码 1.3.4 所示。

```
SELECT CID AS CID,COUNT(SID) AS STUDENTS,AVG(SCORE) AS AVGSCORE
INTO CHOICESRESULT
FROM CHOICES
GROUP BY CID
```

代码 1.3.4

SELECT INTO 与 INSERT INTO 的最主要区别在于,SELECT INTO 可以同时建立一个新表。不需要像 INSERT INTO 那样先定义了表才能够插入数据。

(3) 在 STUDENTS 表中使用 SQL 语句将姓名为"LiMing"的学生的年级改为"2002"。

在这个修改操作中,需要修改指定的元组,可以使用 WHERE 子句来实现,符合要求的 SQL 语句如代码 1.3.5 所示。

```
UPDATE STUDENTS
SET GRADE = '2002'
WHERE SNAME = 'LiMing'
```

代码 1.3.5

刷新数据库后,查看该元组,可以发现其属性 GRADE 的值已经更新为"2002"了。

(4) 在 TEACHERS 表中使用 SQL 语句将所有教师的工资多加 500 元。

对所有的教师的工资进行修改,WHERE 子句可以省略。在此操作中,并不是将该数据改为指定数值,而是做一个加法,使得所有的工资都增加 500。因而可以将 SET 子句写成对属性 SALARY 进行运算的形式,符合要求的 SQL 语句如代码 1.3.6 所示。

```
UPDATE TEACHERS
SET SALARY = SALARY + 500
```

代码 1.3.6

在该操作中,数据库中 TEACHERS 表的所有元组(共 15 000 个)都得到了更新,列名为 SALARY 的这一列所有元素的数值都比更新前增加了 500。

(5) 将姓名为 zapyv 的学生的课程"C"的成绩加上 5 分。

在这个操作里面,需要修改的元组没法直接使用一个 WHERE 子句来实现。这时,可以通过使用嵌套语句来实现对元组的筛选。符合条件的 SQL 语句如代码 1.3.7 所示。

```
UPDATE CHOICES
SET SCORE = SCORE + 5
WHERE CHOICES.NO = (
      SELECT CHOICES.NO
      FROM CHOICES, COURSES, STUDENTS
      WHERE COURSES.CID = CHOICES.CID AND STUDENTS.SID = CHOICES.SID
            AND COURSES.CNAME = 'C' AND STUDENTS.SNAME = 'zapyv'
      )
```

代码 1.3.7

通过查询数据库,可以发现在 CHOICES 表中对应的元组(NO=541282386)的 SCORE 值已经发生了相应的更新。

(6) 在 STUDENTS 表中使用 SQL 语句删除姓名为"LiMing"的学生信息。

使用 DELETE 语句删除元组,必须在 WHERE 子句中明确指出删除的对象,如果 WHERE 语句省略,则使整张表的数据都删除。所以,使用 DELETE 语句的时候要比较小心,按要求写好 WHERE 子句。符合该操作要求的 SQL 语句如代码 1.3.8 所示。

```
DELETE STUDENTS
WHERE SNAME = 'LiMing'
```

代码 1.3.8

(7) 删除所有选修课程"Java"的选课记录,如代码 1.3.9 所示。

删除语句在执行过程中实际上就是按照 WHERE 子句条件,每找到一个元组,就将其删除。因而,也可以在 WHERE 子句中实行嵌套。

```
DELETE
FROM CHOICES
WHERE 'Java' = (
      SELECT CNAME
      FROM COURSES
      WHERE COURSES.CID = CHOICES.CID
      )
```

代码 1.3.9

(8) 在进行 DELETE 操作时,还需要注意到是否满足表定义中的约束关系。例如在 COURSES 表中删去时间<48 的元组的操作就会出错,语句如代码 1.3.10 所示。

```
DELETE COURSES
WHERE HOUR < 48
```

代码 1.3.10

运行的时候则会出现下面的错误提示:

"DELETE 语句与 COLUMN REFERENCE 约束 'FK_CHOICES_COURSES' 冲突。该冲突发生于数据库 'school',表 'CHOICES', column 'cid'。语句已终止。"

这是由于 COURSES 表中的 CID 属性,在 CHOICES 表是作为外键存在,存在约束"FK_CHOICES_COURSES"(这是在创建表的时候定义的,属于用户自定义约束)。该约束限制了对表 COURSES 的删除操作。

所以,在对数据进行删除时,要注意数据库中的约束关系。如果不能满足已有的约束关系,则删除操作无法完成。

注意:对数据的操作可以通过执行上述的 SQL 语句进行,也可以直接在数据库中进行,步骤如下:

(1) 打开 SQL Server 2005 Management Studio,双击选定的数据库 school。

(2) 选定需要更新的基本表,单击鼠标右键"打开表",再选择"返回所有选项"之后,直接进行编辑。

1.3.5 自我实践

(1) 向 STUDENTS 表插入编号是"800022222"且姓名是"WangLan"的元组。

(2) 向 TEACHERS 表插入元组("200001000","LXL","s4zrck@pew.net","3024")。

(3) 将 TEACHERS 表中编号为"200010493"的老师工资改为4000。

(4) 将 TEACHERS 表中所有工资小于2500的老师工资改为2500。

(5) 将由编号为"200016731"的老师讲授的课程全部改成由姓名为"rnupx"的老师讲授。

(6) 更新编号"800071780"的学生年级为"2001"。

(7) 删除没有学生选修的课程。

(8) 删除年级高于1998的学生信息。

(9) 删除没有选修课程的学生信息。

(10) 删除成绩不及格的选课记录。

1.4 视图

1.4.1 实验目的

熟悉 SQL 语言支持的有关视图的操作,能够熟练使用 SQL 语句来创建需要的视图,对视图进行查询和取消视图。

1.4.2 原理解析

视图是虚表,是从一个或几个基本表(或视图)导出的表,在数据库中只存放视图的定义,不会出现数据冗余。当基表中的数据发生变化,从视图中查询出的数据也随之改变。视图只是基本表数据的一个窗。

常见的视图形式,包括:

- 行列子集视图,这种视图是由单个基本表通过选择和投影操作导出的,并且该视图的属性集包含基本表的一个候选键。
- WITH CHECK OPTION 的视图,在视图的更新操作时进行合法性检查。
- 基于多个基表的视图。
- 基于视图的视图,即由视图导出的视图。
- 带表达式的视图。

- 分组视图。

基于视图的操作,包括查询、删除、受限更新和定义基于该视图的新视图。

(1) SQL 语言创建视图的语句格式:

```
CREATE   VIEW   <视图名>(<列名>[,<列名>]…)
         AS <映像语句>
         [WITH CHECK OPTION]
```

其中,<映像语句>可以是任意复杂的 SELECT 语句,也可以是带运算符号的表达式,但其中不包含有 ORDER BY 子句和 DISTINCT 子句。[WITH CHECK OPTION]表示用视图进行更新,插入和删除操作时,要保证更新的元组满足视图定义中的谓词条件,即映像语句中的条件表达式。

执行 CREATE VIEW 语句的时候,没有数据被检索或存储。但是,视图的定义作为数据库中一个独立的对象存放在系统目录中,以备其他查询或在 UPDATE 语句中的 FROM 子句中,以这一个视图的名称对其进行检索。

定义视图有两种方式:属性名称全部省略或全部指定。当视图是由子查询中 SELECT 目标列中的诸字段组成时,属性可以省略。而在下列情况中必须明确指定视图的所有列名:

- 某个目标列是集函数或列表达式。
- 目标列为 *。
- 多表连接时选出了几个同名列作为视图的字段。
- 需要在视图中为某个列启用新的更合适的名字。

(2) 使用取消视图语句将视图删除,形式如下:

```
DROP   VIEW   <视图名>
```

需注意的是,视图取消之后,由该视图导出的其他视图定义虽然保留在数据字典中,但是都已经失效,使用时就会出错,因此需要进一步用 DROP 语句一一显式删除。

(3) 对视图的操作主要是利用视图来进行数据查询。从用户的角度,对视图进行查询与对基本表的查询是一样的。

(4) 在一般情况下,视图的定义不能更改,不能像基本表一样通过直接使用 ALTER 语句来更改表的定义。因为视图只是一种映射而成的虚表,一经定义,内部结构就确定下来,不会改变。当需要修改视图的结构的时候,通常的做法是先将原来的视图删除,再重新定义新的符合要求的视图。

(5) 对视图做插入及更新数据操作具备一定困难。因为视图仅是一张虚拟的表,而非实际存在数据库中,进行更新可能导致数据库出现数据不一致现象。因而,对视图作更新操作一般是不可行的。只有当视图是行列子集视图时,即满足下述条件时,才可以执行更新操作。

实际中的系统一般都允许对行列子集视图进行更新,而对其他类型视图的更新,不同系统有不同限制。

DB2 对视图更新的限制如下:

- 若视图是由两个以上基本表导出的,则此视图不允许更新。

- 若视图的字段来自字段表达式或常数,则不允许对此视图执行 INSERT 和 UPDATE 操作,但允许执行 DELETE 操作。
- 若视图的字段来自集函数,则此视图不允许更新。
- 若视图定义中含有 GROUP BY 子句,则此视图不允许更新。
- 若视图定义中含有 DISTINCT 短语,则此视图不允许更新。
- 若视图定义中有嵌套查询,并且内层查询的 FROM 子句中涉及的表也是导出该视图的基本表,则此视图不允许更新。
- 一个不允许更新的视图上定义的视图也不允许更新。

(6) 物化视图,是一种比较特殊的视图。在某些数据库系统允许存储视图关系。当执行 CREATE INDEX 语句时,视图 SELECT 的结果集将永久存储在数据库中,这样形成的视图称为物化视图。物化视图不像一般视图只保存定义,而是永久存储数据在数据库中,同时,对基本数据的修改将自动反映在视图中。

在 ORACAL 数据库中,物化视图是存储一个查询结果的数据库对象。可以用来生成基于数据表求和的汇总表,也可以存储基于远程表的本地副本(只读),也称为快照。如果想修改本地副本,必须用高级复制的功能。也可以从物化视图中抽取数据,对于数据仓库,创建的物化视图通常情况下是聚合视图,单一表聚合视图和连接视图。

物化视图的优点在于 SQL 语句此后若引用该视图,响应时间将会显著缩短。缺点则是存储代价以及更新开销大。因而,物化视图适用于频繁使用某个视图的应用或基于视图的查询需要快速响应的应用。

1.4.3 实验内容

(1) 定义常见的视图形式,包括:
- 行列子集视图。
- WITH CHECK OPTION 的视图。
- 基于多个基表的视图。
- 基于视图的视图。
- 带表达式的视图。
- 分组视图。

(2) 通过实验考察 WITH CHECK OPTION 这一语句在视图定义后产生的影响,包括对修改操作、删除操作、插入操作的影响。

(3) 讨论视图的数据更新情况,对子行列视图进行数据更新。

(4) 使用 DROP 语句删除一个视图,由该视图导出的其他视图定义仍在数据字典中,但已不能使用,必须显式删除。同样的原因,删除基表时,由该基表导出的所有视图定义都必须显式删除。

1.4.4 实验步骤

要求:

(1) 创建一个行列子集视图,给出选课成绩合格的学生的编号,所选课程号和该课程成绩。

（2）创建基于多个基表的视图,这个视图由学生姓名和其所选修的课程名及讲授该课程的教师姓名构成。

（3）创建带表达式的视图,由学生姓名、所选课程名和所有课程成绩都比原来多 5 分这几个属性组成。

（4）创建分组视图,将学生的学号及其平均成绩定义为一个视图。

（5）创建一个基于视图的视图,基于（1）中建立的视图,定义一个包括学生编号,学生所选课程数目和平均成绩的视图。

（6）查询所有选修课程 Software Engineering 的学生姓名。

（7）插入元组（600000000,823069829,10010,59）到视图 CS 中。若是在视图的定义中存在 WITH CHECK OPTION 子句对插入操作有什么影响?

（8）将视图 CS（包含定义 WITH CHECK OPTION）中,所有课程编号为 10010 的课程的成绩都减去 5 分。这个操作数据库是否会正确执行,为什么? 如果加上 5 分（原来 95 分以上的不变）呢?

（9）在视图 CS（包含定义 WITH CHECK OPTION）删除编号为 804529880 学生的记录,会产生什么结果?

（10）取消视图 SCT 和视图 CS。

分析和解答:

（1）定义一个行列子集视图,给出选课成绩合格的学生的编号,所选课程号和该课程成绩。

在这个视图中,仅是对基本表 CHOICES 选出符合条件的元组（成绩合格）,并只显示出其中的学生编号,课程号和成绩三个属性,如代码 1.4.1 所示。

```
CREATE VIEW CS
AS SELECT NO,SID,CID,SCORE
FROM CHOICES
WHERE SCORE > = 60
```

代码 1.4.1

因为在这道题中,视图 CS 是由子查询中 SELECT 目标列中的诸字段组成,所以可以将视图的各个列名省略。视图 CS 具有的这四个属性的数据类型与在表 CHOICES 中的这四个属性的数据类型相同。

（2）定义学生姓名和其所选修的课程名及讲授该课程的教师姓名构成的视图。

在数据库 school 中,教师的姓名存在于基本表 TEACHERS 中,而课程名称存在于 COURSES 中,学生姓名存在于 STUDENTS 表中,三者通过选课 CHOICES 表发生间接联系,因而需要建立一个基于这四个基表的视图,将视图命名为 SCT,可以使用代码 1.4.2 中的 SQL 语句来实现:

```
CREATE VIEW SCT
(SNAME,CNAME,TNAME)
AS SELECT STUDENTS.SNAME,COURSES.CNAME,TEACHERS.TNAME
FROM CHOICES,STUDENTS,COURSES,TEACHERS
WHERE CHOICES.TID = TEACHERS.TID AND CHOICES.CID = COURSES.CID
        AND CHOICES.SID = STUDENTS.SID
```

代码 1.4.2

（3）定义由学生姓名、所选课程名和所有课程成绩都多 5 分的视图。

在本题中，需要从 STUDENTS,COURSES 和 CHOICES 三个表中选取合适的列名来作为视图的列名。其中，成绩比原来多 5 分，可以直接使用表达式得到，如代码 1.4.3 所示。

```
CREATE VIEW SCC
(SNAME,CNAME,SCORE)
AS SELECT STUDENTS.SNAME,COURSES.CNAME,CHOICES.SCORE + 5
FROM CHOICES,STUDENTS,COURSES
WHERE CHOICES.CID = COURSES.CID AND CHOICES.SID = STUDENTS.SID
```

代码 1.4.3

在本视图中，存在由表达式表达的属性，因而不允许对 score 字段进行数据更新，但基于其他字段的更新仍然是可以的。

（4）将学生的学号及其平均成绩定义为一个视图，需要将选课记录按学生分组，如代码 1.4.4 所示。

```
CREATE VIEW S_G(SID,SAVG)
    AS
        SELECT SID,AVG(SCORE)
          FROM CHOICES
          GROUP BY SID
```

代码 1.4.4

由于属性 SAVG 是由分组统计得到的，因此这样的视图是不允许更新的。

（5）创建一个基于视图的视图，基于题（1）中建立的视图，定义一个包括学生编号，学生所选课程数目和平均成绩的视图，如代码 1.4.5 所示。

```
CREATE VIEW S_C_S(SID,CCOUNT,SAVG)
AS
SELECT SID,COUNT(CS.CID),AVG(SCORE)
FROM CS
GROUP BY CS.SID
```

代码 1.4.5

（6）查询所有选修课程 Software Engineering 的学生姓名。

对视图的查询操作与对基本表的查询操作使用的 SQL 语句格式是相同的，在这里仅以一例进行说明。一般情况下，对视图的查询操作都是对单个视图进行操作。因为视图本身已经是由单表或多表映射而成的虚表，一般不再将视图与其他表做连接查询。符合要求的 SQL 语句如代码 1.4.6 所示。

```
SELECT SNAME
FROM SCT
WHERE CNAME = 'software engineering'
```

代码 1.4.6

（7）插入元组（600000000,823069829,10010,59）到视图 CS 中。若是在视图的定义中存在 WITH CHECK OPTION 子句对插入操作有什么影响？

首先，该视图可以插入数据，因为该视图仅是对应的唯一的基本表的一个行列子集，其每个属性列在数据库中都有唯一的基本表的列与之对应。同时,在该视图中被省略的那些列在原来基本表中是可以为空的,这时才允许插入。如果这些在视图没有出现而原来基表存在的列又不允许为空的话,插入操作是不允许的。例如,在本节的前面实验中建立的除了视图 CS 以外的所有视图都是不允许插入数据的,如代码 1.4.7 所示。

```
INSERT
INTO CS
VALUES ('600000000','823069829','10010',59)
```

代码 1.4.7

执行之后,查询数据库可以看到,在基本表 CHOICES 中也相应地插入该元组(600000000,823069829,NULL,10010,59)。

再考虑另外一种情况,当在创建视图 CS 时,加上了 WITH CHECK OPTION 子句的时候,也就是使用代码 1.4.8 中的语句创建视图 CS。

```
CREATE VIEW CS
(NO,SID,CID,SCORE)
AS SELECT CHOICES.NO, CHOICES.SID,CHOICES.CID,CHOICES.SCORE
FROM CHOICES
WHERE CHOICES.SCORE > = 60
WITH CHECK OPTION
```

代码 1.4.8

在这个时候,仍然使用题(6)中的代码 1.4.6 来插入元组,则会提示出现错误:

"服务器:消息 550,级别 16,状态 1,行 1。
试图进行的插入或更新已失败,原因是目标视图或者目标视图所跨越的某一视图指定了 WITH CHECK OPTION,而该操作的一个或多个结果行又不符合 CHECK OPTION 约束的条件.语句已终止。"

从提示信息里面,可以看出,WITH CHECK OPTION 这个子句使得所有的对视图的插入或更新操作都必须满足定义视图时指明的条件,在本题中就是 SCORE>=60。题(6)要插入的元组并不满足这个条件,SCORE=59<60。所以在本题中插入这个元组是不成功的。实际上,任何对数据库中更新元组,使得 SCORE<60 的操作也都不会成功,原因同上。

(8) 将视图 CS(包含定义 WITH CHECK OPTION)中,所有课程编号为 10010 的课程的成绩都减去 5 分。这个操作数据库是否会正确执行,为什么? 如果加上 5 分(原来 95 分以上的不变)呢?

对视图进行数据更新与对基本表进行数据更新,形式上是一样的,如代码 1.4.9 所示。

```
UPDATE CS
SET SCORE = SCORE - 5
WHERE CID = '10010'
```

代码 1.4.9

执行之后,会发现数据库仍然拒绝这个操作,提示信息如题(7)。这是由于数据库中存在一些元组的 SCORE 值较低,当做运算 SCORE=SCORE-5 的时候,结果会<60,这就不满足子句 WITH CHECK OPTION 的条件,因而操作不能实现。

那么,如果成绩都加上 5 分,能否实现呢? 仍然使用代码 1.4.10 中的 SQL 语句。

数据库系统实验指导教程(第二版)

```
UPDATE CS
SET SCORE = SCORE + 5
WHERE CID = '10010' AND SCORE < 95
```

代码 1.4.10

实验发现这个结果是可以顺利执行的。这个操作能够满足 WITH CHECK OPTION 的条件,有 4171 个元组得到修改。这时候如果查看基本表 CHOICES,可以发现 D 对应的记录都得到了更新。

(9) 在视图 CS(包含定义 WITH CHECK OPTION)删除编号为 804529880 学生的记录,如代码 1.4.11 所示,会产生什么结果?

```
DELETE CS
WHERE SID = '804529880'
```

代码 1.4.11

同样地,在进行数据删除时,DBS 仍然会检查 SCORE>60 的这个条件是否满足。如果不满足,数据就不会被删除。在这道题中,删除编号为 804529880 学生的记录,由于条件满足,删除操作顺利执行。

注意:在题目(7)~(9)的实验中,探讨了 SQL 的 WITH CHECK OPTION 子句在视图定义后所起的作用。使得 DBS 在每次对视图的插入、更新和删除操作时,都先判断是否满足视图定义中的条件,如果不满足则不执行操作。

(10) 取消视图 SCT 和视图 CS。

取消视图的 SQL 语句和取消基本表的 SQL 语句形式是一样的,仅需要一个 DROP 语句就可以显示删除,如代码 1.4.12 所示。

```
DROP VIEW SCT
DROP VIEW CS
```

代码 1.4.12

1.4.5　自我实践

(1) 定义选课信息和课程名称的视图 VIEWC;

(2) 定义学生姓名与选课信息的视图 VIEWS;

(3) 定义年级低于 1998 的学生的视图 S1(SID,SNAME,GRADE);

(4) 查询学生为"uxjof"的学生的选课信息;

(5) 查询选修课程"UML"的学生的编号和成绩;

(6) 向视图 S1 插入记录("60000001,Lily,2001");

(7) 定义包括更新和插入约束的视图 S1,尝试向视图插入记录("60000001,Lily,1997"),删除所有年级为 1999 的学生记录,讨论更新和插入约束带来的影响。

(8) 在视图 VIEWS 中将姓名为"uxjof"的学生的选课成绩都加上 5 分。

(9) 取消以上建立的所有视图。

1.5　数据控制

1.5.1　实验目的

熟悉 SQL 的数据控制功能,能够使用 SQL 语句来向用户授予和收回权限。

1.5.2　原理解析

SQL 语句使用 GRANT 和 REVOKE 语句将对用户的授权决定通知系统,系统将授权结果存入数据字典中,在提出操作请求时,按照授权情况进行检查,从而决定是否执行操作。

(1) 向用户授权的 GRANT 语句的一般格式如下:

```
GRANT <权限>[,<权限>]
[ON <对象类型><对象名>]
TO <用户>[,<用户>]
[WITH GRANT OPTION]
```

这个语句的含义是将指定的操作对象的指定操作权限授予给指定用户。

GRANT 语句能够对单个用户多个用户、授权,或使用保留字 PUBLIC 对所有用户授权;可以授予用户某种权限或全部权限;对用户的权限作用的对象可以是数据库、视图、基本表。如果是授予更新权限,还可以仅是基本表的某个或某些列,其他的操作权限如果不是整个表,可能通过定义相应的视图,对视图授予权限。

GRANT 语句授予用户权限的时候,当对象不同时,可以授予的操作权限也不同。

当对象是属性列视图时,操作权限包括 SELECT,INSERT,UPDATE(列名[,列名]),DELETE,ALL PRIVILLGES(表示前四种权限的总和)。

当对象是基本表时,操作权限在上述的基础上,还增加了 ALTER,INDEX,ALLPRIVILLGES 这三个权限。其中,ALL PRIVILLGES 表示六种权限的总和。

当对象是数据库时,操作权限是 CREAT TABLE。接受权限的可以是一个或多个用户,也可以 PUBLIC,即全部用户。

WITH GRANT OPTION 子句表明,获得某种权限的用户可以把该权限传播给其他用户。

(2) 数据库管理员和授权者可以使用 REVOKE 语句来收回权限,一般格式如下:

```
REVOKE <权限>[,<权限>]
[ON <对象类型><对象名>]
FROM <用户>[,<用户>]
```

需要注意的是,当系统收回用户的权限时,比如 USER4 的插入权限,如果 USER4 将此授权给其他用户,比如 USER5,则系统在收回 USER4 的插入权限时,会自动收回 USER5 的插入权限,也就是说收回权限的操作会级联下去。

另外,表的所有者自动拥有所有权限,而且不能被取消。

(3) 循环授权问题。

考虑这种情况:当用多次授权的时候,假设 A 授权给 B,B 授权给 C,这时候 C 是否能授权给 A 呢？实际上，Microsoft SQL Server 是会允许 C 向 A 授权这个操作执行的。那么，在 C 向 A 授权之后，在由 B 取消 C 的权限的时候，由于上面的级联删除的原理，A 是否还拥有权限呢？在实际中，Microsoft SQL Server 是如何处理的呢？这是一个值得探讨的问题。

1.5.3 实验内容

（1）使用 GRANT 语句对用户授权，对单个用户和多个用户授权，或使用保留字 PUBLIC 对所有用户授权。对不同的操作对象包括数据库、视图、基本表等进行不同权限的授权。

（2）使用 WITH GRANT OPTION 子句授予用户传播该权限的权利。

（3）在授权时发生循环授权，考察 DBS 能否发现这个错误。如果不能，结合取消权限操作，查看 DBS 对循环授权的控制。

（4）使用 REVOKE 子句收回授权，取消授权的级联反应。

1.5.4 实验步骤

要求：

在数据库 school 中建立三个用户 USER1，USER2 和 USER3，它们在数据库中的角色是 PUBLIC。请按以下要求，分别以管理员身份或这三个用户的身份登录到数据库中，进行操作。

（1）授予所有用户对表 COURSES 的查询权限。

（2）授予 USER1 对表 STUDENTS 插入和更新的权限，但不授予删除权限，并且授予 USER1 传播这两个权限的权利。

（3）允许 USER2 在表 CHOICE 中插入元组，更新的 SCORE 列，可以选取除了 SID 以外的所有列。

（4）USER1 授予 USER2 对表 STUDENTS 插入和更新的权限，并且授予 USER2 传播插入操作的权利。

（5）收回对 USER1 对表 COURSES 查询权限的授权。

（6）由上面（2）和（4）的授权，再由 USER2 对 USER3 授予表 STUDENTS 插入和更新的权限，并且授予 USER3 传播插入操作的权利。这时候，如果由 USER3 对 USER1 授予表 STUDENTS 的插入和更新权限是否能得到成功？如果能够成功，那么如果由 USER2 取消 USER3 的权限，对 USER1 会有什么影响？如果再由 DBA 取消 USER1 的权限，对 USER2 有什么影响？

分析与解答：

（1）授予所有用户对表 COURSES 的查询权限，如代码 1.5.1 所示。

```
GRANT SELECT
  ON COURSES
  TO PUBLIC
```

代码 1.5.1

（2）对 USER1 授予对表 STUDENTS 插入和更新的权限，但不授予删除权限，如代码 1.5.2 所示。

```
GRANT INSERT,UPDATE
ON STUDENTS
TO USER1
WITH GRANT OPTION
```

代码 1.5.2

在本题中,USER1 被授予了插入和更新的权限,而且还具备了可以传播这两个权限的权利。也就是说,USER1 可以通过 GRANT 语句向其他用户授权。

(3) 允许 USER2 在表 CHOICE 中插入元组,更新的 SCORE 列,可以选取除了 SID 以外的所有列。

因为没有与选取权限相关的字段说明,要实现上述功能,必须先创建一个视图 CHOICEVIEW,如代码 1.5.3 所示。

```
CREATE VIEW CHOICEVIEW(NO,SID,CID,SCORE)
  AS SELECT NO, SID,CID,SCORE FROM CHOICES
```

代码 1.5.3

现在,可以在视图上对用户授予合适的权限,如代码 1.5.4 所示。

```
GRANT SELECT,INSERT,UPDATE(SCORE)
ON CHOICEVIEW
TO USER2
```

代码 1.5.4

该视图是原来基表的子集,因 USER2 是不能选取 SID 列的。而对其他列的权限授予即可以确保该用户在访问该表时拥有相应的权限。

(4) USER1 授予 USER2 对表 STUDENTS 插入和更新的权限,并且授予 USER2 传播插入操作的权利。

USER1 具备传播插入和更新表 STUDENTS 的权限,是由在题(2)中使用的 WITH GRANT OPTION 赋予的。在此操作中,需使用用户名 USER1 登录数据库,同样是使用 GRANT 语句授权给 USER2,如代码 1.5.5 所示。

```
GRANT INSERT,UPDATE
ON STUDENTS
TO USER2
WITH GRANT OPTION
```

代码 1.5.5

操作完成后,USER2 也具备了对表 STUDENTS 插入和更新的权限。

(5) 收回 USER1 对表 COURSES 的查询权限的授权。

首先以管理员身份登录(登录名为 sa),输入代码 1.5.6 中的 SQL 语句。

```
REVOKE SELECT
ON COURSES
FROM USER1
```

代码 1.5.6

做完上面这一步骤后,重新以用户 USER1 登录,发现 USER1 仍然拥有对 COURSES 的查询权限,也就说明这一步骤并没有收回 USER1 对表 COURSES 的查询权限。

出现这种情况的原因如下：

因为本实验第一步已经将表 COURSES 的查询权限授予了 PUBLIC,因此数据库中凡是具有 PUBLIC 角色的用户都拥有对表 COURSES 的查询权限。而在本实验中,建立 USER1 时赋予给此用户的角色恰恰就是 PUBLIC。

经过实验证明,如果输入如代码 1.5.7 中的语句便可以收回 USER1 对表 COURSES 的查询权限。

```
REVOKE SELECT
ON COURSES
FROM PUBLIC
```

代码 1.5.7

(6) 由上面(2)和(4)的授权,再由 USER2 对 USER3 授予表 STUDENTS 插入和更新的权限,并且授予 USER3 传播插入操作的权利。这时候,如果由 USER3 对 USER1 授予表 STUDENTS 的插入和更新权限是否能得到成功?

由 USER2 对 USER3 授予表 STUDENTS 插入和更新权限,并授予传播权,以 USER2 的身份登录到数据库,再在数据库中执行 SQL 的语句如代码 1.5.8 所示。

```
GRANT INSERT,UPDATE
ON STUDENTS
TO USER3
WITH GRANT OPTION
```

代码 1.5.8

执行以后,USER3 也具备了这两项权利。那么这时候,USER3 能不能将这两项权利授予 USER1 呢?虽然 USER3 的权利是 USER2 授予的,USER2 是由 USER1 授予的。由 USER3 再授予 USER1,这是一个逻辑上的矛盾,构成了一个环,如图 1.5.1 所示。

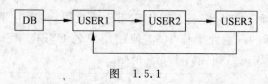

图　1.5.1

注意：图 1.5.1 中用箭头连接表示双方具有授权关系,箭头由 A 指向 B,表示由 A 授权给 B。

如果进行了这样的操作,即构成了循环授权,编译器是否能检查出来呢?以 USER3 登录数据库,输入如代码 1.5.9 中的 SQL 语句。

```
GRANT INSERT,UPDATE
ON STUDENTS
TO USER1
```

代码 1.5.9

执行后,编译器提示："命令已成功完成。"证明这种逻辑上的矛盾,编译器是检查不出来的。

进一步考虑,如果 USER2 取消 USER3 的权限的时候,USER1 的权限还存在吗?按照级联删除的含义,取消 USER3 的权限的时候,同时取消所有由 USER3 授予的相关权限。

那么由于 USER3 曾经授予 USER1 这些权限,DBMS 在取消 USER3 的权限的时候会一并取消 USER1 的权限吗?从逻辑上讲,无论 USER1 的权限是否被取消,都构成了矛盾。还是回到数据库中,看看实际上 DBS 是如何处理这个问题的。输入如代码 1.5.10 中的语句。

```
REVOKE INSERT,UPDATE
ON STUDENTS
FROM USER3
```

代码 1.5.10

执行之后,编译器提示:"服务器:消息 4611,级别 16,状态 1,行 1,若要废除可授予的特权,请在 REVOKE 语句中指定 CASCADE 选项。"

这是 DBS 对删除操作的一个限制,对于具有传播权利的授权,如果要取消,必须指定 CASCADE 选项。那如果加上了如代码 1.5.11 中的 CASCADE 选项,结果又会怎样呢?

```
REVOKE INSERT,UPDATE
ON STUDENTS
FROM USER3
CASCADE
```

代码 1.5.11

编译器提示:"命令已成功完成。"那究竟这个时候 USER1 是否还具有原来的权限呢?可以直接查看用户的权限,也可以利用 USER1 身份登录到数据库中,对数据库表 STUDENTS 做更新操作。如果直接查看 USER3 的权限,可以发现 USER3 的权限没有了,而 USER1 的权限仍然存在,那表示在这里并没有实现级联的删除方式。

那么,这时候再考虑由 DBA 取消 USER1 的权限,那么 USER2 是否还存在权限呢?使用如代码 1.5.12 中的语句:

```
REVOKE INSERT,UPDATE
ON STUDENTS
FROM USER1
CASCADE
```

代码 1.5.12

再查看用户的权限,发现 USER1 和 USER2 的权限都取消,实现了删除的级联操作。

从以上事实可以说明,当 USER3 对 USER1 进行授权的操作,对于这一组操作来说,是不起任何作用的。从 DBS 的角度看来,USER3 与 USER1 之间的关系只有 USR1 授权给 USER2,再由 USER2 授权给 USER3 的关系,而不存在 USR3 授予 USER1 的关系。在 Microsoft Server 内部具体是如何处理,如果有兴趣,可以查阅更多的相关书籍。

注意:以上的讨论均在 Microsoft SQL Server 的基础上进行。

说明:

(1) 创建用户的步骤如下:

① 打开 SQL Server Management Studio,选定数据库,展开"安全性"选项。

② 右击"用户",选择"新建用户"选项,弹出"数据库用户-新建"界面。

③ 在名称中直接输入想要的用户名(如 USER1),在登录名后面,单击"浏览"按钮,会弹出"选择登录名"对话框,可以从登录名列表中选择已经建立好的登录名。

④ 在数据库角色成员的多个复选框中选择合适的选项。在本次实验中,仅选中PUBLIC 选项就可以了。

(2) 先打开 SQL Server Management Studio,单击工具栏上的"新建查询"按钮,是以管理员的身份登录数据库,若需要使用其他用户的身份登录,则可以直接单击"新建查询"按钮,按要求选择数据库,输入用户名和密码即可。

1.5.5　自我实践

(1) 授予所有用户对表 STUDENTS 的查询权限。

(2) 授予所有用户对表 COURSES 的查询和更新权限。

(3) 授予 USER1 对表 TEACHERS 的查询,更新工资的权限,且允许 USER1 可以传播这些权限。

(4) 授予 USER2 对表 CHOICES 的查询,更新成绩的权限。

(5) 授予 USER2 对表 TEACHERS 的除了工资之外的所有信息的查询。

(6) 由 USER1 授予 USER2 对表 TEACHERS 的查询权限和传播的此项权限的权利。

(7) 由 USER2 授予 USER3 对表 TEACHERS 的查询权限,和传播的此项权限的权利。再由 USER3 授予 USER2 上述权限,这样的 SQL 语句能否成功得到执行?

(8) 取消 USER1 对表 STUDENTS 的查询权限,考虑由 USER2 的身份对表 STUDENTS 进行查询,操作能否成功? 为什么?

(9) 取消 USER1 和 USER2 的关于表 COURSES 的权限。

注意:以上各题目,若无特别指明,均指由表的所有者授权或取消授权。

1.6　空值和空集的处理

1.6.1　实验目的

认识 NULL 值在数据库中的特殊含义,了解空值和空集对于数据库的数据查询操作,特别是空值在条件表达式中与其他的算术运算符或逻辑运算符的运算中,空集作为嵌套查询的子查询的返回结果时候的特殊性,能够熟练使用 SQL 语句来进行与空值、空集相关的操作。

1.6.2　原理解析

NULL 是一个常量,仅在数值和字符串类型的列中有意义,代表的是没有意义或者是不确定的值。例如,学生选择了课程,当成绩没有出来时 grade 字段的值应该为空;或者工资表中一个行政人员在课时补贴一栏的值为 NULL,因为其不可能有课时补贴的收入。

由于 NULL 值的特殊性,在进行与其相关的操作的时候,可能导致特别的效果。

(1) 对 NULL 值做算术运算的结果还是 NULL。

(2) NULL 与比较运算符的运算都返回 FALSE 值。

因为 NULL 值表示没有意义或不确定的值,所以与任何比较运算符运算的结果,肯定都是不匹配的。在结果集中,NULL 值是不会出现的。这会引起一个特殊的现象,当在一个列中有某些元素取空值时,对这个列作＞和＜＝某个非空值的两个查询,得到的并不是全集的情况。也即是 NULL 值的存在,会使＞和＜＝的互补性失效。

(3) 判断是否为空值的要使用 IS NULL。

在书写查询语句时,如果需要判断一个值是否为空值的时候,应该采取什么方法呢? 因为 NULL 与所有比较运算符的运算结果都不匹配,那么无论是"＝NULL"还是"＝"",都是不能找出取空值的项。正确的写法应该是: IS NULL。当需要返回所有不是空值的项可以用 IS NOT NULL。

(4) 使用排序 ORDER BY 情况,NULL 值被当作最小值处理。

在使用 ORDER BY 进行排序的时候,有 ASC(升序)和 DESC(降序)两种方式。无论采用其中的哪一种,都涉及一个大小的问题。在这种情况下,NULL 被当作最小值来处理。若按升序排,取空值的元组将最先显示,若按降序排,取空值的元组将最后显示。

(5) 与 DISTINCT 保留字结合使用时,所有的 NULL 值都被看成是相同。

使用 DISTINCT 保留字的时候,NULL 被看成是一个取值,在处理的时候把所有的取 NULL 的项都看成是一样的。例如,在使用 SELECT DISTINCT SCORE FROM CHOICES 的时候,结果集中会有一个项是 NULL。

注意:NULL 值在数据库中被当作一个与其他确定值不同的一种取值,这并不一定意味着取 NULL 值的元组在这列的取值在实际中有与众不同的新的值,而事实上很有可能就是取那些确定值的一种。

(6) 在 GROUP BY 的时候,所有取 NULL 值也被看成是取一个相同值。

使用 GROUP BY 进行排序,取 NULL 的项不是被忽略,而是将 NULL 看成是一个取值,在处理的时候把所有的取 NULL 的项都看成一样,因而形成一个分组。

(7) 在集合函数中空值和空集的处理情况。

除了 COUNT 函数在计算元组的时候会把取空值的列的元组计算在内外,其他的集合函数都是把对应的列的取值为空值的项跳过,不算在集合范围之内。例如,求平均分的时候,当其中一些元组这一列的值取空值,在计算总分和总人数的时候,这些取空值的都不算在内。所求出来的平均是所有成绩不是空值的成绩的平均,而不是所有成绩的平均。

当集合函数统计的对象是一个空集的时候,COUNT()函数返回 0,其他的所有的集合函数的结果都为 NULL 值。

(8) 在嵌套查询中空值与空集的处理情况。

在嵌套查询中,如果子查询返回空集,与各种逻辑谓词进行运算,结果各不相同,有如下五种情况:

① 当使用谓词 IN 时,形式是 expr IN (subquery)时,若由于子查询返回空集,所以条件的逻辑运算结果取 FALSE。

② 当使用比较运算符和谓词 SOME 或 ANY 时,形式是 expr θ ｛ SOME｜ ANY ｝(subquery),若子查询返回空集时,外部查询的条件逻辑运算结果取 FALSE。

③ 当使用比较谓词 ALL 时,形式是 expr θ ｛ALL ｝(subquery),当且仅当子查询返回至少一个值,并且比较结果是 FALSE 的时候,整个条件的取值为 FALSE。否则,取 TRUE 值。当子查询返回空集的时候,无论比较谓词是什么,都取 TRUE 值。

④ 当使用谓词 EXIST 时,形式是 EXISTS (subquery),当子查询返回空集合的时候,整个外层的判断条件取 FALSE。

⑤ 当使用 NOT EXIST 连接子查询的时候,形式是 NOT EXISTS(subquery),当子查询返回空集时,外层的判断条件取 TRUE,反之取 FALSE。

综合以上的情况,再结合子查询返回一个空值的情况(这时返回的不是空集),与各种谓词连接的运算结果如表 1.6.1 所示。

表 1.6.1　谓词与子查询返回空值或返回一个空值的运算结果

与谓词连接的运算	Subquery 返回空集	Subquery 返回一个空值
IN	F	F
NOT IN	T	F
θ SOME| ANY	F	F
θ ALL	T	F
EXIST	F	T
NOT EXIST	T	F

当子查询返回一个空值时,这时候返回结果并非空集,而是返回一个有一个元素的集合,这个集合中的这个唯一的元素取空值。空集与非空集的不同,连同空值本身的特殊性构成面表 1.6.1 的运算结果。

(9) 连接运算。

考虑对两个集合按某两个列做等值连接的情况,当这两个表的对应列中都存在取空值的项。那么等值连接的时候,对这些取空值的项是怎么处理的呢?例如,假设对表 R 和表 D 作 R.CID＝D.CID 的连接。如果表 R 存在 CID 取空值的元组,而表 D 也存在 CID 取空值的元组,这些 CID 列取空值的元组是否会出现在结果集中呢?通过实验,可以发现这些项并没有出现在结果集中。这是由于等值连接的运算符是等号,在前面已经讨论过,NULL 值与任何算术比较符比较的结果都是不匹配的,所以在结果集中不会出现这些 CID 列取空值的项。

1.6.3　实验内容

通过实验验证在原理解析中分析过的 SQL SERVER 对 NULL 的处理,包括:

- 在查询的目标表达式中包含空值的运算。
- 在查询条件中空值与比较运算符的运算结果。
- 使用"IS NULL"或"IS NOT NULL"来判断元组该列是否为空值。
- 对存在取空值的列按值进行 ORDER BY 排序。
- 使用保留字 DISTINCT 对空值的处理,区分数据库的多种取值与现实中的多种取值的不同。
- 使用 GROUP BY 对存在取空值的属性值进行分组。
- 结合分组考察空值对各个集合函数的影响,特别注意对 COUNT(*)和 COUNT(列名)的不同影响。
- 考察结果集是空集时,各个集函数的处理情况。
- 验证嵌套查询中返回空集的情况下与各个谓词的运算结果。
- 进行与空值有关的等值连接运算。

1.6.4　实验步骤

要求：

（1）查询所有选课记录的成绩并将其换算为五分制（满分为 5 分，合格为 3 分），注意 SCORE 取 NULL 值的情况。

（2）查询选修编号为 10028 的课程的学生的人数，其中成绩合格的学生人数，不合格的学生人数，讨论 NULL 值的特殊含义。

（3）通过实验检验在使用 ORDER BY 进行排序时，取 NULL 的项是否出现在结果中？如果有，在什么位置？

（4）在上面的查询的过程中如果加上保留字 DISTINCT 会有什么效果呢？

（5）通过实验说明使用分组 GROUP BY 对取值为 NULL 的项的处理。

（6）结合分组，使用集合函数求每个同学的平均分，总的选课记录，最高成绩，最低成绩，总成绩。

（7）查询成绩小于 0 的选课记录，统计总数，平均分，最大值和最小值。

（8）采用嵌套查询的方式，利用比较运算符和谓词 ALL 的结合来查询表 COURSES 中最少的课时。假设数据库中只有一个记录的时候，使用前面的方法会得到什么结果，为什么？

（9）创建一个学生表 S(NO,SID,SNAME)，教师表 T(NO,TID,TNAME)作为实验用的表。其中，NO 分别是这两个表的主键，其他键允许为空。NO 为整型，其他字段为字符串型。

向 S 插入元组(1,'0129871001','王小明'),(2,'0129871002','李兰')(3,'0129871005',NULL)(4,'0129871004','关红')。

向 T 插入元组(1,'100189','王小明'),(2,'100180','李小')(3,'100121',NULL)(4,'100128',NULL)。

对这两个表作对姓名的等值连接运算，找出既是老师又是学生的人员的学生编号和教师编号。

分析与解答：

（1）查询所有选课记录的成绩并将其换算为五分制（满分为 5 分，合格为 3 分），注意 SCORE 取 NULL 值的情况。

将成绩换算为五分制，只需要对成绩做个整除 20 的运算就可以得到。在这道题中，讨论的重点是当一个成绩是 NULL 值的时候，对其做运算，会得到什么结果呢？

使用简单的 SQL 语句来对数据库进行上述的查询，如代码 1.6.1 所示。

```
SELECT SCORE,SCORE/20
FROM CHOICES
```

代码 1.6.1

在执行之后，在结果集中可以看到，第 79026 个记录的 SCORE 值是 NULL，对应的运算结果也是 NULL。实际的例子说明了一个问题：当一个值是 NULL 的时候，对其做算术运算，结果仍然是 NULL。在这个查询的结果集中，还有很多记录的 SCORE 值取 NULL 的情况，可以自己查看验证。

数据库系统实验指导教程(第二版)

（2）通过查询选修编号为 10028 的课程的学生的人数,其中成绩合格的学生人数,不合格的学生人数,讨论 NULL 值的特殊含义。

查询选修编号为 10028 的课程的学生的人数只需要一个简单的查询就可以实现,如代码 1.6.2 所示。

```
SELECT COUNT( * )
FROM CHOICES
WHERE CID = '10028'
```

代码 1.6.2

查询其中成绩合格的学生人数也很简单,使用如代码 1.6.3 的查询:

```
SELECT COUNT( * )
FROM CHOICES
WHERE SCORE > = 60 AND CID = '10028'
```

代码 1.6.3

运行之后可以得到结果 6042 和 4812。既然选课的总人数已经得到,合格的人数也已经知道,简单地做个减运算是不是就可以得到不及格的人数 6042－4812＝1230 人呢?通过再一次使用 SQL 语句来求不及格的人数,如代码 1.6.4 所示。

```
SELECT COUNT( * )
FROM CHOICES
WHERE SCORE < 60 AND CID = '10028'
```

代码 1.6.4

可以看到,结果是 755,而不是 1230。问题出在哪里呢?从前面表 CHOICES 的定义中,可以看到属性 SCORE 是允许为空的。当元组的 SCORE 列取空值,即 NULL 的时候,在上两个查询中,在条件中使用"＜和＞＝"比较运算符,NULL 值与所有的比较运算符都是不匹配的,所以都不会出现在结果的统计之中。由此,可以得到,在数据库中,存在 1230－755＝475 个 SCORE 值不确定(NULL 值)的元组。再一次使用 SQL 语句对数据库进行查询加以验证,如代码 1.6.5 所示。

```
SELECT COUNT( * )
FROM CHOICES
WHERE SCORE IS NULL AND CID = '10028'
```

代码 1.6.5

执行之后可以看到结果的确是 475。由此证实前面的推论是对的。

注意:要判断是否为 NULL 值,使用的形式是 IS NULL 或 IN NOT NULL。

（3）通过实验检验在使用 ORDER BY 进行排序时,取 NULL 的项是否出现在结果中?如果有,在什么位置?

仍然采用前两个例题中的表 CHOICES 的 SCORE 列的例子,进行排序。首先,将成绩按从小到大排列。SQL 语句如代码 1.6.6 所示。

```
SELECT SCORE FROM CHOICES ORDER BY SCORE ASC
```

代码 1.6.6

查看结果,可以发现,取 NULL 值的项并没有被忽略,而是排在最前面。这是不是意味着 NULL 值在排列的时候被当作是最小值处理呢?可以再通过按降序排列的实验来验证这种假设是否正确。使用如代码 1.6.7 中的语句:

```
SELECT SCORE FROM CHOICES ORDER BY SCORE DESC
```

代码 1.6.7

查看结果,取 NULL 值的项果然是排在最后面。

(4) 在上面的查询的过程中,如果加上保留字 DISTINCT 会有什么效果呢?

从 NULL 值的定义上来看,表示不确定或没有意义。那么,两个 NULL 值就表示两个不确定或没有意义的值。再进一步,这两个不确定或没有意义的值从 DBMS 的角度看来是一样还是不一样呢?如果是一样的话,那 DISTINCT 作用的结果就会只有一个 NULL 项(如果有取空值的项,不管项的数量是多少)。如果不一样的话,DISTINCT 作用的结果,则是原来有多少个 NULL 项,作用后仍有那么多个项。又或者,DBMS 在使用保留字的时候干脆把所有取 NULL 值的项都忽略掉,连一个 NULL 都不显示在结果集中呢?实验是最好的检验方法,使用如代码 1.6.8 中的 SQL 语句。

```
SELECT DISTINCT SCORE FROM CHOICES ORDER BY SCORE DESC
```

代码 1.6.8

在前面的实验中,可以看到在数据库中有不少个成绩取 NULL 值。在使用上述语句进行查询之后,可以发现在结果集中,最后一个项是取 NULL 值的。由此可以证明,在前面的假设中,第一种假设是正确,即在 DBMS 的角度看来,所有的取 NULL 值的项都可以看成是一样的。

在这个实验中,还有一个需要注意的问题。在实验的结果中,共有 47 个不同的结果项。在一般情况下,这就说明该列的取值有 47 个不同的取法。然而,与事实中表示的意思是不完全一样的。在实际上,所有同学的选课成绩至少有 46 种不同的成绩,而不一定有 47 种。这是因为,NULL 值在这里表示不确定,在数据库中认为与其他确定值的项不同。而在实际中,不确定的值很有可能就是那些已经确定的值的其中之一。例如,假设有一个属性是校区,假定这个学校的校区有四个:东校区、西校区、南校区、北校区。存在学生 A 是这个学校的,然而,由于不确定 A 是哪个校区的,因而,在数据库中,A 这个列的取值是 NULL。这时候在数据库中,校区这一属性的取值就有 5 种不同的情况,使用 DISTINCT 的结果也是有 5 个不同的取值,但是这并不意味着该学校就有 5 个校区,事实上只有四个。A 也不是去了一个名字为 NULL 的校区,而是不确定的这 4 个校区中的某个。所以,在数据库中的 5 种取值,不一定对应着事实中有 5 种情况。这是一个需要特别注意的地方,也是 NULL 值的特殊性的一个体现。

(5) 通过实验说明使用分组 GROUP BY 对取 NULL 值的项的处理。

在上个例子的讨论中,可以得出结论:NULL 值在数据库是当作一个与其他的取值一样类型的值。而使用分组 GROUP BY 的时候对取 NULL 值的项是否也作相同处理呢?可以通过实验来对此进行验证。考虑按成绩来对表 CHOICES 进行分组,SQL 语句如代码 1.6.9 所示。

数据库系统实验指导教程(第二版)

```
SELECT SCORE FROM CHOICES GROUP BY SCORE
```

代码 1.6.9

实验证明,查询的结果存在取值为 NULL 的项,这说明在使用分组的时候取 NULL 值被当作一个分组。

(6)结合分组,使用集合函数求每个学生的平均分,总的选课记录数,最高成绩,最低成绩,总成绩,考察取空值的项对集合函数的作用的影响。

统计每个学生的成绩,可以先按学生的学号分组,再在每个分组中进行统计,可使用如代码 1.6.10 中的 SQL 语句:

```
SELECT SID,AVG(SCORE),COUNT( * ),COUNT(SCORE),MAX(SCORE),MIN(SCORE),SUM(SCORE)
FROM CHOICES
GROUP BY SID
```

代码 1.6.10

查看结果发现,学生编号为 844936486 的学生有一个选课记录,然而成绩是 NULL,各个集合函数统计的结果分别为 NULL,1,0,NULL,NULL,NULL。这一个学生只有一个成绩为 NULL 的记录,在使用 COUNT(*)统计元组的时候,由于存在一个记录,所以取值 1;而对于 COUNT(SCORE),统计时将取 NULL 值的项忽略了,所以取值 0。对于最大值,最小值,在这里都取空值。这是什么原因呢? 是因为只有一个元组,所以无论最大最小都取自身的值呢? 还是因为在统计最大最小值的时候忽略了所有取 NULL 值的项,所以统计出来的结果是没有项,因而给了 NULL 值? 事实上是哪一种呢?

再看另一个项,学生编号为 840545438 的学生有两个选课记录,其中一个的成绩为 NULL,另一个为 71,各个集合函数统计的结果分别为 71,2,1,71,71,71。从这组结果看来,在计算平均分,总分,最大,最小值的时候,取 NULL 值的项被忽略了,没有考虑进去。这样看来,前面的问题可以得到解答:第一种假设是错误的,第二种假设才是正确的。

再看学生编号为 821705141 的项,各个集合函数统计的结果是 90,4,3,99,85,272。可以看出,该学生有 4 个选修记录,其中 1 个成绩为 NULL,其他 3 个成绩最高为 99,最低为 85,总分为 272,三门平均分为 90。

可以得出结论:在集合函数中,除了使用 COUNT(*)计算元组时要把取空值的项计算进去,其他的集合函数都忽略了取空值的项。取平均分的函数也是取非空值的项的平均,而不是所有项的平均。

(7)查询成绩小于 0 的选课记录,统计总数、平均分、最大值和最小值。

按要求写出如代码 1.6.11 中的 SQL 语句进行查询。

```
SELECT COUNT( * ),AVG(SCORE),MAX(SCORE),MIN(SCORE)
FROM CHOICES
WHERE SCORE < 0
```

代码 1.6.11

在数据库中,所有的成绩不小于 0 的。所以,上述的查询得到的结果是个空集。对一个空集使用集合函数进行统计,得到的结果是怎样的呢? 由上面运行得到的结果,可以发现,COUNT(*)返回值为 0,其余的函数返回值均为 NULL。

（8）采用嵌套查询的方式，利用比较运算符和谓词 ALL 的结合来查询表 COURSES 中最少的课时。假设数据库中只有一个记录的时候，使用前面的方法会得到什么结果，为什么？

对表 COURSES 查询最少的课时，考虑用">=ALL"来连接子查询，使用代码 1.6.12 中的 SQL 语句。

```
SELECT DISTINCT HOUR
FROM COURSES AS C1
WHERE HOUR <= ALL(
        SELECT HOUR
        FORM COURSES AS C2
        WHERE C1.CID <> C2.CID
)
```

代码 1.6.12

在数据库 school 执行得到的结果是 18。

当数据库中只有一个记录的时候，使用上面的语句进行查询。由于数据库中只有一个元组，子查询的判断条件 C1.CID<>C2.CID 永远都不可能成立。因而子查询返回的是一个空集。外部查询判断 HOUR<=ALL（空集）的结果。在逻辑上，一个元素是无法与一个空集的元素作比较的。针对这个问题，DBS 做了这样处理：返回的是 TRUE。这样的处理在实际应用也是适当的，如本题中，判断条件返回 TRUE，即数据库中唯一的这个元组将被选出来。即使出现这个唯一的元组的 HOUR 取 NULL 值，作为结果输出与使用集合函数 MAX(HOUR) 得到的结果是一样的。

（9）创建一个学生表 S(NO,SID,SNAME)，教师表 T(NO,TID,TNAME) 作为实验用的表，并插入数据的操作比较简单，由用户自己完成。

现在，考虑对这两个表作对姓名的等值连接运算，找出既是老师又是学生的人员的学生编号和教师编号，使用的 SQL 语句如代码 1.6.13 所示。

```
SELECT TID,SID,SNAME
FROM T,S
WHERE T.TNAME = S.SNAME
```

代码 1.6.13

执行之后可以得到结果为一个项（'0129871001','100189','王小明'）。对两个表数据进行分析，可以发现除了两个表都有一个姓名为王小明的元组外，S 表中有一个姓名为空值的元组，而 T 表中有两个。虽然这些元组的姓名在数据库中的取值都是空值 NULL，然而在对这两张表作等值连接的时候，显然这些项都被忽略了。

从实验中已得出结论，在作对某两个列的等值连接的时候，该列的 NULL 值的项都被忽略。两个属于不同表并且对应列都取 NULL 值的项是不会发生连接的，也不会出现在结果集中。

1.6.5　自我实践

按下列要求，写出 SQL 语句，通过实验验证 SQL Server 对 NULL 值和空集的处理方式。

（1）查询所有课程记录的上课学时（数据库中为每星期学时），以一学期十八个星期计算每个课程的总学时，注意 HOUR 取 NULL 值的情况。

（2）通过查询选修课程 C++的学生的人数，其中成绩合格的学生人数，不合格的学生人数，讨论 NULL 值的特殊含义。

（3）查询选修课程 C++的学生的编号和成绩，使用 ORDER BY 按成绩进行排序时，取 NULL 的项是否出现在结果中？如果有，在什么位置？

（4）在上面的查询的过程中，如果加上保留字 DISTINCT 会有什么效果呢？

（5）按年级对所有的学生进行分组，能得到多少个组？与现实的情况有什么不同？

（6）结合分组，使用集合函数求每个课程选修的学生的平均分，总的选课记录数，最高成绩，最低成绩，讨论考察取空值的项对集合函数的作用的影响。

（7）采用嵌套查询的方式，利用比较运算符和谓词 ALL 的结合来查询表 STUDENTS 中最晚入学的学生年级。当存在 GRAND 取空值的项时，考虑可能出现的情况，并解释原因。

（8）将操作步骤中的表的数据进行更新，使得表 S 中，NO 为 2 和 3 的记录的 SID 列取 NULL 值，T 表的 NO 为 4 的记录的 TID 取 NULL 值，NO 为 3 的 TID 取 0129871005。然后，对这两个表按 T.TID＝S.SID 作等值连接运算，找出编号相同的学生和教师的姓名，并分析原因。

1.7 本章自我实践参考答案

1.1.5节自我实践参考答案

（1）CREATE TABLE CUSTOMER
(CID CHAR(8) UNIQUE,CNAME CHAR(20),CITY CHAR(8),DISCNT INT,
PRIMARY KEY(CID))
CREATE TABLE AGENTS
(AID CHAR(8) UNIQUE,ANAME CHAR(20),CITY CHAR(8),PERCENTS FLOAT,
PRIMARY KEY(AID))
CREATE TABLE PRODUCTS
(PID CHAR(8) UNIQUE, PNAME CHAR(20), PRIMARY KEY (PID))

（2）CREATE TABLE ORDERS
(ORDNA CHAR(8) UNIQUE,MONTH INT,CID CHAR(8),AID CHAR(8),
PID CHAR(8),QTY INT,DOLLARS FLQAT, PRIMARY KEY (ORDNA),
FOREIGN KEY(CID) REFERENCES CUSTOMER, FOREIGN KEY (AID)
REFERENCES AGENTS,FOREIGN KEY(PID) REFERENCES PRODUCTS)

（3）ALTER TABLE PRODUCTS ADD CITY CHAR (8)
ALTER TABLE PRODUCTS ADD QUANTITY INT
ALTER TABLE PRODUCTS ADD PRICE FLOAT

（4）CREATE INDEX XSNO ON CUSTOMER(CID)
CREATE INDEX XSNO ON AGENTS(AID)

CREATE INDEX XSNO ON PRODUCTS(PID)

CREATE INDEX XSNO ON ORDERS(ORDNA)

(5) DROP INDEX CUSTOMER. XSNO

DROP INDEX AGENTS. XSNO

DROP INDEX PRODUCTS. XSNO

DROP INDEX ORDERS. XSNO

1.2.5 节自我实践参考答案

(1) SELECT * FROM COURSES

(2) SELECT SID FROM CHOICES

(3) SELECT CID FROM COURSES WHERE HOUR<88

(4) SELECT SID FROM CHOICES GROUP BY SID HAVING SUM(SCORE)>400

(5) SELECT COUNT(CID) FROM COURSES

(6) SELECT CID,COUNT(SID) ROM CHOICES GROUP BY CID

(7) SELECT SID FROM CHOICES WHERE SCORE>60 GROUP BY SID

　　HAVING COUNT (CID)>2

(8) SELECT SID,COUNT(CID),AVG(SCORE) FROM CHOICES GROUP BY SID

(9) SELECT STUDENTS. SID,SNAME FROM STUDENTS,CHOICES,COURSES

　　WHERE STUDENTS. SID=CHOICES. SID AND CHOICES. CID=COURSES. CID

　　AND COURSES. CNAME='Java'

(10) SELECT CHOICES. SID,CHOICES. SCORE FROM CHOICES,STUDENTS

　　　WHERE SNAME='sssht' AND CHOICES. SID=STUDENTS. SID

　　　SELECT CID, SCORE FROM CHOICES WHERE SID IN

　　　(SELECT STUDENTS. SID FROM STUDENTS WHERE SNAME='sssht')

(11) SELECT C1. CNAME FROM COURSES AS C1,COURSES AS C2

　　　WHERE C1. HOUR>C2. HOUR AND C2. CNAME='C++'

(12) SELECT SID,SNAME FROM STUDENTS WHERE SID IN(

　　　SELECT C1. SID FROM CHOICES AS C1,CHOICES AS C2

　　　WHERE C1. SCORE>C2. SCORE AND C1. CID=C2. CID

　　　AND C2. SID=(SELECT SID FROM STUDENTS WHERE SNAME='znkoo')

　　　AND C1. CID=(SELECT CID FROM COURSES WHERE CNAME='C++'))

(13) SELECT SNAME FROM STUDENTS WHERE GRADE IN(

　　　SELECT GRADE FROM STUDENTS WHERE SID IN('883794999','850955252'))

(14) SELECT SNAME FROM STUDENTS WHERE SID NOT IN

　　　(SELECT SID FROM CHOICES WHERE CID = (SELECT CID FROM

　　　COURSES WHERE CNAME='Java'))

(15) SELECT * FROM COURSES WHERE HOUR<=ALL(SELECT HOUR FROM

　　　COURSES)

(16) SELECT CHOICES. TID,CID FROM CHOICES WHERE NOT EXISTS

　　　(SELECT * FROM TEACHERS WHERE TEACHERS. SALARY>

(SELECT SALARY FROM TEACHERS WHERE TEACHERS. TID =
CHOICES. TID))

(17) SELECT SID FROM CHOICES WHERE SCORE=
(SELECT MAX(SCORE) FROM CHOICES WHERE CID=
(SELECT CID FROM COURSES WHERE CNAME='erp'))

(18) SELECT CNAME FROM COURSES WHERE CID NOT IN
(SELECT CID FROM CHOICES)

(19) SELECT CNAME FROM COURSES WHERE CID=SOME
(SELECT CID FROM CHOICES WHERE TID= SOME
(SELECT TID FROM COURSES,CHOICES WHERE CNAME='UML'AND
COURSES. CID=CHOICES. CID))

(20) SELECT SNAME FROM STUDENTS WHERE NOT EXISTS
(SELECT * FROM CHOICES AS C1 WHERE NOT EXISTS
(SELECT * FROM CHOICES AS C2 WHERE C2. SID=STUDENTS. SID
AND C2. CID=C1. CID AND C2. TID='200102901'))

(21) SELECT SID FROM CHOICES,COURSES WHERE COURSES. CID=CHOICES. CID
AND COURSES. CNAME='database'
UNION
SELECT SID FROM CHOICES, COURSES WHERE COURSES. CID =
CHOICES. CID AND COURSES. CNAME='UML'

(22) SELECT X. SID FROM CHOICES AS X,CHOICES AS Y
WHERE (X. CID = (SELECT CID FROM COURSES WHERE CNAME =
'database')
AND Y. CID=(SELECT CID FROM COURSES WHERE CNAME='UML'))
AND X. SID=Y. SID

(23) SELECT X. SID FROM CHOICES AS X,CHOICES AS Y
WHERE (X. CID = (SELECT CID FROM COURSES WHERE CNAME =
'database'))
AND X. SID=Y. SID
AND NOT (Y. CID=(SELECT CID FROM COURSES WHERE CNAME=
'UML'))

1.3.5 节自我实践参考答案

(1) INSERT INTO STUDENTS(SID,SNAME)
VALUES('800022222','WangLan')

(2) INSERT INTO TEACHERS
VALUES('200001000','LXL','s4zrck@pew. net','3024')
UPDATE TEACHERS
SET SALARY = 4000

```
        WHERE TID = '200010493'
        UPDATE TEACHERS
        SET SALARY = 2500
        WHERE SALARY < 2500
```

(3) UPDATE CHOICES
　　SET TID =
　　(SELECT TID FROM TEACHERS WHERE TNAME = 'rnupx')
　　WHERE TID = '200016731'

(4) UPDATE STUDENTS
　　SET GRADE = 2001
　　WHERE SID = '800071780'

(5) DELETE FROM COURSES
　　WHERE CID NOT IN
　　(SELECT CID FROM CHOICES GROUP BY CID)

(6) DELETE FROM STUDENTS
　　WHERE GRADE < 1998

(7) DELETE FROM STUDENTS WHERE SID NOT IN
　　(SELECT SID FROM CHOICES GROUP BY SID)

(8) DELETE FROM CHOICES WHERE SCORE < 60

1.4.5 节自我实践参考答案

(1) CREATE VIEW VIEWC AS
　　SELECT CHOICES. NO, CHOICES. SID, CHOICES. TID, COURSES. CNAME,
　　CHOICES. SCORE FROM CHOICES, COURSES
　　WHERE CHOICES. CID = COURSES. CID

(2) CREATE VIEW VIEWS AS
　　SELECT CHOICES. NO, STUDENTS. SNAME, CHOICES. TID, CHOICES.
　　CID, CHOICES. SCORE FROM CHOICES, STUDENTS
　　WHERE CHOICES. SID = STUDENTS. SID

(3) CREATE VIEW S1(SID, SNAME, GRADE) AS
　　SELECT STUDENTS. SID, STUDENTS. SNAME, STUDENTS. GRADE
　　FROM STUDENTS
　　WHERE GRADE > 1998

(4) SELECT * FROM VIEWS WHERE SNAME = 'uxjof'

(5) SELECT SID, SCORE FROM VIEWC WHERE CNAME = 'uml'

(6) INSERT INTO S1
　　VALUES('60000001','Lily',2001)

(7) 定义:

```
CREATE VIEW S1(SID, SNAME, GRADE) AS
```

```
SELECT SID, SNAME, GRADE FROM STUDENTS
WHERE GRADE > 1998
WITH CHECK OPTION
```

插入元组:

```
INSERT INTO S1
VALUES('60000001','Lily',1997)
```

执行结果:

服务器:消息 550,级别 16,状态 1,行 1。
试图进行的插入或更新已失败,原因是目标视图或者目标视图所跨越的某一视图指定了 WITH
CHECK OPTION,而该操作的一个或多个结果行又不符合 CHECK OPTION 约束的条件.语句执行终止。

结果讨论:

加入了 WITH CHECK OPTION 子句后,使得所有的对视图的插入或更新操作都
必须满足定义视图时指明的条件,在本题就是 GRADE>1998。题目中要插入的
元组并不满足这个条件,GRADE=1997<1998。所以在本题中插入这个元组是不
成功的。

删除元组:

```
DELETE FROM S1
WHERE GRADE = 1999
```

执行结果:

服务器:消息 547,级别 16,状态 1,行 1。
DELETE 语句与 COLUMN REFERENCE 约束 'FK_CHOICES_STUDENTS' 冲突.该冲突发生于数据库
'school',表 'CHOICES', column 'sid'.语句执行终止。

结果讨论:

虽然要删除的元组并没有违反视图定义中的约束(GRADE=1999>1998),但是,由
于基表 STUDENTS 和表 CHOICES 之间存在引用完整性的约束,而将 GRADE=
1999 的元组删除将违反了其之间的引用完整性约束,所以出现了上面的错误。

(8) UPDATE VIEWS

SET SCORE = SCORE+5

WHERE SNAME = 'uxjof'

(9) DROP VIEW VIEWC

DROP VIEW VIEWS

DROP VIEW S1

1.5.5 节自我实践参考答案

(1) GRANT SELECT ON STUDENTS TO PUBLIC

(2) GRANT SELECT,UPDATE ON COURSES TO PUBLIC

(3) GRANT SELECT,UPDATE(SALARY) ON TEACHERS TO USER1

WITH GRANT OPTION

(4) GRANT SELECT,UPDATE(SCORE) ON CHOICES TO USER2

(5) CREATE VIEW TV AS SELECT TID,TNAME,EMAIL,SALARY FROM TEACHERS
　　GRANT SELECT ON TV TO USER2

(6) 以 USER1 身份登录数据库。
　　GRANT SELECT ON TEACHERS TO USER2 WITH GRANT OPTION

(7) 以 USER2 身份登录数据库。
　　GRANT SELECT ON TEACHERS TO USER3 WITH GRANT OPTION
　　以 USER3 身份登录数据库。
　　GRANT SELECT ON TEACHERS TO USER2 WITH GRANT OPTION
　　编译器提示正常执行。

(8) REVOKE SELECT ON TEACHERS FROM USER1 CASCAD
　　操作不成功,取消授权操作存在的级联效应。

(9) REVOKE SELECT,UPDATE ON COURSES FROM USER1,USER2

1.6.5 节自我实践参考答案

(1) SELECT CID,HOUR * 18 FROM COURSES 对 NULL 做算术运算结果为 NULL。

(2) 参考 1.6.4 节的实验步骤(2)。

(3) NULL 的项出现在结果中,被当作最小值看待。

(4) SELECT SID,SCORE FROM CHOICES WHERE CID=
　　(SELECT CID FROM COURSES WHERE CNAME='C++')ORDER BY SCORE
　　成绩为 NULL 的项排在最后面。

(5) SELECT DISTINCT GRADE FROM STUDENTS GROUP BY GRADE
　　得到 15 个组,现实中有 14 个年级。

(6) SELECT AVG(SCORE),COUNT(*),MAX(SCORE),MIN(SCORE)
　　FROM CHOICES GROUP BY CID

(7) SELECT GRADE FROM STUDENTS WHERE GRADE>= ALL (SELECT
　　GRADE FROM STUDENTS)

(8) SELECT COUNT(*)FROM S,T WHERE T. TID=S. SID

第2章　　数据库的完整性控制

数据完整性(Data Integrity)是指数据的精确性(Accuracy)和可靠性(Reliability)，是应防止数据库中存在不符合语义规定的数据和防止因错误信息的输入输出造成无效操作或错误信息而提出的，目的是在一个应用程序更新数据的过程中，保证数据的语义正确性。

数据完整性主要分为三类：实体完整性(Entity Integrity)和参照完整性(Referential Integrity)以及用户定义的完整性(User-defined Integrity)，其中用户定义的完整性主要包括域完整性(Domain Integrity)和其他自定义完整性。

为维护数据库的完整性，DBMS 必须提供一种机制来检查数据库中的数据，看其是否满足语义规定的条件。这些加在数据库数据之上的语义约束条件称为数据库完整性规则，作为模式的一部分存入数据库中。

完整性控制是指对数据库进行更新操作，要遵守完整性规则，才能保证数据的语义是正确的，防止数据库中存在不符合语义的数据。目的是在合法用户访问数据库的过程中，保证数据的正确性和准确性。完整性检查是指DBMS 中检查数据是否满足完整性条件的机制。由 DBMS 在执行更新动作时，检查是否满足预定的完整性约束条件，来进行控制。广义的完整性控制包括故障恢复、并发控制。而一般所指的完整性控制是指基于数据库的完整性约束规则，如实体完整性、引用完整性等。SQL 中两种主要的数据完整性控制机构是指完整性约束规则的定义和检查以及触发器(Trigger)机制。

完整性控制机制应具有三个功能：

① 定义功能，即提供定义完整性约束条件的机制；

② 检查功能，即检查发出的操作请求是否违背了约束条件；

③ 如果发现操作请求使数据违背了完整性约束条件，则采取一定的动作来保证数据的完整性。

完整性控制机制的工作原理基本上分为两类，一种是定义完整性时就立刻进行检查的，例如实体完整性的定义；另外一种是定义完整性之后的，例如参照完整性的定义。

SQL Server 提供了一些工具来帮助实现数据完整性,其中最主要的是规则(Rule)、默认值(Default)、约束(Constraint)和触发器。

2.1 实体完整性

2.1.1 实验目的

学习实体完整性的建立,以及实践违反实体完整性的结果。

2.1.2 原理解析

1. 实体完整性(Entity Integrity)定义

实体完整性规定表的每一行在表中是唯一的实体。SQL 语法中,表中的 UNIQUE、PRIMARY KEY 和 IDENTITY 约束就是实体完整性的体现。

实体完整性规则:每个关系中主码的任何属性不能取空值。

注意:空值为 NULL,不是 0,也不是空格,而是一个"不知道"或"不确定"的数据值。

2. 实施完整性检查的时机

实施完整性规则检查的时机分为立即检查和延迟检查(Immediate or deferred Checking),只有选择正确的检查时机才能保证语义的正确性,也即保证数据的完整性。

例如,"转账"事务的完整性控制条件:转出账户 A 和转入账户 B 的余额之和保持不变。

转账动作:A 减金额,B 加金额。

如果在更新 A 动作发生后立即启动检查就没有意义,应该延迟到 B 更新结束后才检查完整性条件。

实体完整性规则检查的时机是立即检查的,而参照完整性和触发器一般都是延迟检查。

3. 事务处理

事务是一组数据库操作的集合,这些操作要么一起成功,要么一起失败。操作的提交或回退是一同生效的。事务处理的概念对维护数据的完整性和一致性是十分重要的。

数据库操作(如 INSERT,UPDATE 和 DELETE)如果是一个事务中的操作,那么要在事务控制之下完成。数据库对象的 begin Transaction、commit Transaction 和 rollback Transaction 方法分别用来启动、提交和回退事务。

2.1.3 实验内容

(1) 在数据库 school 中建立表 Stu_Union,进行主键约束,在没有违反实体完整性的前提下插入并更新一条记录。

(2) 演示违反实体完整性的插入操作。

(3) 演示违反实体完整性的更新操作。

(4) 演示事务的处理,包括事务的建立、处理,以及出错时的事务回退。

(5) 通过建立 Scholarship 表,插入数据,演示当与现有的数据环境不等时,无法建立实体完整性以及参照完整性。

数据库系统实验指导教程(第二版)

2.1.4 实验步骤

以系统管理员或 sa 用户登录,进入 Management Studio,右击 school 数据库,选择 "新建查询"菜单,进入查询窗口,输入如下命令:

(1) 如代码 2.1.1 所示,输入 SQL 语句并执行。

```
USE school
CREATE TABLE Stu_Union( sno CHAR(5) NOT NULL UNIQUE,
                        sname CHAR(8),
                        ssex CHAR(1),
                        sage INT,
                        sdept CHAR(20),
               CONSTRAINT PK_Stu_Union PRIMARY KEY(sno) );
insert Stu_Union values ( '10000','王敏','1',23,'CS');
UPDATE Stu_Union SET sno = ' '          WHERE sdept = 'CS';
UPDATE Stu_Union SET sno = '95002' WHERE sname = '王敏';
select * from stu_union;
```

代码 2.1.1

得到结果如图 2.1.1 所示。

分析:成功建立表,令 sno 为主键。插入与更新操作都没有违反实体完整性。

	sno	sname	ssex	sage	sdept
1	95002	王敏	1	23	CS

思考:为什么把 sno 设置为""没有违反 NOT NULL 的约束?

图 2.1.1

(2) 如代码 2.1.2 所示,输入 SQL 语句。

```
USE school
insert Stu_Union values ( '95002','王嘉','1',23,'CS')
```

代码 2.1.2

得到结果如图 2.1.2 所示。

消息 2627,级别 14,状态 1,第 2 行
违反了 PRIMARY KEY 约束 'PK_Stu_Union'。不能在对象 'dbo.Stu_Union' 中插入重复键。
语句已终止。

图 2.1.2

分析:违反了主键的唯一性属性,将破坏实体完整性,系统中止操作。

(3) 如代码 2.1.3 所示,输入 SQL 语句。

```
USE school
UPDATE Stu_Union SET sno = NULL WHERE sno = '95002';
```

代码 2.1.3

结果如图 2.1.3 所示。

消息 515,级别 16,状态 2,第 2 行
不能将值 NULL 插入列 'sno',表 'School.dbo.Stu_Union';列不允许有空值。UPDATE 失败。
语句已终止。

图 2.1.3

分析：违反了主键的 Not Null 属性，将破坏实体完整性，系统中止操作。

（4）如代码 2.1.4 所示，输入 SQL 语句。

```
USE school
SET XACT_ABORT ON
BEGIN TRANSACTION T1
    insert into stu_union values ('95009','李勇','M',25,'EE');
    insert into stu_union values ('95003','王浩','0',25,'EE');
    insert into stu_union values ('95005','王浩','0',25,'EE');
    select * From stu_union;
COMMIT TRANSACTION T1
```

代码 2.1.4

结果如图 2.1.4 所示。

注意：当 SET XACT _ ABORT 为 ON 时，如果 Transact-SQL 语句产生运行时错误，整个事务将终止并回滚。为 OFF 时，只回滚产生错误的 Transact-SQL 语句，而事务将继续进行处理。编译错误（如语法错误）不受 SET XACT _ABORT 的影响。对于大多数 OLE DB 提供程序（包括 SQL Server），隐性或显式事务中的数据修改语句必须将 XACT_ABORT 设置为 ON。唯一不需要该选项的情况是提供程序支持嵌套事务时。

	sno	sname	ssex	sage	sdept
1	95002	王敏	1	23	CS
2	95003	王浩	0	25	EE
3	95005	王浩	0	25	EE
4	95009	李勇	M	25	EE

图　2.1.4

（5）如代码 2.1.5 所示，输入 SQL 语句。

```
USE school
SET XACT_ABORT ON
BEGIN TRANSACTION T2
    insert into stu_union values ('95007','李明','M',25,'EE');
    select * From stu_union;
    insert into stu_union values ('95009','李进','F',22,'CS');
COMMIT TRANSACTION T2
```

代码 2.1.5

结果如图 2.1.5 所示。

消息 2627，级别 14，状态 1，第 6 行
违反了 PRIMARY KEY 约束 'PK_Stu_Union'。不能在对象 'dbo.Stu_Union' 中插入重复键。

图　2.1.5

分析：插入的数据违反实体完整性，插入失败，事务回滚。

（6）如代码 2.1.6 所示，输入 SQL 语句。

```
USE school
    select * From stu_union;
```

代码 2.1.6

结果如图 2.1.6 所示。

分析：虽然 insert into stu_union values ('95007','李明','M',25,'EE');这个插入并不出错，但是由于作为一个事务，T2 中的操作要么一起成功，要么一起失败，所以当 T2 失

数据库系统实验指导教程(第二版)

	sno	sname	ssex	sage	sdept
1	95002	王敏	1	23	CS
2	95003	王浩	0	25	EE
3	95005	王浩	0	25	EE
4	95009	李勇	M	25	EE

图 2.1.6

败时,整个事务回滚到初始状态。

(7) 如代码 2.1.7 所示,输入 SQL 语句。

```
USE school
Create Table Scholarship
(
    M_ID varchar(10),Stu_id char(10),R_money int
)
insert into Scholarship values ('0001','700000',5000)
insert into Scholarship values ('0001','800000',8000)
select * from Scholarship
```

代码 2.1.7

结果如图 2.1.7 所示。

	M_ID	Stu_id	R_money
1	0001	700000	5000
2	0001	800000	8000

图 2.1.7

(8) 如代码 2.1.8 所示,输入 SQL 语句。

```
USE school
Alter Table Scholarship add
Constraint PK_Scholarship Primary key(M_ID)
```

代码 2.1.8

结果如图 2.1.8 所示。

消息 8111, 级别 16, 状态 1, 第 2 行
无法在表 'Scholarship' 中可为空的列上定义 PRIMARY KEY 约束。
消息 1750, 级别 16, 状态 0, 第 2 行
无法创建约束。请参阅前面的错误消息。

图 2.1.8

分析:当前的数据环境不满足 M_ID 成为主键,因为数据列 M_ID 不满足实体完整性。

(9) 如代码 2.1.9 所示,输入 SQL 语句。

```
USE school
Alter Table Scholarship add
Constraint FK_Scholarship Foreign key(STU_ID) references STUDENTS(sid)
```

代码 2.1.9

结果如图 2.1.9 所示。

消息 547，级别 16，状态 0，第 2 行
ALTER TABLE 语句与 FOREIGN KEY 约束"FK_Scholarship"冲突。该冲突发生于数据库"School"，表"dbo.STUDENTS"，column 'sid'.

图　2.1.9

分析：由于 scholarlship 中的数据，不满足 STU_ID 和 STUDENTS 表中的 sid 的对应性，所以创建参照完整性失败。

2.1.5　自我实践

（1）在 school 数据库中建立一张新表 Class，包括 Class_id(varchar(4))，name(varchar(10))，Deparment(varchar(20))三个列，并约束 Class_id 为主键。

（2）创建事务 T3，在事务中插入一个元组('00001'，'01CSC'，'CS')，并在 T3 中嵌套创建事务 T4，T4 也插入和 T3 一样的元组，编写代码测试，查看结果。

2.2　参照完整性

2.2.1　实验目的

学习建立外键，以及利用 FOREIGN KEY…REFERENCES 子句以及各种约束保证参照完整性。

2.2.2　原理解析

1. 参照完整性

参照完整性是指两个表的主关键字和外关键字的数据应对应一致。确保了有主关键字的表中对应其他表的外关键字的行存在，即保证了表之间的数据的一致性，防止了数据丢失或无意义的数据在数据库中扩散。参照完整性是建立在外关键字和主关键字之间或外关键字和唯一性关键字之间的关系上的。

参照完整性规则：关系 R 的外来码取值必须是关系 S 中某个元组的主码值，或者可以是一个"空值"。

定义外键时定义参照完整性，约束参照表 A 和被参照表 B。对于违反参照完整性有时候并不是简单拒绝执行，而是接受该操作，同时执行必要的附加操作。DBMS 提供机制来定义是否必须制定外键的具体值而非空值。主键和外键列可以有不同的名字，空值的要求也可以不一致，默认值也可以不同，但数据类型必须相同。

2. SQL Sever 中完整性的体现

在 SQL Server 中参照完整性作用表现在如下几个方面。

- 禁止在从表中插入包含主表中不存在的关键字的数据行。
- 禁止会导致从表中的相应值孤立的主表中的外关键字值改变。
- 禁止删除在从表中的有对应记录的主表记录。

3. 在 SQL 语句中删除和插入基本关系元组

（1）在被参照关系中删除元组的 4 种控制方式：

- 级联删除(CASCADES):将参照关系中与被参照关系中要删除元组主键值相同的元组一起删除。
- 受限删除(RESTRICTED):只有参照关系中没有元组与被参照关系中要删除元组主键值相同时才执行删除操作,否则拒绝。
- 置空值删除(SET NULL):删除被参照关系中的元组,同时将参照关系中相应元组的外键值置为空(此列应该允许为空)。
- 置默认值删除(SET DEFAULT):删除被参照关系中的元组,同时将参照关系中相应元组的外键值置为该列的默认值。

(2) 在参照关系中插入元组的问题如下:

- 受限插入:只有被参照关系中有元组与参照关系中要插入元组外键值相同时,才执行插入操作,否则拒绝。
- 递归插入:插入元组外键值在被参照关系中没有元组相同,则首先向被参照关系插入元组,其主键值等于参照关系插入元组的外键值,然后再向参照关系插入元组。

4. DBMS 对参照完整性进行检查的 4 种情况

(1) 在以下 4 种情况下 DBMS 要进行检查:对参照表进行插入和修改以及对被参照表进行删除和修改。

(2) SQL Server 的 4 种情况违反参照完整性的处理方法如表 2.2.1 所示。

表 2.2.1　违反参照完整性的处理方法

操作对象	相 关 操 作		
	INSERT	DELETE	UPDATE
被参照表	不需要检查	ON DELETE…(用户显示定义的方式,提供两种:cascade 和 no action)Or default(系统认的方式 no action)	ON UPDATE…(用户显示定义的方式,提供两种:cascade 和 no action)Or default(系统默认的方式 no action)
参照表	拒绝执行	不需要检查	拒绝执行

5. 参照完整性的特殊问题

1) 表的自参照问题

例如:

```
Create table employee
(Emp_ id int NOT NULL PRIMARY KEY,
  emp_name varchar(30) NOT NULL,
  Mgr_id int NOT NULL REFERENCES employee (emp_ id))
```

问题 1:无法定义。

处理方法:先用 create table 创建主键约束,再用 alter table 创建外键约束。

问题 2:容易造成无法启动的情况,系统通过事务完毕后再检查。

2) 两张表互相参照的问题

问题 1:无法定义。

处理方法:与表的自参照问题的解决方法相同。

问题 2：容易造成无法启动的情况，系统通过事务完毕后再检查。

3）既是外键又是主键中的属性的问题

处理方法：既要遵从实体完整性也要遵从参照完整性。

2.2.3　实验内容

（1）为演示参照完整性，建立表 Course，令 cno 为其主键，并在 stu_union 中插入数据。为下面的实验步骤做预先准备。

（2）建立表 SC，令 sno 和 cno 分别为参照 stu_union 表以及 Course 表的外键，设定为级联删除，并令（sno,cno）为其主键。在不违反参照完整性的前提下，插入数据。

（3）演示违反参照完整性的插入数据。

（4）在 Stu_union 中删除数据，演示级联删除。

（5）在 Course 中删除数据，演示级联删除。

（6）为了演示多重级联删除，建立 Stu_Card 表，令 stu_id 为参照 stu_union 表的外键，令 card_id 为其主键，并插入数据。

（7）为了演示多重级联删除，建立 ICBC_Card 表，令 stu_card_id 为参照 Stu_Card 表的外键，令 bank_id 为其主键，并插入数据。

（8）通过删除 students 表中的一条记录，演示三个表的多重级联删除。

（9）演示事务中进行多重级联删除失败的处理。修改 ICBC_Card 表的外键属性，使其变为 On delete No action，演示事务中通过删除 students 表中的一条记录，多重级联删除失败，整个事务回滚到事务的初始状态。

（10）演示互参照问题及其解决方法。要建立教师授课和课程指定教师听课关系的两张表，规定一个教师可以授多门课，但是每个课程只能指定一个教师去听课，所以要为两张表建立相互之间的参照关系。

2.2.4　实验步骤

（1）输入 SQL 语句，如代码 2.2.1 所示。

```
USE school
insert into Stu_Union values ( '10001','李勇','0',24,'EE')
select * from Stu_Union;
create table Course (
    cno char(4) NOT NULL UNIQUE,
    cname varchar(50) NOT NULL,
    cpoints int,
    constraint PK primary key (cno));
insert into Course values ('0001','ComputerNetworks',2);
insert into Course values ('0002','Databsae',3);
```

代码 2.2.1

注意：为演示参照完整性，预先建立的表和数据。

结果如图 2.2.1 所示。

	sno	sname	ssex	sage	sdept
1	10001	李勇	0	24	EE
2	95002	王敏	1	23	CS
3	95003	王浩	0	25	EE
4	95005	王浩	0	25	EE
5	95009	李勇	M	25	EE

图 2.2.1

(2) 输入 SQL 语句,如代码 2.2.2 所示。

```
USE school
CREATE TABLE SC(
sno CHAR(5) REFERENCES Stu_Union (sno) on delete cascade,
cno CHAR(4) REFERENCES Course(cno) on delete cascade,
grade INT,
CONSTRAINT PK_SC PRIMARY KEY (sno,cno)
);
insert into sc values ('95002','0001',2);
insert into sc values ('95002','0002',2);
insert into sc values ('10001','0001',2);
insert into sc values ('10001','0002',2);
Select * From SC;
```

代码 2.2.2

结果如图 2.2.2 所示。

	sno	cno	grade
1	10001	0001	2
2	10001	0002	2
3	95002	0001	2
4	95002	0002	2

图 2.2.2

(3) 输入 SQL 语句,如代码 2.2.3 所示。

```
USE school
insert into sc values ('99','101',2);
```

代码 2.2.3

结果如图 2.2.3 所示。

```
消息 547, 级别 16, 状态 0, 第 2 行
INSERT 语句与 FOREIGN KEY 约束"FK__SC__sno__37A5467C"冲突。该冲突发生于数据库"School",表"dbo.Stu_Union", column 'sno'.
语句已终止.
```

图 2.2.3

分析:违反了参照完整性,表 stu_union 中没有“99”的 sno。

(4) 输入 SQL 语句,如代码 2.2.4 所示。

```
USE school
delete from Stu_Union where sno = '10001';
select * from SC;
```

代码 2.2.4

结果如图 2.2.4 所示。

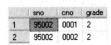

图 2.2.4

分析：由于 on delete cascade 的连带删除作用，在 student 中删除某个学号，SC 中对应这个学号为外键的所有记录都要被删除。

（5）输入 SQL 语句，如代码 2.2.5 所示。

```
USE school
delete from Course where cno = '0002';
select * from SC;
```

代码 2.2.5

结果如图 2.2.5 所示。

图 2.2.5

分析：由于 on delete cascade 的连带删除作用，在 course 中删除某个学号，SC 中对应这个学号为外键的所有记录都要被删除。

（6）输入 SQL 语句，如代码 2.2.6 所示。

```
USE school
create table Stu_Card(
        card_id char(14),
        stu_id char (10) references students(sid) on delete cascade,
        remained_money decimal (10,2),
        constraint PK_stu_card Primary key (card_id)
);
insert into Stu_Card values ( '05212567','800001216',100.25);
insert into Stu_Card values ( '05212222','800005753',200.50);
select * from Stu_card;
```

代码 2.2.6

结果如图 2.2.6 所示。

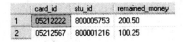

图 2.2.6

（7）输入 SQL 语句，如代码 2.2.7 所示。

```
USE school
create table ICBC_Card(
        bank_id char(20),
```

代码 2.2.7

```
        stu_card_id char (14) references stu_card(card_id) on delete cascade,
        restored_money decimal (10,2),
        constraint PK_Icbc_card Primary key (bank_id)
    );
    insert into ICBC_Card values ( '9558844022312','05212567',15000.1);
    insert into ICBC_Card values ( '9558844023645','05212222',50000.3);
    select * from ICBC_Card;
```

代码 2.2.7(续)

结果如图 2.2.7 所示。

	bank_id	stu_card_id	restored_money
1	9558844022312	05212567	15000.10
2	9558844023645	05212222	50000.30

图　2.2.7

(8) 输入 SQL 语句,如代码 2.2.8 所示。

```
USE school
alter table choices drop [FK_CHOICES_STUDENTS];
alter table choices add
CONSTRAINT [FK_CHOICES_STUDENTS] FOREIGN KEY
    (
        [sid]
    ) REFERENCES [dbo].[STUDENTS] (
        [sid]
    )on delete cascade;
delete from students where sid = '800001216';
select * from stu_card;
select * from icbc_card;
```

代码 2.2.8

结果如图 2.2.8 所示。

分析:由于数据库中原有表 choices 使用了外键关联 students 表,采用了 no action,其外键又限定非空,所以直接在 students 中删除数据会出错。要演示多重级联删除必须去除原有约束,并将其外键设置为级联删除。

(9) 输入 SQL 语句,如代码 2.2.9 所示。

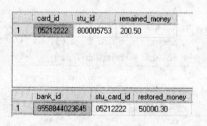

	card_id	stu_id	remained_money
1	05212222	800005753	200.50

	bank_id	stu_card_id	restored_money
1	9558844023645	05212222	50000.30

图　2.2.8

```
Alter table ICBC_Card
 drop constraint FK__ICBC_Card__stu_c__6c190EBB;
Alter table ICBC_Card
 add constraint FK_ICBC_Card foreign key (stu_card_id)
            references Stu_card(card_id) on delete no action ;
```

代码 2.2.9

注意:FK__ICBC_Card__stu_c__6c190EBB 是原有外键的约束名称,可通过 Management Studio 窗口左部的对象浏览器选取指定的表,展开目录后可以看到"约束"项,从那里查到约束的名称。

结果如图 2.2.9 所示。

输入 SQL 语句,如代码 2.2.10 所示。

命令已成功完成。

图　2.2.9

```
Begin Transaction del
delete from students where sid = '800005753';
select * from stu_card;
select * from icbc_card;
Commit Transaction del
```

代码 2.2.10

结果如图 2.2.10 所示。

消息 547, 级别 16, 状态 0, 第 2 行
DELETE 语句与 REFERENCE 约束"FK_ICBC_Card"冲突。该冲突发生于数据库"School", 表"dbo.ICBC_Card", column 'stu_card_id'.
语句已终止。

图　2.2.10

分析:事务 del 由于 ICBC_Card 表中的外键属性是 on delete no action,所以多重级联删除到了 ICBC_Card 无法执行,于是整个事务回滚。

输入 SQL 语句,如代码 2.2.11 所示。

```
USE school
select * from stu_card;
select * from icbc_card;
```

代码 2.2.11

结果如图 2.2.11 所示。

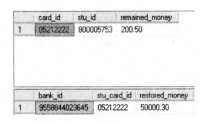

图　2.2.11

分析:整个事务回滚,两个表的数据都没有被删除。

(10) 输入 SQL 语句,如代码 2.2.12 所示。

```
use school
create table listen_course (
    teacher_id char(6),tname varchar(20),course_id char(4)
    constraint PK_listen_course primary key(teacher_id)
    constraint FK_listen_course foreign key(course_id)
                        references teach_course(course_id)
)
```

代码 2.2.12

数据库系统实验指导教程(第二版)

```
create table teach_course(
    course_id char(4),cname varchar(30),teacher_id char(6)
    constraint PK_teach_course primary key(course_id)
    constraint FK_teach_course foreign key(teacher_id)
                            references listen_course(teacher_id)
)
```

代码 2.2.12（续）

结果如图 2.2.12 所示。

```
消息 1767, 级别 16, 状态 0, 第 2 行
外键 'FK_listen_course' 引用了无效的表 'teach_course'.
消息 1750, 级别 16, 状态 0, 第 2 行
无法创建约束。请参阅前面的错误消息。
```

图　2.2.12

解决错误的方法如下：先定义 listen_course 表，但是不定义外键属性，再定义完整的
teach_course 表，用 Alter Table 的命令定义 listen_course 表的外键属性。

输入 SQL 语句，如代码 2.2.13 所示。

```
use school
create table listen_course (
    teacher_id char(6),tname varchar(20),course_id char(4)
    constraint PK_listen_course primary key(teacher_id)
);
```

代码 2.2.13

结果如图 2.2.13 所示。

命令已成功完成。

图　2.2.13

输入 SQL 语句，如代码 2.2.14 所示。

```
use school
create table teach_course(
    course_id char(4),cname varchar(30),teacher_id char(6)
    constraint PK_teach_course primary key(course_id)
    constraint FK_teach_course foreign key(teacher_id)
                            references listen_course(teacher_id)
)
alter table listen_course
        add constraint FK_listen_course foreign key(course_id)
                            references teach_course(course_id);
```

代码 2.2.14

结果如图 2.2.13 所示。

至此，互参照定义完成。

2.2.5　自我实践

（1）用 alter table 语句将 SC 表中的 on delete cascade 改为 on delete no action，重新插入 SC 的数据。

重复操作 2.2.4 节中（4）和（5），观察结果，分析原因。

（2）使用 alter table 语句将 SC 表中的 on delete cascade 改为 on delete set NULL，重新插入 SC 的数据。

重复操作 2.2.4 节中（4）和（5），观察结果，分析原因。

（3）创建一个班里的学生互助表，规定：包括学生编号，学生姓名，学生的帮助对象，每个学生有且仅有一个帮助对象，帮助对象也必须是班里的学生。

（4）学校学生会的每个部门都有一个部长，每个部长领导多个部员，每个部只有一个部员有评测部长的权力。请给出体现这两种关系（即领导和评测）的两张互参照的表的定义。

2.3　用户自定义完整性

2.3.1　实验目的

学习用户自定义约束，并实践用户完整性，利用短语 NOT NULL，UNIQUE，CHECK 保证用户定义完整性。

2.3.2　原理解析

1. 用户完整性

不同的关系数据库系统根据其应用环境的不同，往往需要一些特殊的约束条件。用户定义的完整性即针对某个特定关系数据库的约束条件，反映某一具体应用所涉及的数据必须满足的语义要求，主要包括以下几点：

（1）域完整性是指数据库表中的列必须满足某种特定的数据类型或约束。域约束是最常见的用户定义完整性约束，当有新数据插入到数据库中，系统可以按照定义进行关系属性取值是否正确的检测。其中，约束又包括取值范围精度等规定。表中的 CHECK FOREIGN KEY 约束和 DEFAULT NOT NULL 定义都属于域完整性的范畴。

（2）现在的 RDBMS 中，一般都有域完整性检查功能。SQL Server 提供了定义和检验这类完整性的机制，以便用统一的系统方法进行处理。而不是用应用程序来承担这一功能。其他的完整性类型都支持用户定义的完整性。

（3）一个属性能否取空值一般由语义决定，也是域约束的内容之一。

2. SQL 中的约束机制

约束主要包括如下两种：

（1）静态约束：对静态对象的约束是反映数据库状态合理性的约束，如实体完整性。

（2）动态约束：对动态对象的约束是反映数据库状态变迁的约束，如触发器。

SQL 中用于属性约束方面的有 Not NULL,Check 等子句;而用于全局约束方面的有 Create Assertion,Create Rule 等语句。

例如,有约束规则 A1:化学系学生不能选修低于 2 学分的课程。

```
Create  Assertion A1  Check
(Not  Exists  (Select  *   From SC
            Where  S#  in (Select S#  From S
                        Where dept = "化学")
            And  C#  in (Select C#  From C
                        Where CP < 2)
        )
    )
```

3. 一般的规则组成

规则一般是由规则标识(可缺省)以及规则语义组成。规则语义由约束作用的数据对象、约束语义(如断言 Assertion)、触发条件以及违反规则时的响应动作构成。

例如,有约束规则 1:公司职工的底薪是 3000 元。

受约束的对象:"职工"关系的 Salary 属性。

约束语义:Title=职工时,Salary≥3000。

触发条件:更新职工元组时。

违反响应:拒绝执行更新操作。

4. 规则的一般分类

规则的一般分类如表 2.3.1 所示。

表 2.3.1　规则的一般分类

类别	属 性 级	元 组 级	关 系 级
静态	类型、格式、值域、空值	元组的各个属性之间的取值限制	实体、引用统计完整性函数依赖
动态	属性/值改变	元组值修改时各属性间的约束	关系变化的前后一致性

例如:

静态约束规则:

"日期"的格式为 YY - MM - DD;

"成绩"的值域为 0～100;

"学号"不能取空值;

"职称"为教授时"工资"值应大于 3000;

经理的工资不超过职工的平均工资 10 倍(统计)。

动态约束规则:

更新时"工资"的新值应该超过旧值;

事务的一致性,转账前后余额的和保持不变。

5. 自定义数据类型和规则

(1) 如果多个列使用同一类型的约束,或在一些特殊的情况下,通过自定义的数据类型和规则就为数据库设计提供了更高层次的抽象,如工资数据类型肯定比 smallmoney 能建立更多的特征及更容易被理解。

自定义数据类型示例:

公司要计算加拿大元、美元、欧元、日元的数量,则 DBA 可以建立如下数据类型。

```
exec sp_addtype canadian_dollar 'decimal(11,2)'
exec sp_addtype US_dollar 'decimal(11,2)'
exec sp_addtype Euro 'decimal(11,2)'
exec sp_addtype Japanese_yen 'decimal(11,2)'
```

将相应列分别指定数据类型后由于 DBMS 禁止在两种数据类型之间进行没有定义的操作,则下面的操作会禁止。

```
total = Cana_Account + US_Account
```

(2) 规则的创建(当约束条件要为多列使用时)。

步骤 1: CREATE RULE rule AS condition_expression

步骤 2: sp_bindrule [@rulename =] 'rule' , [@objname =] 'object_name'

可一般绑定到某一列,或者是用户自己定义的数据类型。

例如:

```
EXEC sp_bindrule 'today', 'employees.[hire date]'
EXEC sp_bindrule 'rule_ssn', 'ssn'
```

6. Check 约束

(1) Check 约束是对列或列的组合的取值限制,采用 SQL 语句中 Where 子句相同的表达方式来表达,分为表一级和列一级的约束。

(2) 空值的问题。

空值意味着检查约束的值是未知的,所以空值的出现不会违反检查约束的条件。

(3) 潜在的语义问题。

① 大多数的 DBMS 不会检查约束和默认值定义的语义,所以要注意语义冲突。

例如:

```
emp_type char(8) Default "new"
check (emp_type in("temp","fulltime","contract"))
```

② Check 与 Check 之间的冲突。

例如:

```
check(empno > 10 and empno < 9 )
check(empno > 9 )
check( empno > = 11 )
```

③ 还可能存在的语义冲突:

• 定义了置空删除,但表中检查约束要求此列不能为空。

• 定义该列不能为空,检查约束要求此列为空。

7. Rule 约束的建立

规则可以是 Where 子句中任何有效的表达式,并且可以包含诸如算术运算符、关系运算符和谓词(如 IN、LIKE、BETWEEN)之类的元素。规则不能引用列或其他数据库对象。可以包含不引用数据库对象的内置函数。

Condition_Expression 包含一个变量。每个局部变量的前面都有一个@符号。该表达式引用通过 UPDATE 或 INSERT 语句输入的值。在创建规则时,可以使用任何名称或符号表示值,但第一个字符必须是@符号。

例如:

```
CREATE RULE range_rule AS @range >= $1000 AND @range < $20000
CREATE RULE list_rule AS @list IN ('1389', '0736', '0877')
CREATE RULE pattern_rule AS @value LIKE '_ _ - %[0-9]'
```

注意:Rule 对于已经输入表中的数据不起作用。

8. Rule 的绑定以及松绑

创建规则后,规则只是一个存在于数据库中的对象,并未发生作用。需要将规则与数据库表或用户自定义对象联系起来,才能达到创建规则的目的。联系的方法称为"绑定",所谓"绑定"就是指定规则作用于哪个表的哪一列或哪个用户自定义数据类型。表的一列或一个用户自定义数据类型只能与一个规则相绑定,而一个规则可以绑定多对象,这正是规则的魅力所在。解除规则与对象的绑定称为"松绑"。

1) 存储过程 sp_bindrule 绑定规则

存储过程 sp_bindrule 可以绑定一个规则到表的一个列或一个用户自定义数据类型上。其语法如下:

```
sp_bindrule [@rulename = ] 'rule',
[@objname = ] 'object_name'
[, 'futureonly']
```

各参数说明如下:

```
[@rulename = ] 'rule'
```

指定规则名称:

```
[@objname = ] 'object_name'
```

指定规则绑定的对象:

```
'futureonly'
```

此选项仅在绑定规则到用户自定义数据类型上时才可以使用。当指定此选项时,仅以后使用此用户自定义数据类型的列会应用新规则,而当前已经使用此数据类型的列则不受影响。

2）存储过程 sp_unbindrule 解除规则的绑定

存储过程 sp_unbindrule 可解除规则与列或用户自定义数据类型的绑定,其语法如下:

```
sp_unbindrule [@objname = ] 'object_name'
[,'futureonly']
```

其中'futureonly'选项同绑定时一样,仅用于用户自定义数据类型。指定现有的用此用户自定义数据类型定义的列仍然保持与此规则的绑定,如果不指定此项,则所有由此用户自定义数据类型定义的列,也将随之解除与此规则的绑定。

2.3.3　实验内容

（1）创建 Worker 表,并自定义两个约束 U1 以及 U2,其中 U1 规定 Name 字段唯一,U2 规定 sage(级别)字段的上限是 28。

（2）在 Worker 表中插入一条合法记录。

（3）演示插入违反 U2 约束的例子,U2 规定元组的 sage 属性的值必须小于等于 28。

（4）去除 U2 约束。

（5）重新插入(3)中想要插入的数据,由于去除了 U2 约束,所以插入成功。

（6）创建规则 rule_sex,规定插入或更新的值只能是 M 或 F,并绑定到 Worker 的 sex 字段。

（7）演示违反规则 rule_sex 的插入操作。

2.3.4　实验步骤

（1）输入 SQL 语句,如代码 2.3.1 所示。

```
USE school
Create Table Worker(
Number char(5),
Name char(8) constraint U1 unique,
Sex char(1),
Sage int constraint U2 check (Sage <= 28),
Deaapartment char(20),
constraint PK_Worker Primary Key (Number))
```

代码 2.3.1

成功建立 Worker 表,并自定义两个约束。

（2）输入 SQL 语句,如代码 2.3.2 所示。

```
USE school
Insert into Worker(Number,Name,Sex,Sage,Department) Values('00001','李勇','M',14,'科技部')
Select * From Worker
```

代码 2.3.2

结果如图 2.3.1 所示。

分析：合法插入,没有违反自定义约束。

（3）输入 SQL 语句,如代码 2.3.3 所示。

数据库系统实验指导教程(第二版)

	Number	Name	Sex	Sage	Department
1	00001	李勇	M	14	科技部

图　2.3.1

```
USE school
Insert into Worker(Number,Name,Sex,Sage,Department) Values('00002','王勇','M',38,'科技部')
Select * From Worker
```

代码 2.3.3

结果如图 2.3.2 所示。

```
消息 547，级别 16，状态 0，第 2 行
INSERT 语句与 CHECK 约束"U2"冲突。该冲突发生于数据库"School"，表"dbo.Worker"，column 'Sage'。
语句已终止。

(1 行受影响)
```

图　2.3.2

分析：违反了自定义约束 U2,元组的 sage 属性的值必须小于等于 28,插入失败。

(4) 输入 SQL 语句,如代码 2.3.4 所示。

```
USE school
Alter table worker Drop U2
```

代码 2.3.4

分析：去除 U2 的自定义约束。

(5) 输入 SQL 语句,如代码 2.3.5 所示。

```
USE school
Insert into Worker(Number,Name,Sex,Sage,Department) Values('00002','王勇','M',38,'科技部')
select * from Worker
```

代码 2.3.5

结果如图 2.3.3 所示。

	Number	Name	Sex	Sage	Department
1	00001	李勇	M	14	科技部
2	00002	王勇	M	38	科技部

图　2.3.3

分析：由于去除了自定义约束 U2,所以插入成功。

(6) 输入 SQL 语句,如代码 2.3.6 所示。

```
USE school
Go
Create Rule rule_sex as @value in ('F','M')
Go
exec sp_bindrule rule_sex ,'worker.[sex]';
```

代码 2.3.6

结果如图 2.3.4 所示。

已将规则绑定到表的列。

图 2.3.4

分析：设置规则 rule_sex 并绑定到 Worker 的 sex 字段上。

(7) 输入 SQL 语句，如代码 2.3.7 所示。

```
USE school
Insert into Worker Values ('00003','王浩','1','25','研发部');
```

代码 2.3.7

结果如图 2.3.5 所示。

消息 513，级别 16，状态 0，第 2 行
列的插入或更新与先前的 CREATE RULE 语句所指定的规则发生冲突。该语句已终止。冲突发生于数据库 'School'，表 'dbo.Worker'，列 'Sex'。
语句已终止。

图 2.3.5

分析：插入的数据违反了 sex_rule 规则，操作中止。

(8) 输入 SQL 语句，如代码 2.3.8 所示。

```
USE school
exec sp_unbindrule 'worker.[sex]';
```

代码 2.3.8

结果如图 2.3.6 所示。

已解除了表列与规则之间的绑定。

图 2.3.6

分析：解除 Worker 表中 sex 列与规则 rule_sex 之间的绑定。

2.3.5 自我实践

(1) 加入约束 U3，令 sage 的值大于等于 0。

(2) 加入规则 R2，确保插入的记录的 sage 值在 1 到 100 之间，并绑定到 sage 属性上。

2.4 触发器

2.4.1 实验目的

通过实验使学生加深对数据完整性的理解，学会创建和使用触发器。

2.4.2 原理解析

1. 触发器概述

触发器是 SQL 语言提供的一种维护数据完整性的工具。触发器过程是由程序员给定，如一个和完整性控制动作有关的处理过程。当系统规定的触发条件发生时，给定的过程被调用。触发条件是多种多样的,例如:进入或退出程序的某层结构(如 Block,Form 等);查询、修改等操作发生之前或之后;某个按键动作;Trigger 过程调用(相当于子程序调用)。

触发器是实施复杂完整性的特殊类型的存储类型。触发器不需要专门语句调用,对所保护数据进行修改时自动激活,以防止对数据进行不正确、未授权或不一致的修改。

2. 触发器的类型及其具有的特殊表

一个触发器只适用于一个表,每个表最多只能有三个触发器,分别是 INSERT、UPDATE 和 DELETE 触发器。触发器仅在实施数据完整性和处理业务规则时使用。

每个触发器有两个特殊的表,即插入表(inserted table)和删除表(deleted table)。这两个表是逻辑表,并且这两个表是由系统管理的,存储在内存中,不是存储在数据库中。因此不允许直接对其修改,并且这两个表的结构总是与被该触发器作用的表有相同的表结构。

3. 三种触发器的工作原理

- Insert 触发器:先向 inserted 表中插入一个新行的副本。然后检查 inserted 表中的新行是否有效,确定是否要阻止该插入操作。如果所插入的行中的值是有效的,则将该行插入到触发器表。
- Update 触发器:先将原始数据行移到 deleted 表中。然后将一个新行插入 inserted 表中。最后计算 deleted 表和 inserted 表中的值以确定是否进行干预。
- Delete 触发器:将原始数据行移到 deleted 表中,计算 deleted 表中的值决定是否进行干预,如果不进行,那么把数据行删除。

4. SQL 中创建触发器的语法

创建触发器的语法为:

```
CREATE TRIGGER <触发器> ON <表名|视图名>
[WITH ENCRYPTION]
{FOR | AFTER | INSTEAD OF} {[DELETE][,][INSERT][,][UPDATE]}
[WITH APPEND]
[NOT FOR REPLICATION]
AS <SQL 语句组>
```

注意:创建触发器的语句一定要是 SQL 批处理的第一句。

5. INSTEAD OF 触发器

在创建触发器时指定 INSTEAD OF 选项,表示数据库将不执行触发 SQL 语句而替换成执行相应的触发器操作。在表或视图上,每个 INSERT,UPDATE 或 DELETE 语句最多可以定义一个 INSTEAD OF 触发器。然而,可以在每个具有 INSTEAD OF 触发器的视图上定义视图。INSTEAD OF 触发器主要用于使不能更新的视图支持更新,并且允许选择性地拒绝批处理中某些部分的操作。

INSTEAD OF 触发器不能定义在 WITH CHECK OPTION 的可更新视图上。同时,在含有使用 DELETE 或 UPDATE 级联操作定义的外键的表上也不能定义 INSTEAD OF DELETE 和 INSTEAD OF UPDATE 触发器。

6. 触发器和存储过程的区别

(1) 是否附属于唯一的表。触发器附属于唯一的表,而存储过程不附属任何的表。

（2）是否事件驱动。触发器由事件驱动,而存储过程由显式的指令调用。

（3）是否有数量的限制。一般不允许建立太多的触发器,对触发器的数目有要求,而存储过程没有这方面的要求。

2.4.3　实验内容

（1）为 worker 表建立触发器 T1,当插入或是更新表中数据时,保证所操作的记录的 sage 值大于 0。

（2）为 worker 表建立触发器 T2,禁止删除编号为 00001 的 CEO。

（3）worker 表中的人员的编号是不可改变的,创建触发器 T3 实现更新中编号的不可改变性。

（4）演示违反 T1 触发器的约束的插入操作。

（5）演示违反 T1 触发器的约束的更新操作。

（6）演示违反 T2 触发器的约束的插入操作。

（7）演示违反 T2 触发器的约束的更新操作。

（8）演示 INSTEAD OF 触发器在不可更新视图上的运用。

2.4.4　实验步骤

（1）仍然使用自定义完整性实验中的 worker 表。

为此表建立触发器 T1,当插入或是更新表中数据时,保证所操作的记录的 sage 值大于 0。

输入 SQL 语句,如代码 2.4.1 所示。

```
use school
go
create trigger T1 on worker
for insert, update
as
if (select sage from inserted)< 1
begin
    print 'Sage must be a integer more than zero! Transaction fail'
    Rollback transaction
end
```

代码 2.4.1

（2）为 worker 表建立触发器 T2,禁止删除编号为 00001 的 CEO。

输入 SQL 语句,如代码 2.4.2 所示。

```
use school
go
create trigger T2 on worker
for delete
as
if (select number from deleted) = '00001'
```

代码 2.4.2

```
begin
    print 'He is the CEO!Delete Fail!'
    Rollback transaction
end
```

代码 2.4.2(续)

(3) worker 表中的人员的编号是唯一且不可改变的,创建触发器 T3 实现更新中编号的不可改变性。

输入 SQL 语句,如代码 2.4.3 所示。

```
use school
go
create trigger T3 on worker
for update
as
if update(number)
begin
    print 'Every number cannot be changed!'
    Rollback Transaction
end
```

代码 2.4.3

(4) 输入 SQL 语句,如代码 2.4.4 所示。

```
use school
insert into worker values ('00003','李红','F',-10,'开发部')
```

代码 2.4.4

结果如图 2.4.1 所示。

```
Sage must be a integer more than zero! Transaction fail
消息 3609, 级别 16, 状态 1, 第 2 行
事务在触发器中结束。批处理已中止。
```

图 2.4.1

分析:插入记录时违反 T1 触发器的约束,操作失败。

(5) 输入 SQL 语句,如代码 2.4.5 所示。

```
use school
update worker set sage = -7 where number = '00001'
```

代码 2.4.5

结果如图 2.4.2 所示。

```
Sage must be a integer more than zero! Transaction fail
消息 3609, 级别 16, 状态 1, 第 2 行
事务在触发器中结束。批处理已中止。
```

图 2.4.2

分析:更新记录时违反了触发器 T1 的约束,操作失败。

（6）输入 SQL 语句，如代码 2.4.6 所示。

```
use school
delete from worker where name = '李勇'
```

代码 2.4.6

结果如图 2.4.3 所示。

```
He is the CEO!Delete Fail!
消息 3609，级别 16，状态 1，第 2 行
事务在触发器中结束。批处理已中止。
```

图　2.4.3

分析：删除数据时违反触发器 T2 的约束，操作失败。

（7）输入 SQL 语句，如代码 2.4.7 所示。

```
use school
update worker set number = '00007' where sex = 'F'
```

代码 2.4.7

结果如图 2.4.4 所示。

```
Every number cannot be changed!
消息 3609，级别 16，状态 1，第 2 行
事务在触发器中结束。批处理已中止。
```

图　2.4.4

分析：更新数据时违反触发器 T3 的约束，操作失败。

（8）如果数据库视图中存在多个数据表的连接关系，则这个视图是不可更新视图。执行代码 2.4.8 创建视图。

```
--创建不可更新视图
CREATE VIEW StudentScholarship AS
SELECT st.sid, st.sname, st.grade, sc.R_money
FROM Students st, Scholarship sc
WHERE st.sid = sc.stu_id
```

代码 2.4.8

测试在视图中插入数据，代码如下：

```
insert into StudentScholarship values ('1000', 'John', 2003, 1500)
```

此时会出现错误，如图 2.4.5 所示。

```
消息
消息 4405，级别 16，状态 1，第 1 行
视图或函数 'StudentScholarship' 不可更新，因为修改会影响多个基表。
```

图　2.4.5

针对该问题创建一个 INSTEAD OF 触发器，如代码 2.4.9 所示。

```
CREATE TRIGGER Tri_Ins_Stu_Scholarship ON StudentScholarship
INSTEAD OF INSERT
AS
BEGIN
   SET NOCOUNT ON
   IF (NOT EXISTS
           (SELECT s.sid FROM students s, inserted i
                      WHERE s.sid = i.sid
           )
       )
   BEGIN
       INSERT INTO students
          SELECT sid, sname, null, grade FROM inserted
       DECLARE @MAX_M_ID varchar(10)
       SELECT @MAX_M_ID = max(m_id) FROM scholarship
       INSERT INTO scholarship
          SELECT @MAX_M_ID + 1, sid, r_money FROM inserted
   END
   ELSE PRINT '数据已经存在'
END
```

代码 2.4.9

该触发器是将原本一次性插入到 StudentScholarship 视图的 INSERT 语句进行分解,从而避免了一次对多个基表进行操作。创建触发器后再次尝试更新视图,如代码 2.4.10 所示。

```
insert into StudentScholarship values ('1000', 'John', 2003, 1500)
select * from StudentScholarship
select * from Students where sid = '1000'
select * from Scholarship where stu_id = '1000'
```

代码 2.4.10

结果如图 2.4.6 所示。

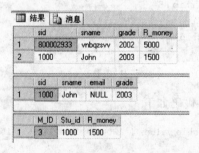

图 2.4.6

可见对不可更新视图的插入操作已经成功。

2.4.5 自我实践

(1) 建立一个在 worker 表上的触发器 T4,要求插入记录的 sage 值必须比表中已记录的最大 sage 值大。

（2）建立一个在 worker 表上的触发器 T5，要求当更新一个记录的时候，表中记录的 sage 值要比老记录的 sage 值大，因为一般工资级别只能升不能降。

2.5　综合案例

1. 综合案例 1

假设你是商场的技术人员，请根据商场的实际情况设计数据库。

（1）请创建一个名为 Shop 的数据库，并建立 4 个数据表，表的基本属性如表 2.5.1～表 2.5.4 所示。

表 2.5.1　商品种类表（Categories）的基本属性

名称	数据类型	是否为空	默认值	说明
cate_id	int	not null		主键
cate_name	char(20)	not null		商品种类名称
description	text	null		描述

表 2.5.2　商品表（Products）的基本属性

名称	数据类型	是否为空	默认值	说明
prod_id	int	not null		主键
prod_name	char(20)	not null		商品名称
category_id	int	null		商品所属种类 id
price	money	null		单价

表 2.5.3　订单表（Orders）的基本属性

名称	数据类型	是否为空	默认值	说明
order_id	int	not null		主键
customer_id	int	null		顾客 id
order_date	datetime	null	now()	下订单时间
modify_date	datetime	null		修改订单时间
product_id	int	not null		商品 id
quantity	int	not null	1	商品数量

表 2.5.4　顾客信息表（Customer）的基本属性

名称	数据类型	是否为空	默认值	说明
cust_id	int	not null		主键
cust_name	char(20)	not null		顾客名称
address	char(100)	null		地址
telephone	char(15)	null		联系电话

（2）初始化数据：（正确插入）

insert into …

(3) 在数据库 Shop 中添加商品,其数据如下(解决实体完整性问题):

id1: …
id2: …

试分析操作能否成功? 若不成功,请说明原因并提出解决方案。上机测试解决方案,注意使用事务来保证数据操作的一致性。

(4) 修改数据表使其满足如下级联关系:

① 令 Products. cate_id 为参照 Categories 表的外键,并使得删除 Categories 中的数据时同时删除对应的 Products 表中的数据;

② 令 Orders. product_id 为参照 Products 表的外键,并使得删除 Products 中的数据时对 Order 表中的数据进行受限操作;

③ 令 Orders. customer_id 为参照 Customer 表的外键,并使得删除 Customer 中的数据时对 Order 表中的数据进行置空操作。

然后请进行如下操作,分析实验结果并说明原因。

① 删除 Products 表中一条受限数据。

② 删除 Categories 表中的一条数据,使得 Products 中的数据被级联删除,同时又受到 Orders 表的限制,多重级联删除失败。修改级联关系,使得该操作成功(在 FK_Orders_ Product 处使用置空操作)。注意要先删除原级联关系,再新增一个同名的外键关系。

③ 更新 Categories 表中的某一条数据的主键,此时会出现更新级联错误,请分析出现问题的原因,并提出解决方法。解决方法要求使得不仅能够成功更新 Categories 的数据,而且能够保证原有数据与 Products 表中数据的一致性。从这个操作中总结出在设计数据表级联关系时应注意的一些问题(如果在上面设置外键的时候没有显式声明更新操作,则数据库会使用默认的 no action 操作,即受限类型,导致无法更新)。

(5) 为了保证数据的有效性,为数据库添加约束规则,使主键取值应大于 0,Products 表中 price 列取值应大于 0。同时在 Products 表上,要求插入记录的 prod_id 值必须大于表中已知数据的最大 prod_id 值。

(6) 在数据库中建立起一套日志记录机制。创建数据表 LogData,在表中记录对数据库中其他表的更新、插入、删除操作,受影响数据及操作时间。要求在执行相关操作时能够自动向 LogData 表中添加日志信息。

思考:这个题目没有标准答案,其实有很多种解决方法,LogData 表的设计也是多样的。这里给出一个范例,引导大家如何使用 triggle 来解决这个问题,以及如何设计这个数据表。当然,这个范例不一定就是最优的,鼓励大家提出更好的解决方法。

2. 综合案例 2

假设有一个商店,已知信息如下:

- 关于商品种类的属性有种类名称、种类描述、商品种类数。
- 关于商品的属性有商品名称、商品所属种类、单价。
- 关于订单的属性有商品名称、商品数量、顾客名称、下订单时间。
- 关于顾客的属性有顾客名称、地址、联系电话。

根据以上基本信息,请进行以下操作。

（1）目前商店的初始数据如表 2.5.5～表 2.5.8 所示。

表 2.5.5 商品种类表（Categories）的初始数据

种类名次	描述	商品种类数
食品		3
生活用品		3
家用电器		2

表 2.5.6 商品表（Products）的初始数据

商品名称	所属种类	单价/人民币
可乐	食品	3.0
饼干	食品	1.0
面包	食品	1.5
拖把	生活用品	8.0
香皂	生活用品	3.2
洗发水	生活用品	10.0
微波炉	家用电器	100.0
电视机	家用电器	350.0
球鞋	未分类	40.0

表 2.5.7 订单表（Orders）的初始数据

商品名称	商品数量	顾客名称	下订单时间
面包	100	张三	2007-12-1
拖把	15	赵六	2007-12-3
洗发水	20	王五	2007-12-3
面包	50	张三	2007-12-4
电视机	1	赵六	2007-12-7

表 2.5.8 顾客表（Customers）的初始数据

顾客名称	地址	联系电话
张三	起义路 47 号	020-39330001
李四	中山路 2 号	020-84110013
王五	新港西路 31 号	020-84111593
赵六	天河路 142 号	020-39337211
李四	中环东路 132 号	020-39331276

请根据这些数据设计并创建数据表，同时将这些数据添加到数据表中。

（2）在数据库 Shop 中定义表与表之间的参照关系，满足以下要求。

① 在 Products 表与 Categories 表之间定义外键关系，当删除父级数据时采取层叠操作；

② 在 Orders 表与 Products 表之间定义外键关系，当删除父级数据时采取层叠操作；

③ 在 Customers 表与 Orders 表之间定义外键关系，当删除父级数据时采取层叠操作。

然后对数据库进行如下操作，分析实验结果并说明原因。

操作设计思路:

① 删除级联数据;

② 删除多重级联数据;

③ 更新某一数据,如果使用默认的更新操作(no action),会出现更新错误。分析出现问题的原因,并提出解决方法。解决方法要求不仅能够成功更新数据,而且能够保证原有数据的一致性。设想中的解决方法是显式声明 update 时的级联关系为 cascade。

(3) 为了保证数据的有效性,为数据库添加约束规则。要求考虑在各个字段中输入非法字符时的排错性,如主键取值应大于 0,商品价格大于 0 等。

(4) 在数据库中建立起一套日志记录机制。创建数据表 LogData,在表中记录对数据库中其他表的更新、插入、删除操作,受影响数据及操作时间。要求在执行相关操作时能够自动向 LogData 表中添加日志信息。

思考:这个题目没有标准答案,其实有很多种解决方法,LogData 表的设计也是多样的。这里给出一个范例,引导大家如何使用触发器来解决这个问题,以及如何设计这个数据表,如表 2.5.9 所示。当然,这个范例不一定就是最优的,鼓励大家提出更好的解决方法。

表 2.5.9　用触发器设计的表

名称	数据类型	说　　明	示例数据
log_id	int	主键	
operation	char(10)	操作类型,指明该日志记录的信息属于哪种操作(update、delete、insert)	update/delete/insert
target	char(20)	受以上操作影响的数据表	Products
detail	text	受以上操作影响的具体数据	"prod_id:1001;prod_name:面包;cate_id:1234;price:1.5"
log_time	datetime	操作时间	2006-01-01 00:00:00

3. 综合案例 3

设计思路:

给出一个类似 School 的已经初始化的数据库,提出由于业务增长的需求,需要重新设计一个新的数据库,新数据库是旧数据库的扩展,要求用编程语言(或其他方法)将数据从旧数据库迁移到新数据库中。

假设新数据库名为 University,对 University 中数据表进行了重新设计,一些字段与原 school 一样,但也新增或减少了一些字段。这样无法直接 copy 数据到新数据库,而需要各种复杂的关系,才能保证在数据迁移过程中数据不会丢失。

需要考察的关系如下:

(1) 原数据表之间的级联关系。这些级联关系必须在新数据库中得到体现(因为新数据库是旧数据库基础上的扩充/继承)。要满足这个要求,视数据库的复杂度,要考虑的因素可多可少(在设计中具有一定可控性)。

(2) 原数据表的约束规则。在新数据库中的对应字段应该满足这些规则,才能保证将来新数据库的数据合法性。

(3) 在数据迁移过程中会出现许多的问题,如在旧数据库中合理的数据,却怎么也无法插入到新数据库中,这就要求自己分析原因,并找到解决问题的方法。又或者以为成功地迁移数据了,但事实上却造成了数据冗余或缺失,在实际工程中这种情况是不允许出现的。

思考:如果违反了完整性,会在哪个粒度下回滚(记录级、语句级、事物级)? 分单个事务、级联事务、触发器等来探讨。

2.6　本章自我实践参考答案

2.1.5 节自我实践参考答案

(1) USE school

Create Table Class

(

Class_id varchar(4), name varchar(10), Deparment varchar(20)

constraint PK_Class Primary key(Class_id)

)

(2) USE school

Begin Transaction T3

insert into class values ('00001','01CSC','CS')

Begin Transaction T4

insert into class values ('00001','01CSC','CS')

Commit Transaction T4

Commit Transaction T3

结果由于 T4 中的插入违法,T4 失败,而且整个 T3 事务回滚,T3 中的插入也不成功。

2.2.5 节自我实践参考答案

(1) 修改 on delete cascade 为 on delete no action,参看 2.2.4 节。

应有的相应结果:数据库不允许删除 student 表以及 course 表中对应的元组。

分析:由于 on delete no action 的约束,数据库不允许任何引用关系存在对应元组时进行删除操作。

(2) 修改 on delete cascade 为 on delete set NULL,参看 2.2.4 节。

应有的相应结果:数据库不允许删除 student 表以及 course 表中对应的元组。

分析:约束 on delete set NULL 是将要删除的对应元组的外键置空值。如果 cno 以及 sno 不是 SC 表的主键,删除操作是可以完成的,但是由于主键不可以取空值,所以删除操作不能进行。

(3) ① create table help

(

sid char(8), sname varchar(20), help_id char(8) NOT NULL

constraint PK_ help primary key(sid)

)

② alter table help

        Add constraint FK_help foreign key (help_id) references help(help_id)

(4) ① create table leader

  (

      Sid char(9), sname varchar(20),myleader char(9)

      Constraint PK_leader primary key (sid)

)

② create table monitor

  (

      Sid char(9),sname varchar(20),mymonitor char(9)

      Constraint PK_monitor primary key(sid)

      Constraint FK_monitor foreign key (mymonitor) references

          Leader(sid)

)

  Alter table leader

      Add constraint FK_leader foreign key (myleader) references

          Monitor(sid)

2.3.5 节自我实践参考答案

(1) USE school

  Alter table worker

  Add constraint U3 check (sage>=0);

(2) USE school

  Go

  Create rule rule_sage as @value between 1 and 100

  Go

  Exec sp_bindrule rule_sage,'worker.[sage]';

2.4.5 节自我实践参考答案

(1) USE school

  Go

  Create trigger T4 on worker

  For insert

  As

  If (select sage from inserted)<=(select max(sage) from worker)

  Begin

  print 'The sage of couple must be more than the existed couples' sage!'

  Rollback Transaction

  End

(2) USE school

  Go

```
Create trigger T5 on worker
For update
As
If (select sage from inserted)<=(select sage from deleted)
Begin
print 'The sage of new couple must be more than the sage of old couple!'
Rollback Transaction
End
```

第3章　数据库的安全性控制

数据库的一大特点是数据可以共享，但数据共享必然带来数据库的安全性问题，因为数据库系统中的数据共享不能是无条件的共享。数据库中数据的共享是在 DBMS 统一的严格的控制之下的共享，即只允许有合法使用权限的用户访问允许其存取的数据。因此数据库系统的安全保护措施是否有效是数据库系统主要的性能指标之一。

数据库的安全性是指保护数据库以防止不合法的使用所造成的数据泄露、更改或破坏。对任何企业组织来说，数据的安全性最为重要。安全性主要是指允许那些具有相应的数据访问权限的用户能够登录到 DBMS 并访问数据，以及对数据库对象实施各种权限范围内的操作，但是要拒绝所有的非授权用户的非法操作。因此安全性管理与用户管理是密不可分的。

SQL Server 2005 提供了内置的安全性和数据保护。SQL Server 2005 的安全性管理是建立在认证（authentication）和访问许可（permission）两者机制上的。认证是指确定登录 SQL Server 的登录账号和密码是否正确，以此来验证其是否具有连接 SQL Server 的权限。但是，通过认证阶段并不代表能够访问 SQL Server 中的数据。只有在获取访问数据库的权限之后，才能够对服务器上的数据库进行权限许可下的各种操作，主要是针对数据库对象，如表、视图、存储过程等。这种访问数据库权限的设置是通过用户账号来实现的，同时在 SQL Server 中角色作为用户组的代替物大大地简化了安全性管理。所以在 SQL Server 的安全模型中主要包括以下部分：

- SQL Server 登录；
- 数据库用户；
- 权限；
- 角色。

3.1　用户标识与鉴别

3.1.1　实验目的

本实验的目的是通过实验加深对数据安全性的理解,并掌握 SQL Server 中有关用户登录认证及管理方法。

3.1.2　原理解析

1. 用户标识和鉴别

用户标识和鉴别是系统提供的最外层安全保护措施。其方法是由系统提供一定的方式让用户标识自己的名字或身份。每次要求进入系统时,由系统进行核对,通过鉴定后才提供机器使用权。

对于获得上机权的用户若要使用数据库时,数据库管理系统还要进行用户标识和鉴定。用户标识和鉴定的方法有很多种,而且在一个系统中往往是多种方法并举,以获得更强的安全性。

用一个用户名或者用户标识号来标明用户身份。系统内部记录着所有合法用户的标识,系统以此鉴别是否是合法用户,若是,则可以进入下一步的核实;若不是,则不能使用系统。用户标识和鉴定可以重复多次来增强数据库安全性。主要的方法如下。

(1) 口令(Password):为了进一步核实用户,系统常常要求用户输入口令。为保密起见,在终端上输入的口令不显示在屏幕上。系统核对口令以鉴别用户身份。口令虽然简单易行,但容易被人窃取。

(2) 计算过程或者函数:系统提供一个随机数,根据自己预先约定的计算过程或者函数进行计算。系统根据计算结果是否正确鉴定用户身份。

2. SQL Sever 的登录认证

MS SQL Server 能在两种安全模式下运行。

1) Windows 认证模式

SQL Server 数据库系统通常运行在 Windows NT 服务器平台或基于 Windows NT 构架的 Windows 2000 上,而 Windows NT 作为网络操作系统,本身就具备管理登录,验证用户合法性的能力。所以 Windows 认证模式正是利用这一用户安全性和账号管理的机制,允许 SQL Server 也可以使用 Windows NT 的用户名和口令。在该模式下只要通过 Windows 的认证就可连接到 SQL Server,而 SQL Server 本身也没有必要管理一套登录数据。

Windows 认证模式比起 SQL Server 认证模式来有许多优点,原因在于 Windows 认证模式集成了 Windows NT 或 Windows 2000 的安全系统,并且 Windows NT 安全管理具有众多特征,如安全合法性、口令加密、对密码最小长度进行限制等,所以当用户试图登录到 SQL Server 时,从 Windows NT 或 Windows 2000 的网络安全属性中获取登录用户的账号与密码,并使用 Windows NT 或 Windows 2000 验证账号和密码的机制来检验登录的合法性,从而提高了 SQL Server 的安全性。

在 Windows NT 中使用了用户组,所以当使用 Windows 认证时,一般总是把用户归入一定的 Windows NT 用户组,以便在 SQL Server 中对 Windows NT 用户组进行数据库访问权限设置时,能够把这种权限设置传递给单一用户,而且当新增加一个登录用户时,也总把它归入某一 Windows NT 用户组,这种方法可以使用户更为方便地加入到系统中,并消除了逐一为每一个用户进行数据库访问权限设置而带来的不必要的工作量。

2) 混合认证模式

在混合认证模式下,Windows 认证和 SQL Server 认证这两种认证模式都是可用的。Windows NT 的用户既可以使用 Windows NT 认证,也可以使用 SQL Server 认证。

其中,在该认证模式下,连接 SQL Server 时必须提供登录名和登录密码,这些登录信息存储在系统表 syslogins 中,与 Windows NT 的登录账号无关。SQL Server 自己执行认证处理,如果输入的登录信息与系统表 syslogins 中的某条记录相匹配,则表明登录成功。

3. 数据库用户

数据库用户用来指出哪一个人可以访问哪一个数据库。在一个数据库中,用户 ID 唯一标识一个用户,数据的访问权限以及数据库对象的所有关系都是通过用户账号来控制的。用户账号总是基于数据库的,即两个不同数据库中可以有两个相同的用户账号。

在数据库中,用户账号与登录账号是两个不同的概念。一个合法的登录账号只表明该账号通过了 Windows NT 认证或 SQL Server 认证,但不能表明其可以对数据库数据和数据对象进行某种或某些操作,所以一个登录账号总是与一个或多个数据库用户账号(这些账号必须分别存在相异的数据库中)相对应,这样才可以访问数据库。例如,登录账号 sa 自动与每一个数据库用户 dbo 相关联。

4. 利用 Transact_SQL 管理 SQL Server 登录以及管理新数据库用户

1) 使用 Transact_SQL 管理 SQL Server 登录

(1) sp_addlogin。

创建新的使用 SQL Server 认证模式的登录账号,其语法格式为:

```
sp_addlogin [@loginame = ] 'login'
[ ,[@passwd = ] 'password']
[ ,[@defdb = ] 'database']
[ ,[@deflanguage = ] 'language']
[ ,[@sid = ] 'sid']
[ ,[@encryptopt = ] 'encryption_option']
```

其中,

@loginame:登录名。

@passwd:登录密码。

@defdb:登录时默认数据库。

@deflanguage:登录时默认语言。

@sid:安全标识码。

@encryptopt:将密码存储到系统表时是否对其进行加密,参数有三个选项。

- NULL 表示对密码进行加密;
- skip_encryption 表示对密码不加密;
- skip_encryption_old 只在 SQL Server 升级时使用表示旧版本已对密码加密。

（2）sp_droplogin。

在 SQL Server 中删除该登录账号，禁止其访问 SQL Server，其语法格式为：

```
sp_droplogin [@loginame = ] 'login'
```

2）使用 Transact_SQL 管理新数据库用户

除了 guest 用户外，其他用户必须与某一登录账号相匹配，所以，不仅要输入新创建的新数据库用户名称，还要选择一个已经存在的登录账号。同理，使用系统过程时，也必须指出登录账号和用户名称。

（1）sp_grantdbaccess。

系统过程 sp_grantdbaccess 就是被用来为 SQL Server 登录者或 Windows NT 用户或用户组建立一个相匹配的数据用户账号。其语法格式为：

```
sp_grantdbaccess [@loginame = ] 'login'
[ [@name_in_db = ] 'name_in_db' [OUTPUT]]
```

@loginame：表示 SQL Server 登录账号或 Windows NT 用户或用户组。如果使用的是 Windows NT 用户或用户组，那么必须给出 Windows NT 主机名称或 Windows NT 网络域名。登录账号或 Windows NT 用户或用户组必须存在。

@name_in_db：表示登录账号相匹配的数据库用户账号。该数据库用户账号并不存在于当前数据库中，如果不给出该参数值，则 SQL Server 把登录名作为默认的用户名称。

（2）sp_revokedbaccess。

系统过程 sp_revokedbaccess 用来将数据库用户从当前数据库中删除，其相匹配的登录者就无法使用该数据库。sp_revokedbaccess 的语法格式为：

```
sp_revokedbaccess [@name_in_db = ] 'name'。
```

@name_in_db 含义参看 sp_granddbaccess 语法格式

3.1.3　实验内容

（1）在 SQL Server Management Studio 中设置 SQL Server 的安全认证模式。
（2）在 SQL Server 中建立一个名为"李勇"的登录用户、数据库用户。
（3）演示在 SQL Server 中取消"李勇"这个用户。

3.1.4　实验步骤

（1）在 SQL Server Management Studio 中将所属的 SQL Server 服务器设置为 Windows NT 和 SQL Server 混合安全认证模式。其操作如下：

在 SQL Server 2005 Management Studio 窗口中左部的"对象资源管理器"窗口中展开服务器组，用鼠标右击需要设置的 SQL 服务器，在弹出的菜单中选择"属性"项，则出现 SQL Server 服务器属性对话框，如图 3.1.1 所示。

在 SQL Server 服务器属性对话框中，选择"安全性"选择页，在"服务器身份验证"一栏选择"SQL Server 和 Windows 身份验证模式"单选项。

数据库系统实验指导教程(第二版)

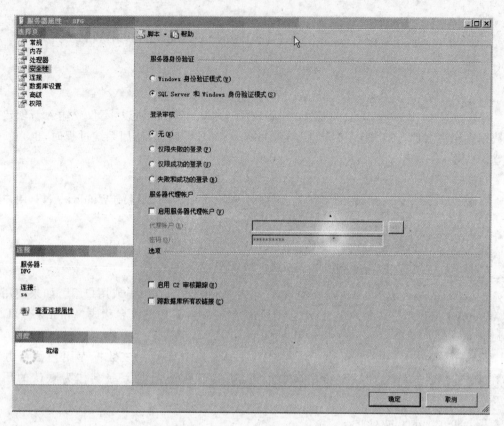

图 3.1.1

(2) 在 SQL Server 2005 Management Studio 中为自己建立一个服务器用户、数据库用户。采用如下两种方法:

方法 1,在 SQL Server 2005 对象资源管理器中展开服务器组,展开服务器,单击"安全性"文件夹右侧的"+",右击"登录",在弹出的菜单中选择"新建登录"项,则出现新建登录页框,如图 3.1.2 所示。

在新建登录页框中可以通过"常规"、"服务器角色"、"用户映射"、"安全对象"和"状态"5 个选择页进行设置。

① 在"常规"选择页中,输入用户名(李勇),选择 SQL Server 身份验证,输入用户口令。

② 在"服务器角色"选择页中,需要确定用户所属的服务器角色,这里采用缺省值。

③ 在"用户映射"选择页中,可以设置登录账号可访问的数据库,这里选择 school 作为默认数据库。

④ 在"安全对象"选择页中,可对不同类型的安全对象进行安全授予或拒绝(这里采用缺省值)。

⑤ "状态"选择页中显示了用户登录的状态信息等。

单击"确定"按钮,即完成了创建登录用户的工作。

方法 2,以系统管理员或 sa 账号登录 SQL Sever 2005 Management Studio,单击"新建查询",在文本编辑框中输入建立登录账号的语句,然后执行即可,如代码 3.1.1 所示。

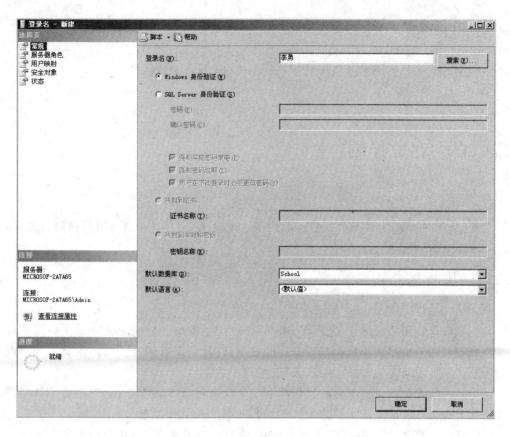

图　3.1.2

```
exec sp_addlogin '李勇','123456','school','English'
go
use school
go
exec sp_grantdbaccess '李勇'
```

代码 3.1.1

结果如图 3.1.3 所示。

（3）使用 Transact_SQL 撤销李勇这个登录账号。

以系统管理员或 sa 账号登录 Management Studio，单击"新建查询"。在文本编辑框中输入取消登录账号语句（由于 school 数据库已经授权给李勇，所以要先执行取消其数据库权限的语句），然后执行即可，如代码 3.1.2 所示。

图　3.1.3

```
use school
exec sp_revokedbaccess '李勇';
exec sp_droplogin '李勇';
```

代码 3.1.2

结果如图 3.1.4 所示。

3.1.5　自我实践

（1）在 school 数据库中创建账号"王二"，密码：123，并向其授予数据库访问权。

（2）撤销"王二"这个账号。

3.2　自主存取控制

3.2.1　实验目的

通过实验加深对数据库存取控制机制的理解，通过自主存取控制进行权限管理，熟悉 SQL-Sever 中的角色管理。

3.2.2　原理解析

1. 存取控制机制

数据库安全性所关心的主要是 DBMS 的存取控制机制。数据库安全最重要的一点就是确保只授权给有资格的用户访问数据库的权限，同时令所有未被授权的人员无法接近数据，这主要通过数据库系统的存取控制机制实现。

某个用户对某类数据具有何种操作权利是个政策问题而不是技术问题。数据库管理系统的功能是保证这些决定的执行。为此 DBMS 必须具有以下功能。

（1）把授权的决定告知系统，这是由 SQL 的 GRANT 和 REVOKE 语句来完成的。

（2）把授权的结果存入数据字典。

（3）当提出操作请求时，根据授权情况进行检查，以决定是否执行操作请求。

存取控制机制主要包括两部分：

（1）定义用户权限，并将用户权限登记到数据字典中。用户权限是指不同的用户对于不同的数据对象允许执行的操作权限。系统必须提供适当的语言定义用户权限，这些定义经过编译后存放在数据字典中，被称作安全规则或授权规则。

用户权限是由两个要素组成的：数据对象和操作类型。定义一个用户的存取权限就是要定义这个用户可以在哪些数据对象上进行哪些类型的操作。在数据库系统中，定义存取权限称为授权（Authorization）。

（2）合法权限检查，每当发出存取数据库的操作请求后（请求一般应包括操作类型、操作对象和操作用户等信息），DBMS 查找数据字典，根据安全规则进行合法权限检查，若用户的操作请求超出了定义的权限，系统将拒绝执行此操作。

用户权限定义和合法权限检查机制一起组成了 DBMS 的安全子系统。

2. 自主存取控制（Discretionary Access Control，DAC）

1）自主存取方法

相对于强制存取方法，其不同点体现在：

• 同一用户对于不同的数据对象有不同的存取权限。

• 不同的用户对同一对象也有不同的权限。

• 还可将其拥有的存取权限转授给其他用户。

大型数据库管理系统几乎都支持自主存取控制,目前的 SQL 标准也对自主存取控制提供支持,这主要通过 SQL 的 GRANT 语句和 REVOKE 语句来实现。

2) 检查存取权限

对于获得上机权后又进一步发出存取数据库操作的用户,DBMS 查找数据字典,根据其存取权限对操作的合法性进行检查。若用户的操作请求超出了定义的权限,系统将拒绝执行此操作。

3) 授权粒度

授权粒度是指可以定义的数据对象的范围,是衡量授权机制是否灵活的一个重要指标。授权定义中数据对象的粒度越细,即可以定义的数据对象的范围越小,授权子系统就越灵活。关系数据库中授权的数据对象粒度从大到小为数据库、表、属性列、元组。

4) 自主存取控制的优缺点

优点:能够通过授权机制有效地控制其他用户对敏感数据的存取。

缺点:可能存在数据的"无意泄露",因为这种机制仅仅通过对数据的存取权限来进行安全控制,而数据本身并无安全性标记。一种解决方法是对系统控制下的所有主客体实施强制存取控制策略。

3. SQL Server 中的权限管理

在 SQL Server 中包括两种类型的权限,即对象权限和语句权限。

(1) 对象权限总是针对表、视图、存储过程而言,决定了对表、视图、存储过程执行哪些操作(如 UPDATE、DELETE、INSERT、EXECUTE)。如果想要对某一对象进行操作,必须具有相应的操作的权限。例如要成功修改表中数据,那么前提条件是已经被授予表的 UPDATE 权限。

不同类型的对象支持不同的操作,例如不能对表对象执行 EXECUTE 类型的操作。各种对象的可能操作如表 3.2.1 所示。

表 3.2.1 各种对象的可能操作

对　象	可能的操作
表	SELECT、INSERT、UPDATE、DELETE、REFERENCE
视图	SELECT、UPDATE、INSERT、DELETE
存储过程	EXECUTE
列	SELECT、UPDATE

(2) 语句权限主要指是否具有权限来执行某一语句,这些语句通常是一些具有管理性的操作,如创建数据库、表、存储过程等。这种语句虽然仍包含有操作(如 CREATE)的对象,但这些对象在执行该语句之前并不存在于数据库中(如创建一个表,在 CREATE TABLE 语句未成功执行前数据库中没有该表),这一类属于语句权限范畴。

在 SQL Server 中使用 GRANT、REVOKE 和 DENY 三种命令来管理权限。

(1) GRANT:用来把权限授予某一用户,以允许执行针对该对象的操作(如 UPDATE、SELECT、DELETE、EXECUTE) 或允许其运行某些语句(如 CREATE TABLE、CRETAE DATABASE)。

(2) REVOKE：取消对某一对象或语句的权限(这些权限是经过 GRANT 语句授予的)，不允许执行针对数据库对象的某些操作(如 UPDATE、SELECT、DELETE、EXECUTE)，或不允许其运行某些语句(如 CREATE TABLE、CREATE-DATABASE)。

(3) DENY：用来禁止对某一对象或语句的权限，明确禁止其对某一用户对象执行某些操作(如 UPDATE、SELECT、DELETE、EXECUTE) 或运行某些语句(如 CREATE TABLE、CREATE DATABASE)。

4. 角色和 SQL Sever 中的角色管理

(1) 除了给个别用户授予权限，DBMS 可能还提供以下的授权功能。

- 给一个角色制定权限，然后把角色赋予用户。
- 给用户制定内建的权限组。

注意：在有的 DBMS 中，角色就是组，或者组就是角色。

(2) SQL Server 提供了两种数据库角色，类型预定义的数据库角色以及用户自定义的数据库角色。

① 预定义数据库角色。预定义数据库角色是指这些角色所有具有的管理、访问数据库权限已被 SQL Server 预先定义，并且 SQL Server 管理者不能对其所具有的权限进行任何修改。SQL Server 中的每一个数据库中都有一组预定义的数据库角色，在数据库中使用预定义的数据库角色，可以将不同级别的数据库管理工作分给不同的角色，从而很容易实现工作权限的传递。

② 用户自定义角色。当 DBA 打算为某些数据库用户设置相同的权限，但是这些权限不等同于预定义的数据库角色所具有的权限时，那么就可以定义新的数据库角色来满足这一要求，从而使这些用户能够在数据库中实现某一特定功能。用户自定义的数据库角色具有以下几个优点。

- SQL Server 数据库角色可以包含 Windows NT 用户组或用户；
- 在同一数据库中用户可以具有多个不同的自定义角色，这种角色的组合是自由的，而不仅仅是 public 与其他一种角色的结合；
- 角色可以进行嵌套，从而在数据库实现不同级别的安全性。

5. 权限的授予和回收

DBMS 中允许用户之间的权限相互授予，如图 3.2.1 所示。

权限授予和回收有时候会使得用户的权限混淆不清，但必须牢记一点便可以理清关系，那就是一个用户拥有权限的充分必要条件是在权限图中从根结点到该用户结点存在一条路径。如图 3.2.2 所示，当 DBA 回收了 U_3 用户的权限后，U_2 用户不存在从 DBA 到它的一条授权路径，那么 DBMS 会自动检查，U_2 和 U_3 最终都不具有权限。

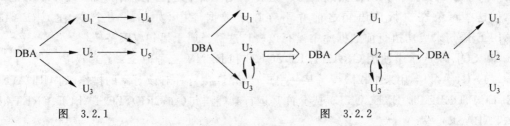

图 3.2.1   图 3.2.2

一对用户可能企图通过相互授权来破坏回收规则,所以要求授权图中所有边都是某条从 DBA 开始的路径的一部分,不要形成循环路径。当 DBA 回收了 U₃ 的权限时,由于DBA→U₂→U₃ 仍存在一条路径,于是 U₃ 仍然具有权限,如图 3.2.3 所示。

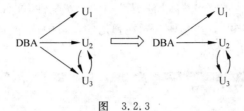

图　3.2.3

3.2.3　实验内容

（1）分别通过 SQL Server 2005 Management Studio 和 SQL 语言的数据控制功能,设置和管理数据操作权限。对新建用户李勇授予 school 数据库中 students 表的 select 权限。

（2）通过 SQL Server 2005 Management Studio,实现对 SQL Server 的用户和角色管理。具体是创建一个数据库角色 OP_of_students,代表一个可以对 students 表进行操作的操作员,对角色的权限进行设置,并将"李勇"、"Web"添加到这个角色中。该实验体现角色应用灵活高效的特点。

3.2.4　实验步骤

（1）在 SQL Server 中建立一个名为"李勇"的登录用户、school 数据库的用户,参见3.1.4 节中（2）。

（2）使用用户名为李勇,输入用户口令登录到 SQL Server 2005 Management Studio,新建 SQL 查询。在"查询"的文本编辑器中输入 SQL 语句"SELECT ＊ FROM STUDENTS"。运行后,得到消息"SELECT permission denied on object 'student', database 'school', schema 'dbo'."。可见用户李勇没有对学生表的 SELECT 权限,如代码 3.2.1 所示。

```
SELECT * FROM STUDENTS
```

代码 3.2.1

结果如图 3.2.4 所示。

图　3.2.4

数据库系统实验指导教程(第二版)

（3）将 school 数据库的操作权限赋予数据库用户李勇，有两种方法。

方法 1：通过 SQL Server 2005 Management Studio 图形界面中提供的菜单。

在 SQL Server 2005 Management Studio 窗口中展开服务器，单击"数据库"文件夹右侧的"＋"，单击 school 数据库文件夹右侧的"＋"，单击"安全性"文件夹右侧的"＋"，单击"用户"。在"用户"列表中选择"李勇"项，右击，在弹出的菜单中选择"属性"项，则出现数据库用户属性对话框，如图 3.2.5 所示。

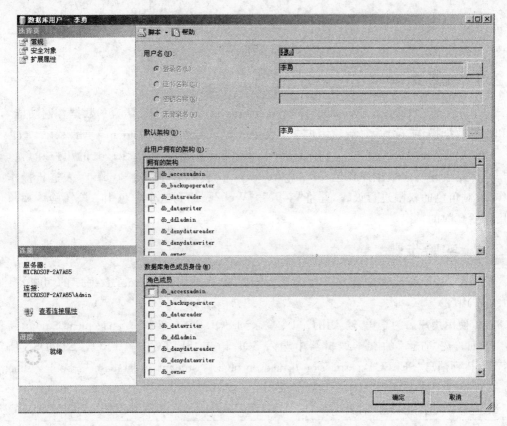

图　3.2.5

单击图 3.2.5 中的"安全对象"选择页，在出现的"安全对象"对话框中，单击"添加"，进行对象的添加，选择表［dbo］.［students］，对话框如图 3.2.6 所示。对话框的下面是有关数据库用户和角色所对应的权限表。这些权限均以复选框的形式表示。复选框有三种类型："授权"、"具有授予权限"、"拒绝"。在表中可以对用户或角色的各种对象操作权（SELECT、INSERT、UPDATE、DELETE、EXEC 和 DRI）进行授予或拒绝等。

在图 3.2.6 中找到 students 表，授予 SELECT 权限，即让授予列与 SELECT 行交叉的复选框为"√"即可。

方法 2：通过 SQL 语言的数据控制功能。

对用户李勇授权，必须是数据库对象拥有者以上用户授予。可以通过以系统管理员或 sa 账号登录进入 Management Studio 中，选择 school 数据库，按"新建查询"快捷键，输入授权语句"GRANT SELECT ON students TO 李勇；"，然后执行即可，如代码 3.2.2 所示。

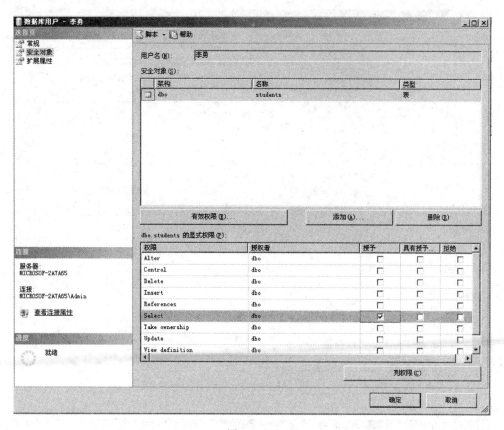

图　3.2.6

```
use school
grant select on students to 李勇;
```

代码 3.2.2

（4）启动 SQL Server 2005 Management Studio 登录到指定的服务器，展开 school 数据库选中角色图标。右击图标在弹出菜单中选择新建数据库角色选项，弹出"数据库角色-新建"对话框，如图 3.2.7 所示。

在角色名称一栏中输入 OP_of_students，表示是对 students 表有权限的操作者，在"此角色的成员"中，单击"添加"按钮，添加进"李勇"，"Web"（或者是任意用户），单击"确定"按钮结束，如图 3.2.8 所示。

重复以上步骤，再次进入 school 数据库的角色目录，选择 OP_of_students 角色，从快捷菜单中选择属性，进入对话框，选择"安全对象"选择页，在出现的"安全对象"对话框中，单击"添加"按钮，进行对象的添加，选择表[dbo].[students]，此时便可以进入权限设置。把 students 表上的 SELECT、UPDATE、DELECT、INSERT 四种权限都赋予 OP_of_students 角色，如图 3.2.9 所示。

3.2.5　自我实践

（1）以 sa 账号登录 Management Studio，按"新建查询"快捷键，输入下列代码并执行。

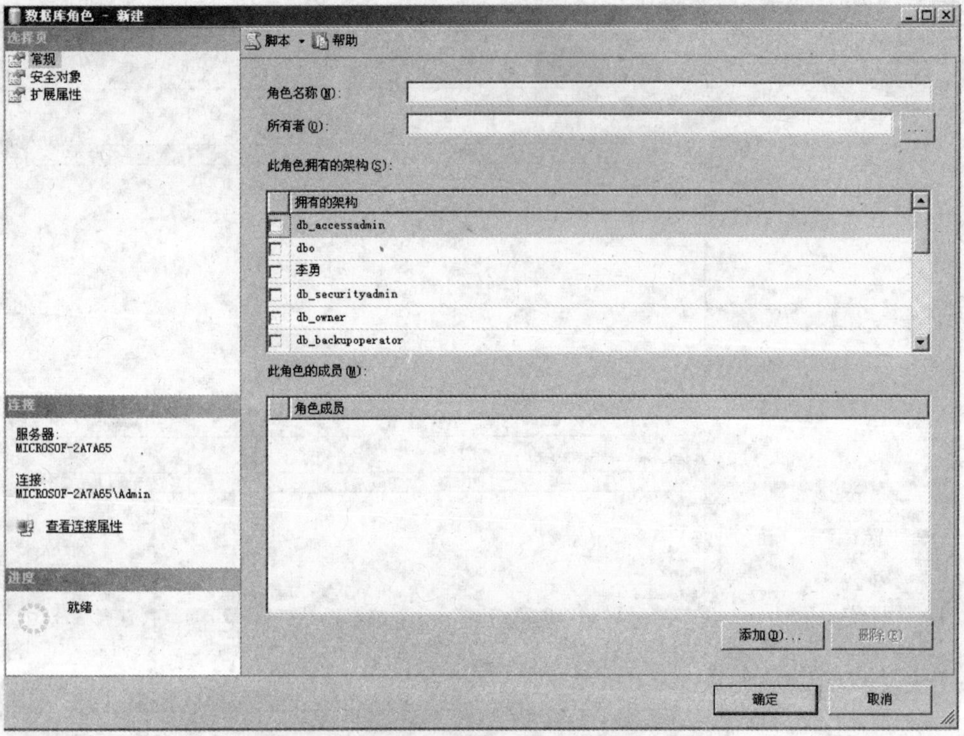
数据库角色 - 新建
选择页
常规
安全对象
扩展属性
脚本
帮助
角色名称(N):
所有者(O):
此角色拥有的架构(S):
拥有的架构
db_accessadmin
dbo
李勇
db_securityadmin
db_owner
db_backupoperator
此角色的成员(M):
角色成员
连接
服务器:
MICROSOF-2A7A65
连接:
MICROSOF-2A7A65\Admin
查看连接属性
进度
就绪
添加(D)...
删除(E)
确定
取消

图 3.2.7

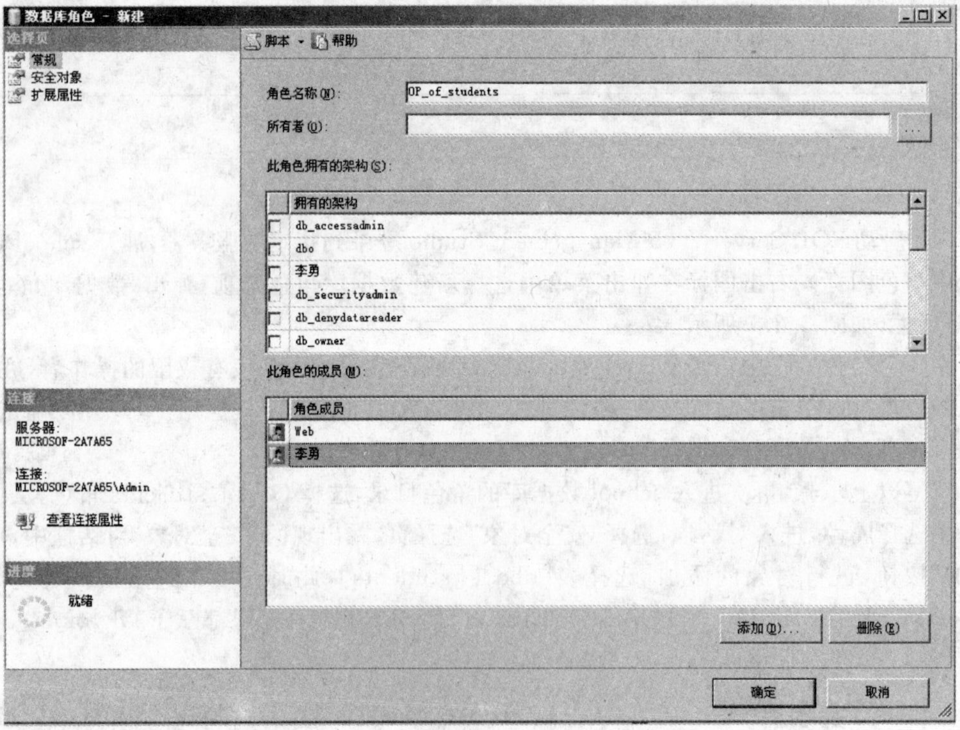
数据库角色 - 新建
选择页
常规
安全对象
扩展属性
脚本
帮助
角色名称(N):
OP_of_students
所有者(O):
此角色拥有的架构(S):
拥有的架构
db_accessadmin
dbo
李勇
db_securityadmin
db_denydatareader
db_owner
此角色的成员(M):
角色成员
Web
李勇
连接
服务器:
MICROSOF-2A7A65
连接:
MICROSOF-2A7A65\Admin
查看连接属性
进度
就绪
添加(D)...
删除(E)
确定
取消

图 3.2.8

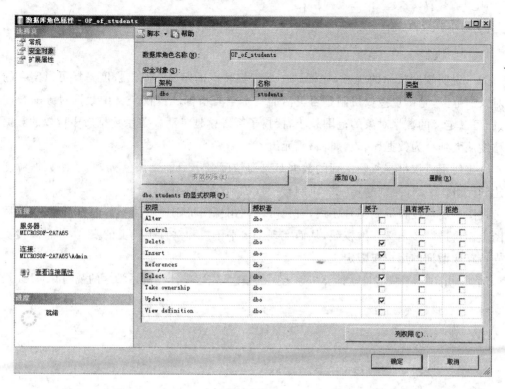

图　3.2.9

第 1 行: EXEC sp_addlogin '李勇', '123456';

第 2 行: USE school

第 3 行: EXEC sp_grantdbaccess '李勇','happyrat';

第 4 行: GRANT select,insert,update ON students TO public;

第 5 行: GRANT ALL ON students TO happyrat;

第 6 行: REVOKE select ON students TO happyrat;

第 7 行: DENY update ON students TO happyrat;

(2) 回答下列问题:

第 1 行代码新建了一个名为李勇的登录账户,"123456"是什么?"李勇"登录账户将映射为数据库用户名 happyrat,为什么? 将是哪个数据库的用户?

解释第 4~7 行代码的作用。

若以账户李勇登录服务器,能否对 school 数据库的表 students 进行 select 和 update 操作,为什么?

3.3　视图机制在自主存取控制上的应用

3.3.1　实验目的

通过实验加深对数据安全性的理解,熟悉视图机制在自主存取控制上的应用。

3.3.2　原理解析

1. 视图机制

为了说明视图机制的优点,先回顾一下授权粒度的定义:授权粒度是指可以定义的数据对象的范围,是衡量授权机制是否灵活的一个重要指标。授权定义中数据对象的粒度越细,即可以定义的数据对象的范围越小,授权子系统就越灵活。关系数据库中授权的数据对象粒度从大到小为数据库、表、属性列、元组。

直接使用授权机制所能达到的数据对象的粒度最小只能是属性列,为了使数据粒度可以达到元组这一级,必须利用视图机制与授权机制配合使用。

视图机制与授权机制配合使用,首先可以利用视图机制屏蔽掉一部分保密数据,然后在视图上面再进一步定义存取权限,从而实现了水平子集和垂直子集上的安全,并且间接实现了支持存取谓词的用户权限定义。

例如:用户王平只能检索计算机系老师的信息,先建立计算机系学生的视图 CS_Teacher。

```
CREATE VIEW CS_Teacher
        AS
        SELECT
        FROM    Teacher
        WHERE   dept = 'CS';
```

在视图上进一步定义存取权限。

```
GRANT  SELECT  ON  CS_Student
TO 王平 ;
```

2. 视图的权限问题

如果创建了一个对象(关系/视图/角色),则拥有对此基表的全部权限(包括授予别人权限的权限)。创建视图不需要授权,但是如果用户对基表没有任何权限,系统会拒绝创建视图。

3.3.3　实验内容

(1) 创建在选课表 choices 上的视图 CS_View,授权给计算机系的讲授计算科学这门课程(课程号:10010)的数据库用户李勇,让其具有视图上的 select 权限。

(2) 对视图上的 score 属性列的 update 权限授予用户李勇,可以修改学生的成绩,但是不能对学生的基本信息,如学号、选课号进行修改。

3.3.4　实验步骤

(1) 在数据库 school 上创建用户"李勇",具体操作参见 3.1.4 节的(2)。

(2) 用 sa 账号登录数据库。新建查询,然后在 choices 表上创建视图 CS_View(选课课程号 10010),如代码 3.3.1 所示。

```
use school
go
create view CS_View as
        select * from choices
        where cid = '10010'
```

代码 3.3.1

结果如图 3.3.1 所示。

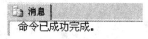

图　3.3.1

（3）在视图 CS_View 上给用户李勇授予 select 的权限，如代码 3.3.2 所示。

```
use school
go
grant select on CS_View
            to 李勇
```

代码 3.3.2

结果如图 3.3.2 所示。

图　3.3.2

（4）将视图 CS_View 上 score 列的权限授予用户"李勇"，如代码 3.3.3 所示。

```
use school
go
grant update on dbo.[CS_View]([score])
        to 李勇
```

代码 3.3.3

结果如图 3.3.3 所示。

图　3.3.3

（5）以用户李勇登录查 Management Studio，然后新建查询，对 CS_View 进行查询操作，如代码 3.3.4 所示。

```
use school
go
select * from CS_View
```

代码 3.3.4

结果如图 3.3.4 所示。

	no	sid	tid	cid	score
1	500000253	829348273	202560416	10010	87
2	500010915	894037661	200713929	10010	79
3	500023337	890644804	242635790	10010	88
4	500024940	829310417	221792985	10010	NULL
5	500048368	898738645	265304274	10010	77
6	500065154	821848893	254787674	10010	79
7	500077667	821494816	214751989	10010	98
8	500084641	881633930	250749054	10010	85
9	500100714	876820699	236991180	10010	88
10	500102772	817714690	238093990	10010	67

图　3.3.4

(6) 对 no 为 500024940 的学生的成绩进行修改,改为 90 分,如代码 3.3.5 所示。

```
use school
go
update CS_View set score = 90
          where no = 500024940
select * from CS_View
```

代码 3.3.5

结果如图 3.3.5 所示。

	no	sid	tid	cid	score
1	500000253	829348273	202560416	10010	87
2	500010915	894037661	200713929	10010	79
3	500023337	890644804	242635790	10010	88
4	500024940	829310417	221792985	10010	90
5	500048368	898738645	265304274	10010	77
6	500065154	821848893	254787674	10010	79
7	500077667	821494816	214751989	10010	98
8	500084641	881633930	250749054	10010	85
9	500100714	876820699	236991180	10010	88
10	500102772	817714690	238093990	10010	67

图　3.3.5

3.3.5　自我实践

(1) 在数据库 school 上创建用户"王二",具体操作参见 3.1.4 节中的(2)。在 students 表上创建视图 grade2000,把年级为 2000 的学生元组放入视图。

(2) 授予用户王二在视图 grade2000 的 select 权限。

3.4　public 角色在安全性中的应用

3.4.1　实验目的

通过实验加深对 public 角色的理解,特别是 public 角色在安全性管理中的应用。

3.4.2　原理解析

public 角色是一种特殊的固定数据库角色,数据库的每个合法用户都属于该角色。它为数据库中的用户提供了所有默认权限。这样就提供了一种机制，即给予那些没有适当权限的所有用户以一定的（通常是有限的）权限。

public 角色为数据库中的所有用户都保留了默认的权限，因此是不能被删除的。一般情况下，public 角色允许用户进行如下的操作：使用某些系统过程查看并显示 master 数据库中的信息执行一些不需要权限的语句（如 PRINT）。

3.4.3　实验内容

（1）在 SQL Server 2005 Management Studio 中新建查询，创建 test 登录用户以 public 访问数据库，在 school 数据库的 students 表上授权查询操作给 public，验证 test 用户是否可以查询 students，再撤销 public 权限，再验证是否可以查询。

（2）在 school 数据库的 students 表上授权查询操作给 public，并授权给 test 用户，验证 test 用户是否可以查询 students，先撤销 public 权限，验证是否可以查询，再撤销 test 权限，再验证是否可以查询。

（3）在 school 数据库的 students 表上授权查询操作给 public，并授权给 test 用户，验证 test 用户是否可以查询 students，先撤销 test 权限，验证是否可以查询，再撤销 public 权限，再验证是否可以查询。

3.4.4　实验步骤

（1）以 sa 用户登录 SQL Server 2005 Management Studio，创建 test 登录用户以 public 访问数据库，创建过程可参考 3.1，新建查询，在 school 数据库的 students 表上授权查询操作给 public，如代码 3.4.1 所示。

```
grant select on students to public
```

代码 3.4.1

再以 test 用户登录 Management Studio，新建查询验证是否可以对 students 表进行查询，如代码 3.4.2 所示。

```
select * from students
```

代码 3.4.2

查询结果如图 3.4.1 所示。

图　3.4.1

再以 sa 账号登录，撤销 public 权限如代码 3.4.3 所示。

```
revoke select on students to public
```

代码 3.4.3

再以 test 用户登录，查询代码 3.4.2，查询结果如图 3.4.2 所示。

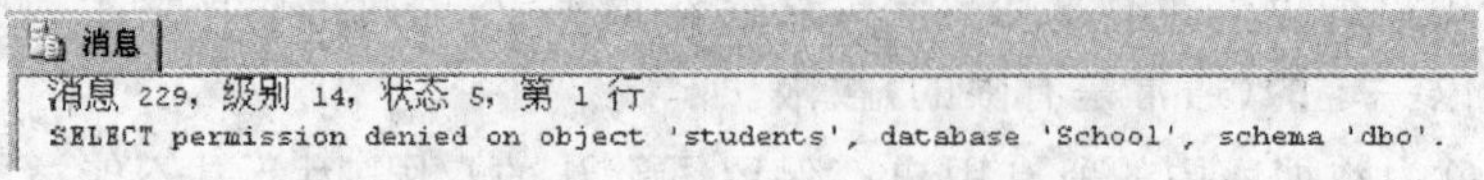

> 消息
>
> 消息 229，级别 14，状态 5，第 1 行
> SELECT permission denied on object 'students', database 'School', schema 'dbo'.

图 3.4.2

(2) 以 sa 用户登录 SQL Server 2005 Management Studio，新建查询，在 school 数据库的 students 表上授权查询操作给 public 和 test，如代码 3.4.4 所示。

```
grant select on students to public
grant select on students to test
```

代码 3.4.4

再以 test 用户登录 Management Studio，新建查询验证是否可以对 students 表进行查询，如代码 3.4.2 所示，查询结果如图 3.4.1 所示。再以 sa 登录，先撤销 public 权限如代码 3.4.3 所示，以 test 用户登录，查询代码如代码 3.4.2 所示，查询结果如图 3.4.1 所示，再以 sa 登录，再撤销 test 权限如代码 3.4.5 所示。

```
revoke select on students to test
```

代码 3.4.5

再以 test 用户登录，查询代码如代码 3.4.2 所示，查询结果如图 3.4.2 所示。

(3) 以 sa 用户登录 SQL Server 2005 Management Studio，新建查询，在 school 数据库的 students 表上授权查询操作给 public 和 test，如代码 3.4.6 所示。

```
grant select on students to public
grant select on students to test
```

代码 3.4.6

再以 test 用户登录 Management Studio，新建查询验证是否可以对 students 表进行查询，如代码 3.4.2 所示，查询结果如图 3.4.1 所示，再以 sa 登录，先撤销 test 权限如代码 3.4.7 所示，以 test 用户登录，查询代码如代码 3.4.2 所示，查询结果如图 3.4.1 所示，再以 sa 登录，再撤销 public 权限如代码 3.4.3 所示。

```
revoke select on students to test
```

代码 3.4.7

再以 test 用户登录，查询代码 3.4.2，查询结果如图 3.4.2 所示。

3.4.5 自我实践

从实验中可以看出，授权给 public 与授权给指定用户有什么区别？在实际应用中，哪个更安全一些？

3.5 理解架构的安全性管理

3.5.1 实验目的

通过实验加深对 SQL Server 2005 中新增加的特性——架构(Schema)的理解，并对自定义的架构进行权限的授予与撤销,掌握 SQL Server 2005 中的架构管理。

3.5.2　原理解析

1. 架构的原理与特性

在 SQL Server 2005 当中,实现了 ANSI 中有关架构的概念。架构是被单个负责人(用户或者角色)所拥有并构成唯一命名空间,也可以看成是一种允许对数据库对象进行分组的容器对象,就是说可以在架构这个容器当中添加表、视图和存储过程等对象,然后将这个容器赋予用户。

其实架构这个概念在 SQL Server 2000 当中就有了,但当时用户和架构是隐含关联的,每个用户都拥有与其同名的架构。

在 SQL Server 2005 中,一个数据库对象通过以下 4 个命名部分所组成的结构来引用。

　　　　<服务器>.<数据库>.<架构>.<对象>

但在 SQL Server 2000 中,一个数据库对象通过以下 4 个命名部分所组成的结构来引用。

　　　　<服务器>.<数据库>.<用户>.<对象>

如果想要把一个用户删除掉,必须先删除或者修改这个用户拥有的所有数据库对象。因此,如果有一个员工离职了,公司要想把其在数据库中所有的对象交接给另一位员工,则会十分麻烦。在实际应用中,会大量地使用 DBO 作为架构来赋予用户,这样,就会把用户的实际权限扩大化了。

在 SQL Server 2005 中,架构与创建它的用户不再关联了,而是如上文所说的通过 4 个命名部分所组成的结构来引用。

通过用户与架构分离,可以得到许多的好处。

(1) 多个用户可以通过角色或者组成员关系来拥有同一个架构。

(2) 删除数据库用户变得更加简单方便。

(3) 删除数据库用户不需要重命名与用户名同名的架构所包含的对象,因此也无需对显式引用数据库对象的应用程序进行修改和测试。

(4) 多个用户可以共享同一个缺省架构来统一命名。

(5) 共享缺省架构使得开发人员可以为特定的应用程序创建特定的架构来存放对象,这比仅使用管理员架构(DBO schema)要好。

(6) 在架构和架构所包含的对象上设置权限(permissions)比以前的版本拥有更高的可管理性。

在实际的应用中,架构有几个特点值得注意。

(1) 架构定义与用户分开。

(2) 在创建数据库用户时候,可以指定该用户账号的默认架构。

(3) 若没有指定默认架构,则为 DBO,这样是为了向前兼容。

(4) 在应用当中,如果通过 A.B 来引用一个对象 B,会先找与用户默认架构相同的架构下的对象,找不到则再找 DBO 对象。什么意思呢? 可以看一个例子,一个用户 Ray 在创建的时候指定默认的架构是 SCHOOL。当 Ray 执行 SELECT ＊ FROM TEACHERS 的时候,数据库系统会到 SCHOOL 这个空间下,查找 TEACHERS 表这个对象。如果 SCHOOL 空间真的有这个对象,则没有问题,可以找到了。如果没有,则到 DBO 这个架构下找。

2. 与架构有关的语句

与架构有关的语句有 3 个,分别是:

- CREATE SCHEMA(创建架构)
- ALTER SCHEMA(修改架构)
- DROP SCHEMA(删除架构)

可以看出,这几个语句与修改数据库对象语句是差不多的。下面通过几个实例来学习如何使用这三个语句。

假设有一个数据库叫做 TEST。

```
USE TEST
GO
CREATE SCHEMA my_schema AUTHORIZATION Peter
Create Table A
(ID VARCHAR(20) NOT NULL UNIQUE,
NAME VARCHAR(20) NULL)
Create View A_View
As SELECT * FROM A
Grant Select to Ray
Grant Update to Ray
```

在这个例子中,创建了一个名为 my_schema 的架构,该架构由 A 表和 A_View 视图组成。然后通过 Authorization 选项将这个架构赋予了用户 Peter,这就是这个架构的主体(主体也可以拥有其他架构,并且可能不把当前架构当作默认架构)。最后两个语句最容易使人迷惑,这两句的意思是把 my_schema 这个架构当中的所有对象的 select 权限和 update 权限赋予了 Ray。

下面列出几个 Create Schema 语句需要注意的地方:

(1) CREATE SCHEMA 语句可以创建一个架构(该架构含有表和视图),并能用单个语句来授予、取消或剥夺可保护(securable)资源的权限(可保护资源是指 SQL Server 授权系统规则可以访问的资源)。这里有 3 个可获得资源的范围,即服务器、数据库以及架构,这些又包含了其他可保护资源,如 SQL Server 登录、数据库用户、表以及存储过程等。

(2) CREATE SCHEMA 语句是原子性的。换句话说,在 CREATE SCHEMA 语句运行期间如果有任何错误发生,那么在架构中指定的 Transact-SQL 语句都不会运行。

(3) 在 CREATE SCHEMA 语句中创建的数据库对象可以通过任何顺序进行指定,但是除了一个例外的情况:引用了另一个视图的某个视图必须在该被引用的视图后面进行指定。

(4) 数据库层次上的主体可以是数据库用户、角色,也可以是应用程序角色(角色和应用程序角色将在随后进行讨论)。在 CREATE SCHEMA 语句的 AUTHORIZATION 子句中指定的主体是架构内创建的所有对象的拥有者。架构含有对象的这种拥有关系通过 ALTER AUTHORIZATION 语句传递给其他数据库层次上的任何主体。

(5) 需要获取对数据库的 CREATE SCHEMA 权限,才能执行 CREATE SCHEMA 语句。同样,要想创建在 CREATE SCHEMA 语句内指定的对象,必须取得相应的 CREATE

权限。

ALTER SCHEMA 语句可以在相同数据库的不同架构之间转换某个对象。语法格式如下：

```
ALTER SCHEMA schema_name TRANSFER object_name
```

看以下例子：

```
USE school
Alter Schema Schema_A TRANSFER Person.Students
```

上面的例子是更改了 school 数据库中的一个名为 Schema_A 的架构，把同一个数据库中的 Person 架构下的 Students 表转换进来了。

ALTER SCHEMA 语句只能用来转换同一个数据库中不同架构之间的对象（架构内部的单个对象可以使用 ALTER TABLE 语句或者 ALTER VIEW 语句进行更改）。

另外，还有一个语句 ALTER AUTHORIZATION。可以用来修改架构的从属关系，例如 ALTER AUTHORIZATION ON SCHEMA ：：my_schema TO Jack 可以把 my_schema 架构的主体改为用户 Jack。

DROP SCHEMA 语句可以用来从数据库中删除一个模式。只有当架构没有包含任何对象时，才可以对某个架构成功地执行 DROP SCHEMA 语句。否则，系统将拒绝执行 DROP SCHEMA 语句。

3.5.3　实验内容

（1）在 SQL Server 2005 Management Studio 中创建一个 user1 的登录用户，采用 SQL Server 身份验证，密码为 user1，允许其访问数据库 test，并加入 dbowner 的架构和角色成员，用 user1 登录 Management Studio，创建表 a，并查询表 a，看执行语句是否正确？

（2）在 SQL Server 2005 Management Studio 中以管理员账户登录，再次创建表 a，看执行是否正确，若正确，看看是否出现两个表 a，若出现，执行一段插入语句 insert a values('a'，'aa')，在管理工具中看数据插入到哪个表中？

（3）分别在管理员账户和 user1 账户下新建查询，执行查询语句对表 a 执行查询，分别记录查询结果，并说明系统分别对哪个表 a 进行查询？

3.5.4　实验步骤

（1）在 SQL Server 2005 Management Studio 中创建一个 user1 的登录用户，采用 SQL Server 身份验证，密码为 user1，允许其访问数据库 test，并加入 dbowner 的架构和角色成员，如图 3.5.1 所示。

用 user1 账户登录 SQL Server Management Studio，新建查询，执行代码 3.5.1。

```
create table a (a1 char(1),b1 char(2))
```

代码 3.5.1

执行结果如图 3.5.2 所示。

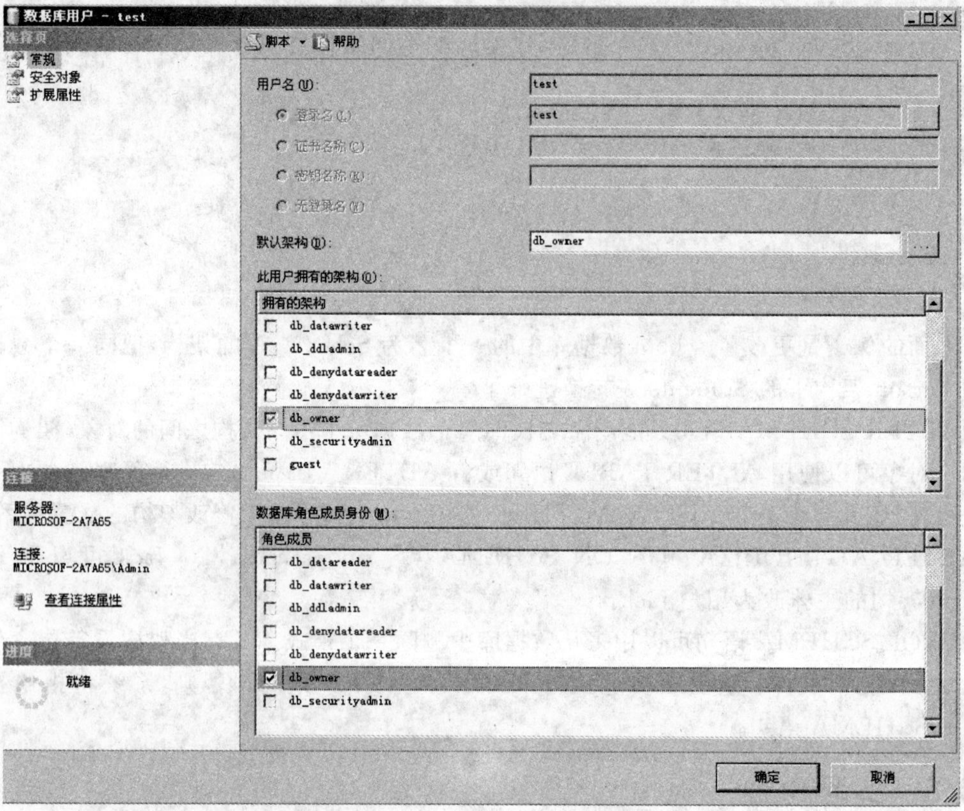

数据库系统实验指导教程(第二版)

图 3.5.1

在 user1 用户下查看 test 数据库下的对象，如图 3.5.3 所示。

图 3.5.2

图 3.5.3

执行代码 3.5.2 查询。

```
select * from a
```

代码 3.5.2

查询结果如图 3.5.4 所示。

（2）在 SQL Server 2005 Management Studio 中以管理员账户登录，执行代码 3.5.1 创建表 a，执行结果如图 3.5.2 所示，此时查询数据库 test 下对象，发现有两个表 a，如图 3.5.5 所示。

图 3.5.4   图 3.5.5

执行查询代码3.5.3：

```
insert into a values('a','aa')
```

代码 3.5.3

执行结果如图 3.5.6 所示。

可以发现数据插入到表 dbo.a，而表 db_owner.a 中的数据依然为空，如图 3.5.7 所示。

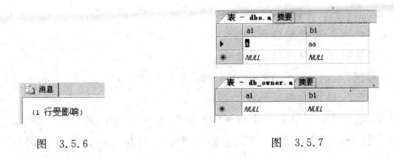

图 3.5.6   图 3.5.7

（3）在 SQL Server 2005 Management Studio 中以管理员账户登录，新建查询，执行查询代码 3.5.2，查询结果如图 3.5.8 所示。

可以发现查询执行结果显示的是表 dbo.a 上的数据。

用 user1 账户登录 Management Studio，新建查询，执行代码 3.5.2，查询结果如图 3.5.9 所示。

图 3.5.8   图 3.5.9

可以发现 user1 查询执行结果显示的是表 db_owner.a 上的数据。

3.5.5　自我实践

在实验中为什么能够成功地建立两个名称相同的表 a？如果对 user1 不分配 dbowner 的架构和角色成员，上述实验是否可以实现，请实验验证。

3.6 数据库中加密机制的安全管理

3.6.1 实验目的

通过实验理解 SQL Server 2005 的加密体系,并掌握如何对数据库中的数据加密与解密。

3.6.2 原理解析

1. 数据加密及基本功能

(1) 数据加密就是按确定的加密变换方法(加密算法)对需要保护的数据(也称为明文,plaintext)做处理,使其变换成为难以识读的数据(密文,ciphertext)。其逆过程,即将密文按对应的解密变换方法(解密算法)恢复出现明文的过程称为数据解密。

为了使加密算法能被许多人共用,在加密过程中又引入了一个可变量——加密密钥。这样,不改变加密算法,只要按照需要改变密钥,也能将相同的明文加密成不同的密文。

(2) 数据加密的基本功能包括:

- 防止不速之客查看机密的数据文件;
- 防止机密数据被泄露或篡改;
- 防止特权用户(如系统管理员)查看私人数据文件;
- 使入侵者不能轻易地查找一个系统的文件。

(3) 与一般的数据加密和文件加密相比,由于数据库中数据有很强的相关性,并且数据量大,因此对其加密要比普通数据加密和文件加密有更大的难度,密钥管理更加困难。数据加密是防止数据库中数据在存储和传输中失密的有效手段。数据加密的过程实际上就是根据一定的算法将原始数据变换为不可直接识别的格式,从而使得不知道解密算法的人无法获知数据的内容,而仅允许经过授权的人员访问和读取数据,从而确保数据的保密性,是一种有助于保护数据的机制。

因此,数据库加密要求做到:

① 数据库中信息保存时间比较长,采用合适的加密方式,从根本上达到不可破译。

② 加密后,加密数据占用的存储空间不宜明显增大。

③ 加密/解密速度要快,尤其是解密速度,要使用户感觉不到加密/解密过程中产生的时延,以及系统性能的变化。

④ 授权机制要尽可能灵活。在多用户环境中使用数据库系统,每个用户只用到其中一小部分数据。所以,系统应有比较强的访问控制机制,再加上灵活的授权机制配合起来对数据库数据进行保护。这样既增加了系统的安全性,又方便了用户的使用。

⑤ 提供一套安全的、灵活的密钥管理机制。

⑥ 不影响数据库系统的原有功能,保持对数据库操作(如查询,检索,修改,更新)的灵活性和简便性。

⑦ 加密后仍能满足用户对数据库不同的粒度进行访问。

2．数据加密的常用方法

（1）替换方法。这种方法是制定一种规则，使用密钥（Encryption Key）将明文中的每个字母或每组字母替换成另一个或一组字母。例如，下面的这组字母对应关系就构成了一个替换加密器：

明文字母：A B C D E F ……

密文字母：K U P S W B ……

虽然说替换加密法比代码加密法应用的范围要广，但使用得多了，窃密者就可以从多次搜集的密文中发现其中的规律，破解加密方法。

（2）置换方法。变位加密法不隐藏原来明文的字符，而是将明文的字符按不同的顺序重新排列。比如，加密方首先选择一个用数字表示的密钥，写成一行，然后把明文逐行写在数字下。按照密钥中数字指示的顺序，将原文重新抄写，就形成密文。

（3）混合方法。将以上两种方法综合运用，进行有限次的复合与迭代，其中最著名的是美国 1977 年制定的官方加密标准：数据加密标准（Data Encryption Standard，DES）。

3．SQL Server 2005 中的数据加密技术

SQL Server 2005 是微软开始实施其"可信赖计算"计划以来的第一个主要的产品，提供了丰富的安全特性，为企业数据提供安全保障。对开发人员来说，最关注的是如何在程序设计过程中应用这些特性来保护数据库中的数据安全。本文将从应用程序开发者角度探讨基于 SQL Server 2005 数据加密特性的应用。

数据用数字方式存储在服务器中并非万无一失。实践证明有太多的方法可以智取 SQL Server 2000 认证保护，最简单的是通过使用没有口令的 sa 账号。尽管 SQL Server 2005 远比以前的版本安全，但攻击者还是有可能获得存储的数据。因此，数据加密成为更彻底的数据保护手段，即使攻击者得以存取数据，也不得不解密，因而对数据增加了一层保护。

SQL Server 2000 以前的版本没有内置数据加密功能，若要在 SQL Server 2000 中进行数据加密，不得不买第三家产品，然后在服务器外部作 COM 调用或者是数据送服务器之前在客户端的应用中执行加密。这意味着加密的密钥或证书不得不由加密者自己负责保护，而保护密钥是数据加密中最难的事，所以即使很多应用中数据已被很强的加密过，数据保护仍然很弱。

SQL Server 2005 通过将数据加密作为数据库的内在特性解决了这个问题。除了提供多层次的密钥和丰富的加密算法外，最大的好处是可以选择数据服务器管理密钥。SQL Server 2005 服务器支持的加密算法如下：

（1）对称式加密（Symmetric Key Encryption）：对加密和解密使用相同的密钥。通常，这种加密方式在应用中难以实施，因为用同一种安全方式共享密钥很难。但当数据储存在 SQL Server 中时，这种方式很理想，可以让服务器管理它。SQL Server 2005 提供 RC4、RC2、DES 和 AES 系列加密算法。

（2）非对称密钥加密（Asymmetric Key Encryption）：使用一组公共/私人密钥系统，加密时使用一种密钥，解密时使用另一种密钥。公共密钥可以广泛的共享和透露。当需要用加密方式向服务器外部传送数据时，这种加密方式更方便。SQL Server 2005 支持 RSA 加密算法以及 512 位、1024 位和 2048 位的密钥强度。

(3) 数字证书(Certificate)：是一种非对称密钥加密,但是,一个组织可以使用证书并通过数字签名将一组公钥和私钥与其拥有者相关联。SQL Server 2005 支持"因特网工程工作组"(IETF) X.509 版本 3 (X.509v3) 规范。一个组织可以对 SQL Server 2005 使用外部生成的证书,或者可以使用 SQL Server 2005 生成证书。

SQL Server 2005 采用多级密钥来保护其内部的密钥和数据,如图 3.6.1 所示。

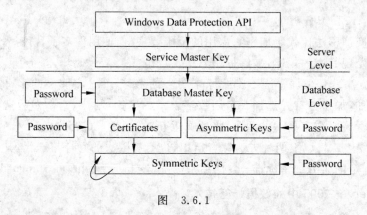

图　3.6.1

图 3.6.1 中引出箭头的密钥或服务用于保护箭头所指的密钥。所以服务主密钥(service master keys)保护数据库主密钥(database master keys),而数据库主密钥又保护证书(certificates)和非对称密钥(asymmetric keys)。而最底层的对称性密钥(symmetric keys)被证书、非对称密钥或其他的对称性密钥保护(箭头又指回其本身)。只需通过提供密码来保护这一系列的密钥。

图 3.6.1 中顶层的服务主密钥,安装 SQL Server 2005 新实例时自动产生和安装,不能删除此密钥,但数据库管理员能对其进行基本的维护,如备份该密钥到一个加密文件,当其危及到安全时可进行更新、恢复。

服务主密钥由 DPAPI(Data Protection API)管理。DPAPI 在 Windows 2000 中引入,建立于 Windows 的 Crypt32 API 之上。SQL Server 2005 管理与 DPAPI 的接口。服务主密钥本身是对称式加密,用来加密服务器中的数据库主密钥。

数据库主密钥与服务主密钥不同,在加密数据库数据之前,必须由数据库管理员创建数据库主密钥。通常管理员在产生该密钥时,提供一个口令,所以是用口令和服务主密钥来加密。如果有足够的权限,可以在需要时显式地或自动地打开该密钥。

每个数据库只有一个数据库主密钥。可以用 ALTER MASTR KEY 语句来删除加密,更改口令或删除数据库主密钥。通常这由数据库管理员来负责做这些。

有了数据库主密钥,就可以着手加密数据。Transact-SQL 有置于其内的加密支持。使用 CREATE 语句创建各种密码,ALTER 语句进行修改。例如要创建对称式加密,可以通过一对函数 EncryptByKey 和 DecryptByKey 来完成。

3.6.3　实验内容

(1) 在数据库中创建主密钥 master key,在主密钥的基础上创建数字证书,使得主密钥对该数字证书加密,再创建对称密钥,使得数字证书对其加密。创建用户登录表 log_in 进行加密的验证。

（2）使用证书解开对称密钥，再利用对称密钥对表 log_in 的 pwd 字段进行加密处理，查询该表，验证 pwd 字段是否加密成功？

（3）再一次使用证书解开对称密钥，对表 log_in 中 pwd 字段的数据进行解密处理，进行解密的查询，验证 pwd 字段是否解密成功？

3.6.4　实验步骤

（1）在数据库中创建主密钥 master key，并对主密钥分配密码"p@ssw0rd"，其 SQL 代码执行过程如代码 3.6.1 所示。

```
Create master key
ENCRYPTION by password = 'p@ssword'
```

代码 3.6.1

在主密钥的基础上创建数字证书 Mycert，使得主密钥对该数字证书加密，并设置证书终止实际时间，此时间必须设置为将来的时间，创建成功会出现警告，此为 DBMS 内部安全机制，如代码 3.6.2 所示。

```
Create certificate Mycert
with
    subject = 'My Certificate',
expiry_date = '2012 - 09 - 23 20:56:30'
```

代码 3.6.2

其执行成功的结果如图 3.6.2 所示。

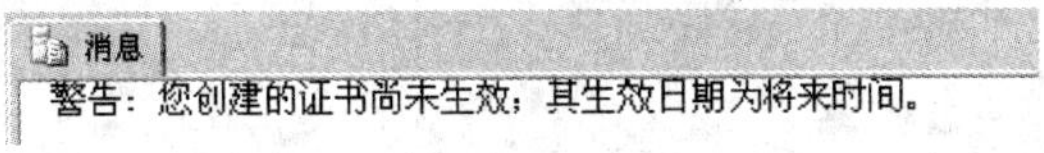

消息
警告：您创建的证书尚未生效；其生效日期为将来时间。

图　3.6.2

再创建对称密钥 sym_my，使得数字证书对其加密，采用 DES 算法进行加密，执行代码如代码 3.6.3 所示。

```
create symmetric key sym_my
with ALGORITHM = desx encryption by certificate MyCert
```

代码 3.6.3

再创建个用户登录表 log_in 来验证下面的加密解密过程，如代码 3.6.4 所示。

```
Create table dbo.log_in
(ID int identity primary key,[pwd] nvarchar(100))
```

代码 3.6.4

（2）使用证书解开对称密钥，执行过程如代码 3.6.5 所示。

```
Open symmetric key sym_my decryption by certificate MyCert
```

代码 3.6.5

再向 log_in 表中插入数据,对 pwd 字段数据进行加密处理,如代码 3.6.6 所示。

```
insert into log_in (pwd) values(encryptbykey(key_guid('sym_my'),N'mypassword1'))'
insert into log_in (pwd) values(encryptbykey(key_guid('sym_my'),N'mypassword2'))
insert into log_in (pwd) values(encryptbykey(key_guid('sym_my'),N'mypassword3'))
```

代码 3.6.6

其执行结果如图 3.6.3 所示。

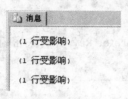

图 3.6.3

完成后关闭对称密钥,如代码 3.6.7 所示。

```
close symmetric key sym_my
```

代码 3.6.7

对加密后的表 log_in 进行查询,如代码 3.6.8 所示。

```
select * from dbo.log_in
```

代码 3.6.8

其查询结果如图 3.6.4 所示。

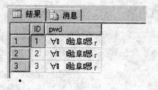

图 3.6.4

可以看出,对表 log_in 的 pwd 字段加密成功,看不到 pwd 字段这一列的实际内容。

(3) 再一次使用证书解开对称密钥,对表 log_in 中 pwd 字段的数据进行解密处理,如代码 3.6.9 所示。

```
open symmetric key sym_my decryption by certificate MyCert
```

代码 3.6.9

再对解密的表进行查询,执行过程如代码 3.6.10 所示。

```
select ID,Cast(DecryptByKey(pwd) as nvarchar) as [pwd] from dbo.log_in
```

代码 3.6.10

其执行结果如图 3.6.5 所示。

可以看出,对表表 log_in 的 pwd 字段解密成功,结果返回真实存储的数据。

图　3.6.5

3.6.5　自我实践

在本次实验中,可否直接使用对称密钥对数据进行加密? 这样的加密方式与本实验中采用的方式有何异同?

3.7　应用程序角色的安全性管理

3.7.1　实验目的

通过实验理解 SQL Server 2005 中应用程序角色的作用,并掌握如何创建应用程序角色。

3.7.2　原理解析

应用程序角色是一个可提供对应用程序(而不是数据库角色或者用户)分配权限的方法。可以连接到数据库,激活应用程序角色以及采用授予应用程序的权限。授予应用程序角色的权限在连接期间有效。很多人会有疑问,应用程序角色是不是数据库角色的一种,为什么要特定设置这一种角色,主要作用是什么? 下面慢慢解析这些问题。

1. 应用程序角色的作用

一般来说,SQL Server 中的安全系统在最低级别,即数据库本身上实现。无论使用什么应用程序与 SQL Server 通信,这都是控制用户活动的最佳方法。但是,有时候必须自定义安全控制以适应个别应用程序的特殊需要,尤其是当处理复杂数据库和含有大量的数据库时。也就是说,个别的应用程序有特殊的权限需要,例如访问一些平常用户不会访问或者没有访问权限的数据对象。

另外,可能希望限制用户只能通过特定的应用程序(如 SQL 查询分析器或 Excel 之类)来访问数据库或者防止用户直接访问数据。限制用户的这种访问方式将禁止用户对使用应用程序连接到 SQL SERVER 实例并执行编写质量差的查询,以免对整个服务器的性能造成负面影响。

2. 应用程序角色的特点

应用程序与标准的角色不同,是特有的角色。

(1) 应用程序角色不会包含成员。不能将 Microsoft Windows NT 4.0 或 Windows 2000 的,用户和角色添加到应用程序角色。当通过特定的应用程序为用户连接激活应用角色时,将获得应用程序角色得权限。用户之所以与应用程序角色关联,是由于用户能够运行激活该角色的应用程序,而不是因为其是角色成员。

（2）默认情况下，应用程序是非活动的，需要用密码激活。当一个应用程序角色被该应用程序激活以用于连接时，连接会在连接期间永久地失去数据库中所有用来登录的权限、用户账户、其他组或数据库角色。连接获得与数据库的应用程序角色相关联的权限，应用程序角色存在于该数据库中。因为应用程序角色只能应用于所存在的数据库中，所以连接只能通过授予其他数据库中 guest 用户账户的权限，获得对另一个数据库的访问。因此，如果数据库中没有 guest 用户账户，则连接无法获得对该数据库的访问。如果 guest 用户账户确实存在于数据库中，但是访问对象的权限没有显式地授予 guest，则无论是谁创建了对象，连接都不能访问该对象。从应用程序角色中获得的权限一直有效，直到连接从 SQL Server 退出为止。

（3）若要确保可以执行应用程序的所有函数，连接必须在连接期间失去应用于登录和用户账户或所有数据库中的其他组或数据库角色的默认权限，并获得与应用程序角色相关联的权限。例如，如果应用程序必须访问通常拒绝用户访问的表，则应废除对该用户拒绝的访问权限，以使用户能够成功使用该应用程序。应用程序角色通过临时挂起用户的默认权限并只指派应用程序角色的权限而克服任何与用户的默认权限发生的冲突。

应用程序角色允许应用程序（而不是 SQL Server）接管验证用户身份的责任。但是，SQL Server 在应用程序访问数据库时仍需对其进行验证，因此应用程序必须提供密码，因为没有其他方法可以验证应用程序。

注意：应用程序角色是单向的。就是说，对于一个指定的连接，一旦确定已经激活应用程序角色，则对那个连接来说，无法再回到用户自己的安全性上下文。为了回到用户自己的安全上下文，必须终止这个连接，并再次登录。

3. 应用程序角色的作用过程

应用程序角色的作用过程类似下面这样：

（1）用户登录（很可能使用应用程序提供的登录窗口）。

（2）验证登录，获得访问权限。

（3）应用程序执行名为 sp_setapprole 的系统存储过程，并提供角色名和密码。

（4）验证应用程序角色，然后，连接被切换到应用程序角色的安全上下文（失去了用户拥有的所有权限——现在，拥有的是应用程序角色的权限）。

（5）在整个连接期间，将继续保持基于应用程序角色的访问权限，而非基于个人登录名的访问权限——不能回到自己的访问信息。

通常只会想把应用程序角色作为真正的应用程序情形的一部分来使用，并且，将直接在应用程序中构建设置应用程序角色的代码。另外，也将需要把密码编译到应用程序中，或者把这一信息存储在某个本地文件中，以便在需要的时候进行访问。

4. 应用程序角色的相关语句

1）创建应用程序角色

要创建应用程序角色，可以使用一个新的称为 sp_addapprole 的系统存储过程。该存储过程是另一个使用起来相当简单的存储过程，其语法如下：

sp_addapprole [@rolename =] <角色名> , [@password =] <'密码'>

例如，要创建一个名为 MyApp 的应用程序角色，密码为 123，则命令为：

```
Exec sp_addapprole MyApp,'123'
```

2）向应用程序角色添加权限

向应用程序角色中添加许可权限与向任何其他事物中添加许可权限一样。只需在使用用户登录 ID 或者常规的服务器或数据库角色的地方,替换成应用程序角色的名字即可。

例如,要向前面创建的角色 MyApp 授权在 TableA 上的查询权限,语句为:

```
Grant Select on TableA to MyApp
```

现在,应用程序角色 MyApp 有了在 TableA 查询的权限,除此之外,没有任何权限。

3）使用应用程序角色

应用程序角色的使用是这样一个过程:调用系统存储过程(sp_setapprole),并提供应用程序角色的名字和相应的密码。其语法如下:

```
sp_setapprole [@rolename = ] <角色名>,
              [@password = ] {Encrypt N'密码'}|'密码'
              [,[@encrypt = ] '<加密选项>']
```

role name 就是想要激活的应用程序角色的名字。

password 或者原样提供,或者使用 ODBC encrypt 函数进行加密处理。如果准备加密密码,那么,需要在 Encrypt 关键字之后,用引号引住密码,并在前面放置一个大写的 N——这向 SQL Server 表明,正在处理的是 Unicode 字符串,并且应当被如此对待。

注意:为加密参数使用的是花括号,而不是圆括号。如果不希望加密,则不必使用 Encrypt 关键字来提供密码。

仅当为密码参数选择了加密选项时,才需要使用 encryption style(加密类型)。如果对密码进行了加密,那么以"ODBC"作为加密类型。

下面举一个简单的例子来加深对如何使用应用程序角色的认识。

在数据库 A 中,UserA 不能访问 TableA 表,但是能够访问 TableB 表,执行以下的语句:

```
SELECT * FROM TableA
SELECT * FROM TableB
```

很明显,第一个语句会发生错误,第二个则会返回 TableB 中的所有记录。

现在,要激活之前创建的应用程序角色 MyApp,UserA 输入:

```
sp_setapprole MyApp,{Encrypt N'123'},'odbc'
```

执行上述语句后,则会得到系统返回的激活应用角色成功的消息。然后再执行一次

```
SELECT * FROM TableA
SELECT * FROM TableB
```

可以看到,现在能够访问到 TableA 了(因为上面第二个例子中已经把 SELECT TableA 的权限授予了 UserA),但却不能访问 TableB 了(因为没有授予关于 TableB 的任何权限给 UserA)。

4）删除应用程序角色

当服务器上不再需要应用程序角色时,可以使用 sp_dropapprole 从系统中删除它。其语法如下:

```
sp_dropapprole [@rolename = ] <角色名>
```

例如,要删除 MyApp 这个应用程序角色,只需执行下面的语句:

```
exec sp_dropapprole MyApp
```

3.7.3 实验内容

1. 创建示例环境

首先使用下面的代码创建一个登录 l_test,并且为登录在数据库 school 中创建关联的用户账户 u_test,授予用户账户 u_test 对表 courses 的 SELECT 权限,然后再创建一个应用程序角色 r_p_test,授予该角色对表 students 的 SELECT 权限。

2. 查看权限

激活应用程序角色 r_p_test 前,验证登录是否具有表 courses 的访问权? 是否具有表 students 的访问权?

3. 激活应用程序角色

用密码激活 r_p_test 应用程序角色,并且在将此密码发送到 SQL Server 之前对其加密; 激活应用程序角色 r_p_test 后,登录再验证是否有对表 courses 的访问权? 同样验证是否有对表 students 的访问权?

3.7.4 实验步骤

1. 创建示例环境

首先对 school 数据库创建一个名为"l_test",密码为"l_test_1"的登录,并且为登录在数据库 school 中创建关联的用户账户 u_test,并且授予用户账户 u_test 对表 courses 的 SELECT 权限。新建查询,执行 SQL 语句如代码 3.7.1 所示。

```
USE school
--创建一个登录 1_test,密码 1_test, 默认数据库 school

EXEC sp_addlogin '1_test','1_test_1','school'
--为登录 1_test 在数据库 school 中添加安全账户 u_test
EXEC sp_grantdbaccess '1_test','u_test'

--授予安全账户 u_test 对 courses 表的 SELECT 权限
GRANT SELECT ON courses TO u_test
```

代码 3.7.1

其执行结果如图 3.7.1 所示。

图 3.7.1

然后再创建一个应用程序角色 r_p_test,授予该角色对表 students 的 SELECT 权限。执行 SQL 语句,如代码 3.7.2 所示。

```
-- 创建一个应用程序角色 r_p_test, 密码 abc
EXEC sp_addapprole 'r_p_test', 'abc'
-- 授予角色 r_p_test 对 students 表的 SELECT 权限
GRANT SELECT ON students TO r_p_test
```

代码 3.7.2

其执行结果同样如图 3.7.1 所示。

2．查看权限

以 l_test 为账户名，密码为 l_test_1 登录到 SQL Server 2005 Management Studio，新建查询，分别查询表 courses 与表 students，验证是否具有对这两个表的访问权限。

其中，查询 courses 表的 SQL 执行代码，如代码 3.7.3 所示。

```
SELECT courses_count = COUNT( * ) FROM courses
```

代码 3.7.3

执行结果如图 3.7.2 所示。

图　3.7.2

查询 students 表的 SQL 执行，如代码 3.7.4 所示。

```
SELECT students_count = COUNT( * ) FROM students
```

代码 3.7.4

执行结果如图 3.7.3 所示。

```
消息
消息 229，级别 14，状态 5，第 1 行
拒绝了对对象 'students' (数据库 'School'，架构 'dbo')的 SELECT 权限。
```

图　3.7.3

通过上面的验证，可以发现，在激活应用程序角色之前，对 courses 表有访问权限但对表 students 没有访问权限。

3．激活应用程序角色

用密码激活 r_p_test 应用程序角色，并且在将此密码发送到 SQL Server 之前对其加密，执行代码如代码 3.7.5 所示。

```
DECLARE @cookie varbinary(8000);
EXEC sp_setapprole 'r_p_test', 'abc',@fCreateCookie = true, @cookie = @cookie OUTPUT;
```

代码 3.7.5

新建查询，分别查询表 courses 与表 students，验证是否具有对这两个表的访问权限。

其中，查询 courses 表的 SQL 执行代码，如代码 3.7.6 所示。

```
SELECT courses_count = COUNT( * ) FROM courses
```

代码 3.7.6

其查询结果如图 3.7.4 所示。

图　3.7.4

查询 students 表的 SQL 执行代码,如代码 3.7.7 所示。

```
SELECT students_count = COUNT( * ) FROM students
```

代码 3.7.7

其查询结果如图 3.7.5 所示。

图　3.7.5

再查询一下数据库用户名,如代码 3.7.8 所示。

```
SELECT USER_NAME();
```

代码 3.7.8

其查询结果如图 3.7.6 所示。

[无列名]
1　r_p_test

图　3.7.6

通过以上的验证可以发现,在激活应用程序角色之后,实际的数据库用户名已变为 r_p_test,此时,对表 courses 没有了访问权限,而对表 students 有了访问权限。

3.7.5　自我实践

在本实验中,如果在激活应用程序之前,利用 SELECT USER_NAME()此时的数据库用户名,查询结果应该是怎样的? 为什么?

3.8　综合案例

3.8.1　实验目的

通过完成一个综合案例的实验,加深对数据库安全性控制的理解,是对本章所涉及的数据库安全技术的一个复习和检测。

3.8.2　实验内容

问题：赵老师当了 2008 级电子商务班的班主任，他要能查到全校的课程信息以及本班学生的选课信息，如何让他有权查到这些信息？

主要内容如下：

1. 登录管理

为新老师创建登录账号 logzhao，验证该账号与数据库的连接访问是否正确？

2. 用户管理

对新老师的账号，创建用户 dbuserzhao，验证该用户与数据库的连接访问是否正确？

3. 对用户授权

问题 1：试解决赵老师能查询本年级学生的选课信息？

首先创建 2008 级学生选课信息的视图 scview，把访问该视图的权限授予赵老师，最后验证赵老师能否访问该视图？

问题 2：试解决让赵老师了解某课程的选课情况？

首先创建能查询指定课程选课信息的存储过程 scpro，把执行该存储过程的权限授予赵老师，最后验证赵老师能否执行存储过程？

补充内容：撤销赵老师查询某课程的选课情况，再验证赵老师能否执行存储过程？

4. 角色管理

问题：假如学校新增 10 个辅导员，都要在 student 表中添加、修改和删除学生，要个个设置权限，方便吗？

可以考虑利用数据库的角色管理来实现：

首先创建辅导员角色 m_role，然后对角色进行插入操作授权，再创建各个辅导员的登录以及对应的登录用户，使这些用户成为角色成员，再验证用户是否有插入操作的权限？

还可以考虑应用程序角色来实现：

创建应用程序角色，激活该角色，对其进行插入操作的授权，验证是否具有该操作的权限？

3.8.3　实验步骤

1. 登录管理

首先用管理员账号登录 SQL Server 2005 Management Studio，新建查询，创建新老师的登录账号，SQL 执行代码，如代码 3.8.1 所示。

```
EXEC sp_addlogin 'logzhao', '01'
```

代码 3.8.1

执行结果如图 3.8.1 所示。

验证账号是否可以登录，成功登录 Management Studio 界面，如图 3.8.2 所示。

2. 用户管理

建查询，创建新老师的登录用户名并映射到 logzhao 的登录名，SQL 执行代码，如

数据库系统实验指导教程(第二版)

图 3.8.1

图 3.8.2

代码 3.8.2 所示。

```
exec sp_grantdbaccess  'logzhao', 'dbuserzhao'
```

代码 3.8.2

执行同样结果如图 3.8.1 所示。

查看 logzhao 登录名的属性,选择"用户映射"选项页,可以在"映射到此登录名的用户"中找到 dbuserzhao 用户,用户创建成功,如图 3.8.3 所示。

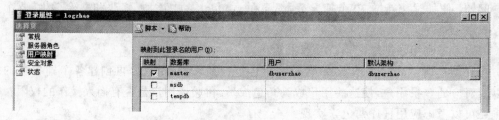

图 3.8.3

3. 对用户授权

问题 1:解决赵老师能查询本年级学生的选课信息。

首先创建 2008 级学生选课信息的视图 scview,执行代码,如代码 3.8.3 所示。

```
create view scview as
Select   sc.sid,s.sname,sc.cid,s.grade from sc,students s
Where sc.sid = s.sid and s.grade = '2008'
```

代码 3.8.3

然后把访问该视图的权限授予赵老师,执行代码如代码 3.8.4 所示。

```
grant select on scview to dbuserzhao
```

代码 3.8.4

授权成功结果如图 3.8.1 所示。

再用 logzhao 登录 Management Studio,对 school 数据库新建查询,查询视图 scview,查询执行结果如图 3.8.4 所示。

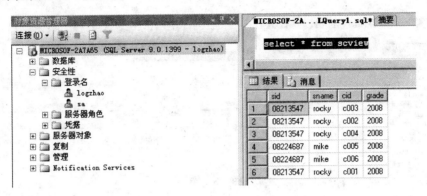

图　3.8.4

问题 2:解决让赵老师了解某课程的选课情况。

首先创建能查询指定课程选课信息的存储过程 scpro,SQL 执行如代码 3.8.5 所示。

```
create proc scproc @kc char(10)
As
Select sc.sid,sc.cid,courses.cname from sc,courses
Where sc.cid = courses.cid and
courses.cname = @kc
```

代码 3.8.5

然后把执行该存储过程的权限授予赵老师,SQL 执行如代码 3.8.6 所示。

```
grant exec on scproc to dbuserzhao
```

代码 3.8.6

最后再用 logzhao 登录 Management Studio,对 school 数据库新建查询,调用存储过程 scproc 进行查询,执行结果如图 3.8.5 所示。

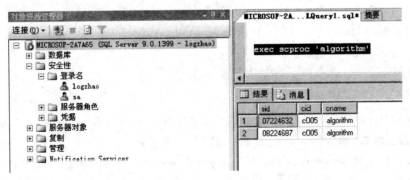

图　3.8.5

补充问题:撤销赵老师查询某课程的选课情况,SQL 执行如代码 3.8.7 所示。

最后再用 logzhao 登录 Management Studio,对 school 数据库新建查询,调用存储过程 scproc 进行查询,执行结果如图 3.8.6 所示。

```
revoke exec on scproc from dbuserzhao
```

代码 3.8.7

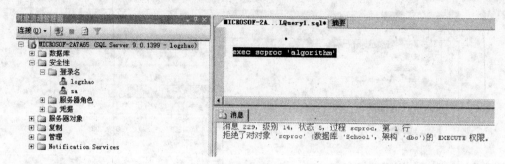

图 3.8.6

4. 角色管理

首先创建辅导员角色，SQL 语句如代码 3.8.8 所示。

```
EXEC sp_addrole 'm_role'
```

代码 3.8.8

再对 m_role 角色进行插入、修改、删除的授权，SQL 语句如代码 3.8.9 所示。

```
grant insert,update,delete on students to m_role
```

代码 3.8.9

创建两个辅导员的登录 logteach1 和 logteach2 以及对应的用户 dbuser1 和 dbuser2，SQL 语句如代码 3.8.10 所示。

```
sp_addlogin 'logteach1', '01';
sp_addlogin 'logteach2', '02';
sp_grantdbaccess  'logteach1', 'dbuser1';
sp_grantdbaccess  'logteach2', 'dbuser2';
```

代码 3.8.10

将用户分配到辅导员的角色 m_role，SQL 语句如代码 3.8.11 所示。

```
sp_addrolemember  'm_role','dbuser1';
sp_addrolemember  'm_role','dbuser2';
```

代码 3.8.11

最后再用 logteach1 与 logteach2 分别登录 Management Studio，对 school 数据库新建查询，插入测试数据，执行结果如图 3.8.7 与图 3.8.8 所示。

还可以通过创建应用程序角色，首先用管理员账号登录管理工具，新建查询，创建一个应用程序角色 r_p_test，密码 abc，授予角色 r_p_test 对 students 表的 SELECT 权限，SQL 语句如代码 3.8.12 所示。

```
EXEC sp_addapprole 'r_p_test', 'abc';
GRANT SELECT ON students TO r_p_test;
```

代码 3.8.12

图　3.8.7

图　3.8.8

创建完毕用 logteach2 账号登录,由于先前该账号所属角色没有对表 students 的查询权限,现在通过激活应用程序角色来使其获得对 students 表的查询权限,激活与测试语句,如代码 3.8.13 所示。

```
-- 用密码 abc 激活 r_p_test 应用程序角色,并且在将此密码发送到 SQL Server 之前对其加密
DECLARE @cookie varbinary(8000);
EXEC sp_setapprole 'r_p_test','abc',@fCreateCookie = true, @cookie = @cookie OUTPUT;

select * from students;
SELECT USER_NAME();
```

代码 3.8.13

其执行结果如图 3.8.9 所示。

图　3.8.9

可以发现,该账号已经可以对表 students 进行查询操作。

3.9 本章自我实践参考答案

3.1.5 节自我实践参考答案

（1）以系统管理员或 sa 用户登录进入查询分析器，执行下面的代码。

```
Exec sp_addlogin '王二','123','school'
Go
USE school
Go
Exec sp_grantdbaccess '王二'
```

（2）

```
USE school
Exec sp_revokeaccess '王二';
Exec sp_droplogin '王二'
```

3.2.5 节自我实践参考答案

"123456"是新增用户的登录密码。"李勇"登录账户将映射为数据库用户名 happyrat 这是由第三行代码的存储过程决定的，将是 school 数据库的用户。

第四行的作用是把 students 表上的 select、insert、update 三种权限授予全体用户。第五行的作用是把 students 表的所有权限授予 happyrat 用户。第六行的作用是取消 happyrat 用户在 students 上的 select 权限。第七行是拒绝 happyrat 用户在 students 上的 update 操作。

若以账户李勇登录数据库，则可以对 school 数据库的表 students 进行 select 操作，但是 update 操作不行，因为 update 操作被 deny 了，而 happyrat 用户的 select 权限虽然被 revoke，但作为 public 用户的 select 权限仍在，所以可以进行 select 操作。如果要使该用户不能进行 select 操作，则可以用 deny 或者对 public 的 select 权限进行 revoke 操作。

3.3.5 节自我实践参考答案

（1）打开查询分析器，用 sa 账号登录数据库。

```
USE school
Go
Create view grade2000 as
    Select * from students where grade = '2000';
```

（2）

```
USE school
Go
Grant select on grade2000 to 王二
```

3.4.5 节自我实践参考答案

从实验中可以看出，授权给 public 是将对数据对象的操作权限授予所有用户，而授权给指定用户会更安全一些,指明了授权的对象,避免了某些操作不经意的授给所有其他用户。

3.5.5 节自我实践参考答案

由于系统采用了 Schema 架构,在建立账户 user1 的同时,为该账户分配了 dbowner 的架构和角色成员,而系统管理员默认为 dbo 的架构,所以可以成功的建立两个相同表 a,其中一个是 dbo.a,另一个是 db_owner.a。

如果不分配 dbowner,系统在建表的时候会拒绝操作,不可以建立两个相同名称的表 a。

3.6.5 节自我实践参考答案

本次实验中,可以直接采用对称密钥对数据进行加密,虽然直接加密相比借助数字证书的方法,简单方便且系统开销小,但其安全性不是很高超,像 pwdencrypt()语句对数据加密会产生不可逆的结果,给数据库的使用带来不便。

3.7.5 节自我实践参考答案

此时利用 SELECT USER_NAME()语句所查询的数据库用户名,查询结果应返回"u_test";因为在激活应用程序角色之前,"EXEC sp_grantdbaccess 'l_test','u_test'"语句为登录 l_test 在数据库 school 中添加默认的安全账户是 u_test。

第 4 章　　　　　　　　数据库事务

　　SQL Server 2005 数据库系统通过事务保证多个数据库操作在一起处理,而事务使用锁定技术来防止其他数据库用户更新或读取未完成事务中的数据。同时,SQL Server 数据库系统为了提高自身的性能,实现多用户之间数据的共享,采用并发控制策略来实现多个任务的并行运行。

4.1　SQL Server 事务的定义

4.1.1　实验目的

　　熟悉 SQL Server 的事务控制语言,能够熟练使用事务控制语言来编写事务处理程序。

4.1.2　原理解析

1. 事务的概念

　　事务(Transaction)是一组单一逻辑工作单元的操作集合,是采用高级数据操纵语言或编程语言书写的用户程序,并由事务开始 Begin Transaction 和事务结束 End Transaction 来界定全体操作的集合。

2. 事务的性质

　　数据库管理系统为了实现数据库系统的完整性,事务的 ACID 性质是数据库事务处理的基础,具有以下性质。

　　原子性(Atomicity):要求事务的全部操作要么在数据库中全部正确地反映出来,要么全部不反映。

　　一致性(Consistency):数据库中数据不因事务的执行而受到破坏,事务执行的结果应当使得数据库由一种一致性达到另一种新的一致性。数据的一致性保证数据库的完整性。

　　隔离性(Isolation):事务的并发执行与这些事务单独执行的结果一样。也就是说,在多个事务并发执行时,各个事务不必关心其他事务的执行,如同在单个用户环境下执行一样。事务的隔离性是事务并发控制技术的基础。

持久性(Durability)：事务对数据库的更新应永久地反映在数据库中。也就是说，一个事务一旦完成其全部操作之后，对数据库所有更新操作的结果将在数据库中永久存在，即使以后发生故障也应保留这个事务的执行结果。持久性的意义在于保证数据库具有可恢复性。

3. 事务的控制

事务的操作可由事务开始、事务读写、事务提交、事务回滚若干个基本操作组成，SQL Server 提供事务控制语法，将 SQL Server 语句集合分组后形成单个的逻辑工作单元，每个单元都是一个独立的事务，如表 4.1.1 所示。

表 4.1.1　事务控制语句语法及含义

事务控制语句语法	事务控制语句的含义
BEGIN TRAN	表示事务开始执行
COMMIT TRAN	表示事务完成所有数据操作，同时保存操作结果，标志着事务的成功完成
ROLLBACK TRAN	表示事务未完成所有数据操作，重新返回到事务开始，标志着事务的撤销
SAVE TRAN	表示完成部分事务，同时撤销事务的其他部分

在事务控制中常常还需要通过检测两个全局变量：@@ERROR，@@TRANCOUNT 来检测事务的状态。

全局变量@@ERROR 记录任何 Transact SQL 语句中的最近错误。如果语句成功执行，变量值为 0；如果语句执行失败，变量值不为 0。在事务定义处理时，往往需要检查 @@ERROR 来判断语句执行是否成功。如果没有成功，则需要使用 ROLLBACK TRAN 语句来撤销事务。

全局变量@@TRANCOUNT 记录 SQL Server 当前等待提交的事务数，如果没有等待提交的事务数，全局变量@@TRANCOUNT 的值为 0。

4. 事务的类型

对数据库的访问是建立在对数据"读"和"写"两个操作之上的。因此，一般事务中涉及到数据操作主要是由"读"与"写"语句组成，而当事务仅由读语句组成时，事务的最终提交就会变得十分简单。因此，有时可以将事务分成只读型和读写型两种。

1) 只读型(Read Only)

此时，事务对数据库的操作只能是读语句，这种操作将数据 X 由数据库中取出读到内存的缓冲区中。定义此类型即表示随后的事务均是只读型，直到新的类型定义出现为止。

2) 读写型(Read/Write)

此时，事务对数据库可以做读与写的操作，定义此类型后，表示随后的事务均为读/写型，直到新的类型定义出现为止。此类操作可以缺省。

上述两种类型可以用下面的 SQL 语句定义：

```
SET TRANSACTION READ ONLY
SET TRANSACTION READ WRITE
```

4.1.3 实验内容

事务编程是数据库应用系统中经常要用到的技术,通过使用事务控制语言和 SQL 语句实现各种事务操作。

4.1.4 实验步骤

假设学校将学生的银行卡和校园卡进行了绑定,允许学生直接从银行卡转账到校园卡中。假设某学号为 05212222 的学生需要从银行卡中转账 100 元到校园卡中,编写事务处理程序,实现这一操作。

要求:

(1) 采用隐式事务方式来实现事务编程。

(2) 采用显式用户定义事务的方式来实现事务编程。

(3) 事务与批命令。

(4) 嵌套事务的编程。

(5) 在存储过程、触发器中使用事务编程。

(6) 命名事务与事务保存点。

分析与解答:

(1) AutoCommit 事务是 SQL Server 默认事务方式。指出每条 SQL 语句都构成事务,隐含事务的开始与结束控制点。示例代码 4.1.1 实现从银行卡中转账 100 元到校园卡的功能。如果在执行语句时遇到错误,则撤销操作,否则提交并保存操作的结果。

```
update icbc_card
set restored_money = restored_money − 100
where stu_card_id = '05212222'

update stu_card
set remained_money = remained_money + 100
where card_id = '05212222'
```

代码 4.1.1

思考一下,这样的事务编程是否会造成数据库状态的不一致呢?

由于上面的代码中采取的隐式事务方法,如果对该学生的银行卡数据更新成功,会自动向数据库提交。假若后来对该学生校园卡的数据更新未能成功,则就造成转账失败,但前一操作已经提交,无法还原。这就可能会造成对数据库状态与事实语义不一致。

针对这一问题,需要设法将这若干条 SQL 语句组合成一个独立的事务,这样才能保证各个操作步骤要么同时成功,要么一起失败。这就需要操作步骤 2 中所提出的定义显式事务方式来处理事务。

(2) 为了完全控制事务并定义多个操作步骤组成的逻辑工作单元,可以采用显式用户定义事务的方式来实现用户期望的逻辑操作,如代码 4.1.2 所示。

(3) 批处理是由一条或多条 Transact SQL 语句或命令组成的,能够成组的运行,用于向 SQL Server 提交成组的 Transact SQL 的语句组,由 Go 语句来终止语句组。批处理经

```
begin tran
update icbc_card
set restored_money = restored_money − 100
where stu_card_id = '05212222'

update stu_card
set remained_money = remained_money + 100
where card_id = '05212222'
commit tran
```

代码 4.1.2

过整体编译一次成为一个执行计划,并一次将整个执行计划执行完毕。注意除非批命令没有固有的事务性质,除显式的定义由几个语句构成的单个事务,否则批命令中的每条语句都是一个互相独立的事务,每条语句单独完成或者失败,而且批命令中的一个事务失败,不会影响其他语句的执行。

输入代码,如代码 4.1.3 所示。

```
Update courses set hour = 96 where cid = '10001'
Insert teachers values('1234567890','MY','MY@ZSU.EDU.CN',3000)
Select top 10 * from teachers (HoldLock)
go
```

代码 4.1.3

打开 Management Studio 窗口"工具"菜单中的 SQL Server Profiler,新建跟踪,使用 standard 标准模板。此时 SQL Server Profiler 中会把 SQL Server 中的事件记录下来。执行代码,如代码 4.1.3 所示,结果如图 4.1.1 所示。显示 SQL BatchStarting 和 SQL BatchCompleted 语句都分别只有一条,说明批处理是一个完整的执行计划,并且要将整个执行计划执行完毕。

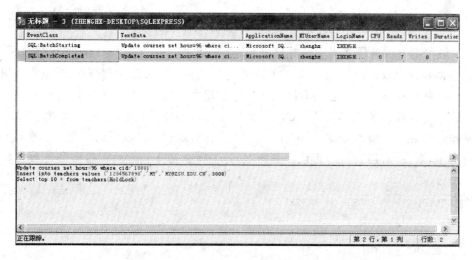

图　4.1.1

相反,如果没有 GO 语句,也可以通过事件探查器来观察一下,结果是每个语句单独执行。

(4) 嵌套事务主要是为了支持存储过程中的一些事务,这些事务可以从事务中已有的进程中调用,也可以从没有活动的事务进程中调用。嵌套事务对于 COMMIT TRANSACTION 语句的每个调用都对应于最后执行的 BEGIN TRANSACTION 语句,也就是最内层的事务。执行事务嵌套的实例代码,如代码 4.1.4 所示。执行结果如图 4.1.2 所示。

```
SELECT 'BEFORE TRANSACTION: ' AS HINT,@@TRANCOUNT AS TRANACTIONCOUNT
BEGIN TRAN
SELECT 'THE FIRST TRANSACTION STARTS:' AS HINT,@@TRANCOUNT   AS TRANACTIONCOUNT
  SELECT TOP 3 * FROM CHOICES
  BEGIN TRAN
  SELECT 'THE SECOND TRANSACTION STARTS:' AS HINT,@@TRANCOUNT   AS TRANACTIONCOUNT
  COMMIT TRAN
  SELECT 'THE SECOND TRANSACTION COMMITS' AS HINT,@@TRANCOUNT AS TRANACTIONCOUNT
ROLLBACK TRAN
SELECT 'THE FIRST TRANSACTION ROLL BACK' AS HINT,@@TRANCOUNT AS TRANACTIONCOUNT
```

代码 4.1.4

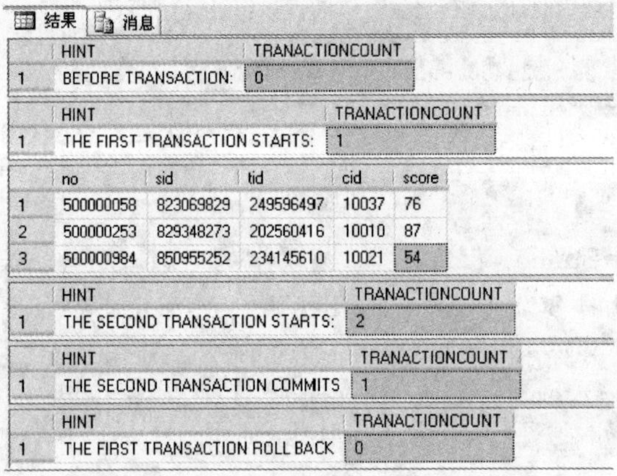

	HINT	TRANACTIONCOUNT
1	BEFORE TRANSACTION:	0

	HINT	TRANACTIONCOUNT
1	THE FIRST TRANSACTION STARTS:	1

	no	sid	tid	cid	score
1	500000058	823069829	249596497	10037	76
2	500000253	829348273	202560416	10010	87
3	500000984	850955252	234145610	10021	54

	HINT	TRANACTIONCOUNT
1	THE SECOND TRANSACTION STARTS:	2

	HINT	TRANACTIONCOUNT
1	THE SECOND TRANSACTION COMMITS	1

	HINT	TRANACTIONCOUNT
1	THE FIRST TRANSACTION ROLL BACK	0

图 4.1.2

(5) 触发器是一种特殊类型的存储过程,主要用于完成数据库中对象的完整性。在表中进行数据修改时自动执行,触发器被视为执行数据修改事务的一部分,与数据修改语句在同一事务空间中执行。由于触发器已经在事务情境中操作,因此事务中要的事务控制语句只有 ROLLBACK 或者 SAVE TRAN,不需要发出 BEGIN TRAN。代码 4.1.5 为 Courses 的删除操作创建一个触发器,然后执行一个删除操作,观察事务数目的变化。在删除操作执行的过程中,触发器得到执行,而且事务的数目为 1,这就验证了触发器事务是数据修改事务的一部分。

```
CREATE TRIGGER TD_COURSE ON COURSES
     FOR DELETE
AS
    DECLARE @INFO VARCHAR(255)
    SELECT @INFO = '触发器中的事务数据为:' + CONVERT(VARCHAR(2),@@TRANCOUNT)
    PRINT @INFO
RETURN
```

代码 4.1.5

执行以下代码:

```
PRINT '删除操作以前触发器中的事务数为:' +  CONVERT(VARCHAR(2),@@TRANCOUNT);
DELETE FROM COURSES
WHERE CID = '10052'
PRINT '删除操作之后触发器中的事务数为:' +  CONVERT(VARCHAR(2),@@TRANCOUNT);
```

　所得结果如图4.1.3所示。

同样可以从事务中调用存储过程,也可以在存储过程中启动事务,而且这是经常在数据库开发过程中应用到的。因为在存储过程中使用事务,可以提高数据库操作的效率,可以方便维护。创建存储过程,如图4.1.4所示。

```
删除操作以前触发器中的事务数为:0
触发器中的事务数据为: 1

(0 行受影响)
删除操作之后触发器中的事务数为:0
```

图　4.1.3

```
CREATE PROCEDURE INSERTCOURSEINFO
    @courseid char(10),
    @coursename varchar(30),
    @hour int,
    @returnString varchar(100)
AS
BEGIN TRAN
    IF EXISTS(SELECT CID FROM COURSES WHERE CID = @COURSEID)
        BEGIN
            SELECT @returnString = '课程信息已经存在'
            GOTO ONERROR
        END
    -- 新增课程信息
    INSERT INTO COURSES VALUES(@courseid,@courseName,@hour)
    IF @@ERROR <> 0
        BEGIN
            SELECT @returnString = '新增课程信息失败'
            GOTO ONERROR
        END
    SELECT @returnString = '新增课程信息成功'
    COMMIT TRAN
-- 错误处理
ONERROR:
    ROLLBACK TRAN
```

(6) 命名事务与保存点事务。

在编写大的存储过程、长的批处理,以及大量事务嵌套的时候,一个常见的问题就是代码的可读性差。为了改进代码的可读性,在进行事务编程的时候,可以对事务进行命名清晰的标识事务,提示用户代码的逻辑性。

命名事务是通过在BEGIN TRAN语句中为事务命名,来标志整个事务逻辑的工作单元。通过对事务命名,使得每个事务都易于识别,这对于事务嵌套更加重要。

下面定义两个事务,内层事务更新表Courses,外层事务用于更新表Choices,通过事务命名的方法来增加对事务的可读性,参见代码4.1.6。

数据库系统实验指导教程(第二版)

```
ZHENGHX-D...  存储过程1.sql                                      ▼ × 
  1  CREATE PROCEDURE INSERTCOURSEINFO
  2      @courseid char(10),
  3      @coursename varchar(30),
  4      @hour int,
  5      @returnString varchar(100)
  6  AS
  7  BEGIN TRAN
  8      IF EXISTS(SELECT CID FROM COURSES WHERE CID=@COURSEID)
  9          BEGIN
 10              SELECT @returnString='课程信息已经存在'
 11              GOTO ONERROR
 12          END
 13      --新增课程信息
 14      INSERT INTO COURSES VALUES(@courseid,@courseName,@hour)
 15      IF @@ERROR<>0
 16          BEGIN
 17              SELECT @returnString='新增课程信息失败'
 18              GOTO ONERROR
 19          END
 20      --错误处理
 21      SELECT @returnString='新增课程信息成功'
 22      COMMIT TRAN
 23  ONERROR:
 24      ROLLBACK TRAN
 25
```

图 4.1.4

```
BEGIN TRAN tran_upd_courses
    update courses
    set hour = 60
    where cid = '10052'
    BEGIN TRAN tran_upd_teachers
        insert into teachers
        values('1234567890','zs','my@zsu.edu.cn',3000)
    IF @@ERROR! = 0
        BEGIN
        -- 撤销事务
        ROLLBACK TRAN tran_upd_teachers
        PRINT '更新教师表失败'
        RETURN
        END
    -- 提交内层事务
    COMMIT TRAN tran_upd_teachers
    -- 提交外层事务
COMMIT TRAN tran_upd_courses
```

代码 4.1.6

给事务命名的另一种方法是事务保存点,事务保存点提供一种在事务中标记用 ROLLBACK 撤销事务工作点的方法。利用事务保存点,可提交事务开始处至保存点的部分事务,而将事务的其他部分撤销。执行代码如代码 4.1.7 所示。

```
BEGIN TRAN tran_upd_courses
    update courses
    set hour = 45
    where cid = '10052'
    -- 设置事务保存点
    SAVE TRAN tran_upd_courses_done
    insert into teachers
    values('1234567890','zs','my@zsu.edu.cn',3000)
    IF @@ERROR! = 0 OR @@ROWCOUNT > 1
        BEGIN
        -- 撤销事务
        ROLLBACK TRAN tran_upd_teachers_done
        PRINT '更新教师表信息失败!'
        RETURN
        END
-- 提交事务
COMMIT TRAN tran_upd_course
```

代码 4.1.7

4.1.5 自我实践

(1) 编写事务处理程序在 school 数据库的 courses 表中分别插入记录。

(2) 编写事务处理程序在 school 数据库中更新 courses 表中的指定记录。

(3) 编写事务处理程序在 school 数据库中删除 courses 表中的指定记录。

(4) 编写 SQL 代码或者在客户程序中调用存储过程。

4.2 SQL Server 2005 事务与锁

4.2.1 实验目的

前面提到,在 SQL Server 2005 这个多用户数据库中,为了实现多个用户的同时存取,需要对数据库进行锁定。实验将帮助深入了解事务执行过程中,SQL Server 数据库是如何实现对数据行、索引页等资源,一次只让一个用户使用的。

4.2.2 原理解析

封锁是指任何事务 T 在对某数据操作之前,先向系统发出请求对其加锁。加锁后事务 T 就对该数据拥有了一定的控制权,在事务 T 释放锁之前其他事务不能更新该数据,通过这种手段保证数据库数据的完整性。

1. 系统默认锁定策略

SQL Server 2005 默认锁级别为表级锁,且系统默认只能设置 100 个锁。

2. 利用锁定提示来控制锁定策略

与此同时,系统中可能也有其他的事务并不需要高的隔离级别。这时,可以使用锁定提示语句,将事务语句的隔离级别的影响范围针对所配置的 SQL 的语法,采用在查询语句加锁的方式来保证事务并发控制的正确性,又不至于降低系统的效率。

通过 SQL Server 的封锁操作是在相关语句的 WITH（table_hint）子句中完成的,可用在 SELECT、INSERT、UPDATE、DELETE 等语句中指定表级锁定的方式和范围。常用的封锁关键词如下。

- TABLOCK:对表施加共享锁,在读完数据后立即释放封锁,可以避免读"脏"数据,但可能引起不可重复读问题。
- HOLDLOCK:与 TABLOCK 一起使用,可将共享锁保留到事务完成,而不是在读完数据后立即释放,可以保证数据的可重复读。
- NOLOCK:不施加任何封锁,仅用于 SELECT 语句,会引起读"脏"数据。
- TABLOCKX:对表施加排他锁。
- UPDLOCK:对表中指定元组施加更新锁,这时其他事务可对同表中的其他元组也施加更新锁,但不能对表施加任何锁。

如对课程表施加共享锁,并且保持到事务结束时再释放封锁:

```
SELECT * FROM COURSE WITH (TABLOCK HOLDLOCK)
```

NOLOCK 可以使用 SELECT、INSERT、UPDATE 和 DELETE 语句指定表级锁定提示的范围,以引导 Microsoft® SQL Server™ 2005 使用所需的锁类型。当需要对对象所获得锁类型进行更精细控制时,可以使用表级锁定提示。这些锁定提示取代了会话的当前事务隔离级别。数据库作为共享资源,允许多个用户程序并行地存取数据。当多个用户并行地操作数据库时,需要通过并发控制加以协调、控制,以保证并发操作的正确执行,并保证数据库的一致性。

在 SQL 中,并发控制采用封锁技术实现,当一个事务欲对某个数据对象操作时,可申请对该对象加锁,取得对数据对象的一定控制,以限制其他事务对该对象的操作。其语句格式为:

```
LOCK TABLE 表名(或表名集合)IN SHARE(或 EXCLUSVE ,或 SHARE UPDATE) MODE [NOWAIT]
```

其中,表名(或表名集合)中指出封锁对象,若为多个表名,则各个表名间以","相隔;任选项 NOWAIT 表示多个用户要求封锁相同的关系时,后来提出的要求会被立即退回去,否则会等待该资源释放。

注意:控制 SQL Server 的锁既可以通过设置隔离级别来改变特定连接持有共享锁或排他锁的时间长短,也可以利用锁定提示对连接的锁定策略加以调节,不过锁定提示只对一个查询中的一个表起作用。

3. 给表的索引实行锁控制

利用索引为单位也可以控制锁,与隔离级别和锁定提示不同的是,索引是从表的角度来控制锁,而隔离级别和锁定提示是从连接与查询的角度来控制锁的。

首先可以通过执行 sp_help tablename 找出主键索引的名字,然后利用 sp_indexoption 系统存储过程来设置索引选项。其语法格式为:

EXEC sp_indexoption 索引名

4.2.3　实验内容

在 SQL Server 的事务与锁的实验部分,验证单个事务执行过程中锁的获得与释放的过程,并加深对锁类型与锁定资源的认识与理解。通过实验验证多个事务并发执行过程中,可能产生的数据不一致现象。

(1) 编写事务程序,用于更新 courses 表中 database 课程的信息,观察其事务过程中锁的获得与释放的情况,以及锁定资源的类型。分析通过锁定查看的结果,结合实际分析。

(2) 模拟一个火车站的售票事务处理,通过语句提示锁定方式来提高系统的效率。

(3) 在索引级别粒度上实现对数据库对象的加锁或者解锁。

(4) 观察在更新操作下,事务与锁的变化特征。

4.2.4　实验步骤

(1) SQL Server 数据库管理系统通过组件 SQL Server Lock Manager 来提供用户事务进程之间的锁的自动分配,保证数据库资源(数据页、索引页、表、索引、数据库)的当前用户的特定操作从开头到结束都拥有这些资源的一致视图,从而保证事务的一致性。

锁管理器(Lock Manager)会根据不同的事务类型分配适当锁类型(如共享、排他、更新等)和锁粒度(行、页、表等),并且保证访问资源的锁类型之间的相容性,防止和消除死锁,并将锁自动调整。

可以通过 SQL Server 数据库管理系统提供的工具,来监视和跟踪 SQL Server 中的锁活动信息。常见的方法有如下 3 种:

- 使用 sp_lock 存储过程;
- 使用 Management Studio 查看锁信息;
- 使用 SQL Server Profiler 查看锁信息。

① 使用 sp_lock 存储过程。

创建一个数据库连接。在"文件"菜单中选择"新建",选定"数据库引擎查询"。在新窗口中选择相应的服务器和身份验证方式,单击"连接"按钮即可创建一个新连接。或者单击工具栏上的"连接"快捷方式也可以创建一个数据库连接。

在新建的数据库连接中更新 courses 表中的 database 课程信息。注意事务没有提交语句,这主要是便于观察更新表的过程中锁资源的分配情况。

更新事务语句(注:为了便于观察锁的信息,事务没有提交或回滚)如下:

```
begin tran
update courses set hour = 80 where cid = '10001'
```

打开另一个数据库连接,执行:

```
Exec sp_lock
Go
```

返回 SQL Server 中所有进程的信息,其输出样本如下:

数据库系统实验指导教程(第二版)

	spid	dbid	ObjId	IndId	Type	Resource	Mode	Status
1	53	7	0	0	DB		S	GRANT
2	53	7	1993058136	1	PAG	1:42	IX	GRANT
3	53	7	1993058136	1	TAB		IX	GRANT
4	53	1	1115151018	0	TAB		IS	GRANT
5	53	7	1993058136	1	KEY	(a200ca5ea9a0)	X	GRANT

图 4.2.1

sp_lock spid 查看指定进程的 spid,仅显示与 spid 相关的锁。执行以下语句:

exec sp_lock 53

结果如图 4.2.2 所示。

	spid	dbid	ObjId	IndId	Type	Resource	Mode	Status
1	53	7	0	0	DB		S	GRANT
2	53	7	1993058136	1	PAG	1:42	IX	GRANT
3	53	7	1993058136	0	TAB		IX	GRANT
4	53	1	1115151018	0	TAB		IS	GRANT
5	53	7	1993058136	1	KEY	(a200ca5ea9a0)	X	GRANT

图 4.2.2

这就是更新事务执行过程中,获得锁的信息。其中:

spid 是请求锁的进程的数据库引擎会话 ID。

dbid 是保留锁的数据库的 ID。

ObjId 是持有锁的对象 ID。

IndId 是持有锁的表索引 ID。0 表示数据行、数据页、表或数据库的锁,1 表示聚簇索引数据行、索引行或索引页的锁,2~254 表示非聚簇索引行或页的锁,255 表示 text 或 image 页的锁。

Type 是资源持有锁的锁粒度类型,表明 SQL Server 加锁的资源对象的粒度。封锁的封锁粒度(Granularity)是指实行事务封锁的数据目标的大小。在关系数据库中封锁粒度一般有如下几种。

- 属性(值)。
- 属性(值)集合。
- 元组。
- 关系表。
- 物理页面。
- 索引。
- 关系数据库。

从上面 7 种不同粒度中可以看出,事务封锁粒度有大有小。一般而言,封锁粒度小则并发性高但开销大,封锁粒度大则并发性低但开销小。综合平衡不同需求、合理选取封锁粒度是非常重要的。如果在一个系统中能同时存在不同大小的封锁粒度对象供不同事务选择使用,应当说是比较理想的。一般来说,一个只处理少量元组的事务,以元组作为封锁粒度比较合适;一个处理大量元组的事务,则以关系作为封锁粒度较为合理;而一个需要处理多个关系的事务,则应以数据库作为封锁粒度最佳,表 4.2.1 详细说明锁定资源的粒度。

表 4.2.1　锁定资源的粒度

资　源	描　述
RID	数据行标识符,用于单独锁定表中的一行
Key	索引中的行锁,用于保护可串行事务中的键范围
Pag	8KB 的数据页或索引页
Ext	相邻的 8 个数据页或索引页构成的一组
IDX	索引
TAB	包括所有数据和索引在内的整个表
DB	数据库

Resource 是持有锁的资源对象的内部名称,可以在 master 数据库的 syslockinfo 表中找到。

Mode 是事务请求的锁的类型。SQL Server 的锁定类型如表 4.2.2 所示。

表 4.2.2　锁定类型

类　型	描　述	类　型	描　述
S	共享锁定	Sch-S	结构稳定锁
E	独占锁定	Sch-M	结构修改锁
IS	意图共享锁	U	更新锁定
IX	意图独占锁	BU	批量更新锁定
SIX	共享意图独占锁	X	排他锁

Status:锁定请求状态。GRANT 表示提供锁定;WAIT 表示锁定被另一进程保持的锁定阻止;CNVT 表示锁定要改变模式。

② 用 Management Studio 浏览锁活动。

使用 sp_lock 查看锁活动信息时,显示的是数据库对象的 ID 值。在 SQL Server Management Studio 中提供了系统与用户对象锁进程的直观显示。通过展开管理文件夹 ⊞ 🗀 管理,双击 🔧 活动监视器打开活动监视器,就可以查看 SQL Server 中的锁信息。

在左侧选择页中选择 🔧 按进程分类的锁可以在右窗口中显示 SQL Server 中按照进程分类的锁信息。在上方的下拉框中指定要查看的进程,可以列出该进程当前所持有的锁,如图 4.2.3 所示。

所选进程:	53							
对象 ▲	类型	子类型	对象 ID	说明	请求模式	请求类型	请求状态	所有者类型
🔒 (内部)	DATABASE		0		S	LOCK	GRANT	SHARED_TRANS
🔒 (内部)	PAGE		412092034711552	1:42	IX	LOCK	GRANT	TRANSACTION
🔒 (内部)	OBJECT		1993058136		IX	LOCK	GRANT	TRANSACTION
🔒 School..COURSES	KEY		412092034711552	(a200ca5ea9a0)	X	LOCK	GRANT	TRANSACTION

图　4.2.3

在左侧选择页中选择 🔧 按对象分类的锁可以在右窗口中显示 SQL Server 中按照对象分类的锁信息。在上方的下拉框中指定要查看的对象,可以列出该对象当前持有的锁,如图 4.2.4 所示。

所选对象:					School. COURSES					▼
进程 ID	上下文	批处理 ID	类型	子类型	对象 ID	说明	请求模式	请求类型	请求状态	所有者
🔒 53	0	0	KEY		4120920347711552	(a200ca5ea9a0)	X	LOCK	GRANT	TRANS.

图 4.2.4

③ 用 SQL Server Profiler 浏览锁活动。

SQL Server Profiler 专门用于捕捉数据库中一些重要的事件,对于锁活动,SQL Server Profiler 也提供了一些锁事件,用于在跟踪中捕获,如表 4.2.3 所示。

表 4.2.3 锁事件

事 件	意 义
DeadLock graph	发生死锁时生成 XML 说明
Lock:Acquired	表示何时取得数据页或行等资源的锁
Lock:Cancel	表示何时取消所取得资源的锁
Lock:DeadLock	表示两个或多个并发进程何时形成相互死锁
Lock:Escalation	表示低级锁何时升级为高级锁
Lock:Release	表示进程释放以前所取得的锁资源
Lock:Timeout	选择资源锁请求超时

SQL Server Profiler 还能提供对监视事件显示的数据值,如表 4.2.4 所示。

表 4.2.4 数据项

数 据 项	意 义
spid	产生事件的进程的进程 ID
EventClass	捕获的事件类型
Mode	捕获事件中涉及的锁类型
ObjectID	锁事件中涉及的对象 ID
ObjectName	锁事件中涉及的对象名
IndexID	锁的相关索引 ID
TextData	产生锁事件的查询
LoginName	与进程相关联的登录名
ApplicationName	产生锁事件的应用程序名

同样,针对于①中的操作,利用 SQL Server Profiler 来观察锁事件。首先新建跟踪,弹出跟踪属性窗口,在"常规"页中选择需要跟踪事件的模板,在"事件选择"页中选择"显示所有事件";在"事件列"中打开"Locks"事件,选择需要关注的事件;然后单击"运行"。如图 4.2.5 所示。

其次,通过新建"跟踪",在另一个连接中执行更新事务。在 SQL Server 的事件探查器中,可以看到事务执行过程中锁事件的变化,如图 4.2.6 所示。

(2) 火车订票系统采取更新锁最为合适。假设售票信息存放在表 R(日期,班次,座号,状态)中,其中状态表明机票是滞售出,初值为 NULL。程序段为:

```
DECLARE @d datetime,@t char(6),@n char(10),@s char(2)
… //输入@d,@t,@n
```

```
BEGIN TRANSACTION
SELECT @n = 座号 FROM R WITH(UPDLOCK) WHERE 日期 = @d AND 班次 = @t AND 状态 IS NULL
    IF UPDATE R SET 状态 = 'Y' WHERE 座号 = @n AND 日期 = @d AND 班次
        COMMIT TRANSACTION
    ELSE
ROLLBACK TRANSACTION
```

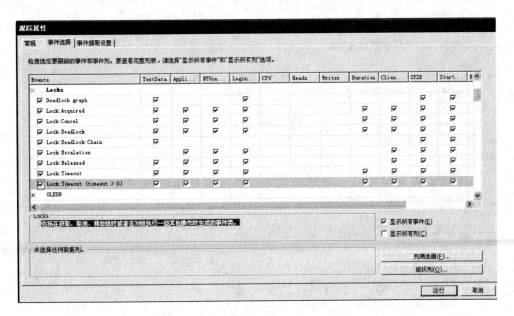

图　4.2.5

EventClass	TextData	ApplicationName	NTUserName	LoginName	CPU	Reads	Writes	Duration	ClientProcessID	SPID	StartTime
Lock:Acquired	(0000f480ffdc)	Microsoft SQ...	zhenghx	ZHENGH...				0	2532	53	2008-01-07 11:01:3
Lock:Released	(0000f480ffdc)	Microsoft SQ...	zhenghx	ZHENGH...					2532	53	2008-01-07 11:01:3
Lock:Acquired		Microsoft SQ...	zhenghx	ZHENGH...				0	2532	53	2008-01-07 11:01:3
Lock:Acquired	(0000f480ffdc)	Microsoft SQ...	zhenghx	ZHENGH...				0	2532	53	2008-01-07 11:01:3
Lock:Released	(0000f480ffdc)	Microsoft SQ...	zhenghx	ZHENGH...					2532	53	2008-01-07 11:01:3
Lock:Acquired	(0000f480ffdc)	Microsoft SQ...	zhenghx	ZHENGH...				0	2532	53	2008-01-07 11:01:3
Lock:Released	(0000f480ffdc)	Microsoft SQ...	zhenghx	ZHENGH...					2532	53	2008-01-07 11:01:3
Lock:Acquired	(0100172145cf)	Microsoft SQ...	zhenghx	ZHENGH...				0	2532	53	2008-01-07 11:01:3

图　4.2.6

(3) 利用索引进行锁定。

首先执行：

exec sp_help teachers，得到表 teachers 的索引对象的名称，如图 4.2.7 所示。

	index_name	index_description	index_keys
1	PK_TEACHERS	clustered, unique, primary key located on PRIMARY	tid

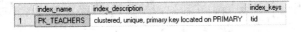

图　4.2.7

执行：

```
exec sp_indexoption 'teachers.PK_TEACHERS','allowPageLocks',false
```

执行成功后，系统不允许 teachers 的主键上加页级锁。

（4）观察更新操作,锁的状态。

使用 sp_lock 存储过程实现观察事务运行过程中各个阶段的锁状态。新建一个连接,执行以下代码:

```
begin tran
-- 初始锁状态
exec sp_lock
select * from teachers with (UPDLOCK) where tid = '1234567890'
-- 加更新锁后的锁状态
exec sp_lock
update teachers set salary = salary + 100 where tid = '1234567890'
-- 执行更新操作后的锁状态
exec sp_lock
select * from teachers where tid = '1234567890'
-- 提交事务前的锁状态
exec sp_lock
commit tran
-- 提交事务后的锁状态
exec sp_lock
```

执行后结果如图 4.2.8~图 4.2.12 所示。

	spid	dbid	ObjId	IndId	Type	Resource	Mode	Status
1	52	7	0	0	DB		S	GRANT
2	52	1	1115151018	0	TAB		IS	GRANT

图 4.2.8　初始锁状态

	spid	dbid	ObjId	IndId	Type	Resource	Mode	Status
1	52	7	0	0	DB		S	GRANT
2	52	7	469576711	0	TAB		IX	GRANT
3	52	1	1115151018	0	TAB		IS	GRANT
4	52	7	469576711	1	KEY	(cf001a...	U	GRANT

图 4.2.9　加更新锁后的锁状态

	spid	dbid	ObjId	IndId	Type	Resource	Mode	Status
1	52	7	0	0	DB		S	GRANT
2	52	7	469576711	0	TAB		IX	GRANT
3	52	1	1115151018	0	TAB		IS	GRANT
4	52	7	469576711	1	KEY	(cf001a...	X	GRANT

图 4.2.10　执行更新操作后的锁状态

	spid	dbid	ObjId	IndId	Type	Resource	Mode	Status
1	52	7	0	0	DB		S	GRANT
2	52	7	469576711	0	TAB		IX	GRANT
3	52	1	1115151018	0	TAB		IS	GRANT
4	52	7	469576711	1	KEY	(cf001a...	X	GRANT

图 4.2.11　提交事务前的锁状态

	spid	dbid	ObjId	IndId	Type	Resource	Mode	Status
1	52	7	0	0	DB		S	GRANT
2	52	1	1115151018	0	TAB		IS	GRANT

图 4.2.12　提交事务后的锁状态

可以看出 SQL Server 上更新锁并转换为排他锁,最终释放排他锁的过程。

新建两个连接,连接 1 执行以下代码:

```
begin tran
select * from teachers with (UPDLOCK) where tid = '200016731'
```

连接 2 中执行以下代码:

```
select * from teachers where tid = '200016731'
update teachers set salary = salary + 100 where tid = '200016731'
```

```
select * from teachers where tid = '200016731'
```

先执行连接 1 再执行连接 2,观察发现连接 2 被阻塞无法执行。打开 ⊞ 📁 **管理**文件夹,选择 ✨ **活动监视器**,显示进程信息如图 4.2.13 所示

进程 ID	数据库	阻塞者	阻塞	命令	状态	打开的事务	系统进程	用	应用程序
51	master	0	0	AWAITING COMMAND	sleeping	0	否	Z...	Microsoft SQL Server Man
52	School	0	0	AWAITING COMMAND	sleeping	0	否	Z...	Microsoft SQL Server Man
54	School	0	1	AWAITING COMMAND	sleeping	1	否	Z...	Microsoft SQL Server Man
55	School	54	0	UPDATE	suspended	2	否	Z...	Microsoft SQL Server Man
56	School	0	0	AWAITING COMMAND	sleeping	0	否	Z...	Microsoft SQL Server Man
57	tempdb	0	0	SELECT INTO	runnable	2	否	Z...	Microsoft SQL Server Man
53	tempdb	0	0	SELECT INTO	suspended	2	否	Z...	Microsoft SQL Server Man

图 4.2.13

可见执行更新操作的 55 号进程被 54 号进程阻塞。选择 ✨ **按对象分类的锁**,选择 School.TEACHERS 对象,如图 4.2.14 所示。

所选对象:		School..TEACHERS							
进程 ID	上下文	批处理 ID	请求模式	请求类型	请求状态	类型	子类型	对象 ID	说明	所有者
54	0	0	U	LOCK	GRANT	KEY		312249156042752	(b400f4d64924)	TRANSA...
55	0	0	X	LOCK	WAIT	KEY		312249156042752	(b400f4d64924)	TRANSA...

图 4.2.14

54 号进程请求了更新锁,请求状态为 GRANT,表示更新锁已经获得。55 号进程请求了排他锁,请求状态为 WAIT,表示排他锁未能获取。

在连接 1 中继续执行如下代码:

```
update teachers set salary = salary + 100 where tid = '200016731'
select * from teachers where tid = '200016731'
commit tran
```

执行结果如图 4.2.15 所示。

同时发现连接 2 也成功执行,结果如图 4.2.16 所示。

	tid	tname	email	salary
1	200016731	nfgrod	dprcy@qxqi.com	3819

	tid	tname	email	salary
1	200016731	nfgrod	dprcy@qxqi.com	4000

	tid	tname	email	salary
1	200016731	nfgrod	dprcy@qxqi.com	4019

图 4.2.15　连接 1 执行结果　　　　　图 4.2.16　连接 2 执行结果

仔细观察可以发现连接 2 比连接 1 更早发出更新操作请求,但 SQL Server 却先执行连接 1 中的更新操作,后执行连接 2 中的更新。这是因为在线程中上了更新锁的数据无法被其他线程更改,必须等到本线程的事务结束后才允许更改,因此只有连接 1 中的事务提交后才可以执行连接 2 中的操作。

4.2.5　自我实践

分别利用执行 SP_Lock 系统存储过程、SQL Server Management Studio、SQL Server

事件探查器来观察更新事件中锁的获取与释放的过程,并解释观察到的字段意义。

4.3 SQL Server 2005 事务与隔离级别

4.3.1 实验目的

前面提到,在 SQL Server 2005 这个多用户数据库中,为了实现多个用户的同时存取,需要对数据库进行锁定。通过本实验学会控制 SQL Server 的锁的方法,深入理解 SQL Server 是如何通过设置事务隔离级别来导致锁定的保持与释放。

4.3.2 原理解析

1. 事务并发中的不一致问题

事务的并发执行是数据共享性的重要保证,但并发执行应当加以适当控制,否则就会出现数据不一致现象,破坏数据库的完整性,可能会产生以下问题:

(1) 丢失修改(Lost Update)是指两个事务 T1 和 T2 从数据库读取同一数据并进行修改,其中事务 T2 提交的修改结果破坏了事务 T1 提交的修改结果,导致了事务 T1 的修改被丢失。丢失修改是由于两个事务对同一数据并发地进行写入操作所引起的,因而称为写-写冲突(Write-Write Conflict)。

(2) 读"脏"数据(Dirty Read)是指事务 T1 将数据 a 修改成数据 b,然后将其写入磁盘;此后事务 T2 读取该修改后的数据,即数据 b;接下来 T1 因故被撤销,使得数据 b 恢复到了原值 a。这时,T2 得到的数据就与数据库内的数据不一致。这种不一致或者不存在的数据通常就称为"脏"数据。

读"脏"数据是由于一个事务读取另一个事务尚未提交的数据所引起的,因而称之为读-写冲突(Read-Write Conflict)。

(3) 不可重复读取(Non-repeatable Read)是指当事务 T1 读取数据 a 后,事务 T2 进行读取并进行更新操作,使得 T1 再读取 a 进行校验时,发现前后两次读取值发生了变化,从而无法再读取前一次读取的结果。如果事务 T2 对某行执行插入或删除操作,而该行又同时满足 T1 查询条件时,便会出现事务 T1 两次查询的行数不一致的现象,这就是幻象问题。

不可重复读也是由读写冲突引起的。

为了保证数据库中事务并发执行的正确性,其根本原则就是实现事务并发执行的"可串行化准则",可串行化是对并发事务调度的一种评价手段,实际应用中还必须寻求一种灵活、有效和可操作的封锁等技术手段保证调度的可串行化。

2. 通过设置隔离级别解决不一致问题

SQL Server 为了实现多用户的数据共享,支持标准 SQL 中定义的 6 种隔离级别,以实现不同正确程度的并发控制,6 种隔离级别分别如下:

(1) 未提交读(READ UNCOMMITTED):事务隔离的最低级别,仅可保证不读物理损坏的数据。

(2) 提交读(READ COMMITTED):SQL Server 的默认级别,可以保证不读"脏"数据。

(3) 提交读快照(READ_COMMITTED_SNAPSHOT):又称语句级快照,基于行版本快照的一种,以乐观控制方式保证不读"脏"数据。

(4) 可重复读(REPEATABLE READ):可以保证读一致性。

(5) 快照隔离(ALLOW_SNAPSHOT_ISOLATION):又称事务级快照,基于行版本快照的一种,以乐观控制方式确保读一致性。

(6) 可串行化(SERIALIZABLE):事务隔离的最高级别,事务之间完全隔离,在该级别上可以保证并发事务均是可串行的。

事务必须运行在可重复读或更高隔离级别上才可防止丢失更新。

设置非行版本快照隔离级别的命令是:

```
SET TRANSACTION ISOLATION LEVEL
{READ COMMITED | READ UNCOMMITED | REPEATABLE READ | SERIALIZABLE}
```

设置行版本快照隔离级别的命令是:

```
ALTER DATABASE < databasename >
SET READ_COMMITTED_SNAPSHOT | ALLOW_SNAPSHOT_ISOLATION ON;
```

同时在启动事务前执行:

```
SET TRANSACTION ISOLATION LEVEL READ COMMITTED | SNAPSHOT;
```

SQL Server 提供的隔离级别的功能是针对系统当前用户连接所做的配置,影响事务中锁的生命周期;但是如果事务隔离级别比较高,将会降低数据库系统的并发执行的效率。

4.3.3　实验内容

采用本书提供的示范数据库 school 中的 teachers 表进行实验,注意表中教师编号为 200003125 的教师记录,通过这个记录的修改进行实验。

(1) 设置未提交读隔离级别,实现脏读和不重复读。

(2) 设置提交读隔离级别,避免脏读,实现不可重复读。

(3) 设置可重复读,用来避免脏读、不可重复读,但不能避免幻象读。

(4) 设置可串行读隔离级别。

(5) 设置提交读快照隔离级别。

(6) 设置快照隔离级别。

4.3.4　实验步骤

(1) 新建两个连接,在连接 1 中执行代码 4.3.1,实现在事务中更新数据,延时一定的时间后,回滚数据。

```
BEGIN TRAN
UPDATE TEACHERS SET SALARY = 4200 WHERE TID = '200003125'
WAITFOR DELAY '00:00:20' -- 延时 20 秒
SELECT * FROM TEACHERS WHERE TID = '200003125'
ROLLBACK TRAN
```

代码 4.3.1

数据库系统实验指导教程(第二版)

连接 2 执行的代码如代码 4.3.2 所示。

```
SET TRANSACTION ISOLATION LEVEL READ UNCOMMITTED
-- 模拟实现脏读
SELECT * FROM TEACHERS WHERE TID = '200003125'
IF @@ROWCOUNT <> 0
  BEGIN
    WAITFOR DELAY '00:00:20'
    -- PRINT 模拟实现不可重复读
    SELECT * FROM TEACHERS WHERE TID = '200003125'
  END
```

代码 4.3.2

连接 2 执行的结果如图 4.3.1 所示。

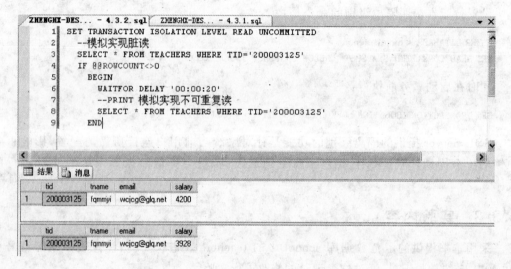

图　4.3.1

从结果中可以看出,事务 2 第一次读到的数据 4200 是事务 1 没有提交的数据。当事务 2 第二次去读数据时,事务 1 回滚了,所以读到的数据与第一次读到的数据是不一致的。在这儿,第一次发生了数据脏读,第二次发生了不可重复读。发生"脏读"的原因就是在事务 1 的执行过程没有和事务 2 的执行过程相互隔离,导致事务 2 读取了事务 1 没有确定提交的数据,在实际应用的情况下,这种情况应当避免。

(2) 新建两个连接,在连接 1 中执行代码,用于在事务中实现两次重复相同的查询,在连接 2 中更新记录。

连接 1 中执行代码如代码 4.3.3 所示。

```
SET TRANSACTION ISOLATION LEVEL READ COMMITTED
-- 初始状态
BEGIN TRAN
SELECT * FROM TEACHERS WHERE TID = '200003125'
IF @@ROWCOUNT <> 0
  BEGIN
```

代码 4.3.3

```
      WAITFOR DELAY '00:00:20'
   -- PRINT 模拟实现不可重复读
      SELECT * FROM TEACHERS WHERE TID = '200003125'
      END
ROLLBACK TRAN
```

代码 4.3.3（续）

连接 2 中执行的代码为如代码 4.3.4 所示。

```
SET TRANSACTION ISOLATION LEVEL READ COMMITTED
UPDATE TEACHERS SET SALARY = 4200 WHERE TID = '200003125'
```

代码 4.3.4

连接 1 执行的结果如图 4.3.2 所示。

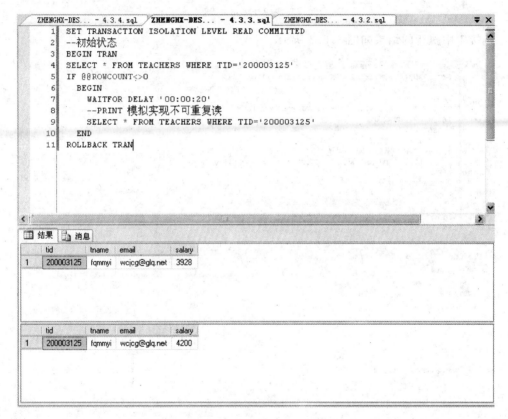

图　4.3.2

从图中可以看出,在连接 1 的同一事务中,读出同一个数据项的值时是不同的,这就是不可重复读。

（3）在连接 1 中设置事务的隔离级别为可重复读,执行代码如代码 4.3.5 所示。

```
SET TRANSACTION ISOLATION LEVEL REPEATABLE READ
 -- 初始状态
 BEGIN TRAN
```

代码 4.3.5

数据库系统实验指导教程(第二版)

```
SELECT  *  FROM TEACHERS WHERE TID = '200003125'
IF @@ROWCOUNT<>0
   BEGIN
    WAITFOR DELAY '00:00:20'
    --  PRINT 模拟实现不可重复读
    SELECT  *  FROM TEACHERS WHERE TID = '200003125'
   END
ROLLBACK TRAN
```

代码 4.3.5(续)

在连接 2 中执行代码如代码 4.3.6 所示。

```
SET TRANSACTION ISOLATION LEVEL REPEATABLE READ
UPDATE TEACHERS SET SALARY = 4500 WHERE TID = '200003125'
```

代码 4.3.6

连接 1 中执行的结果如图 4.3.3 所示。

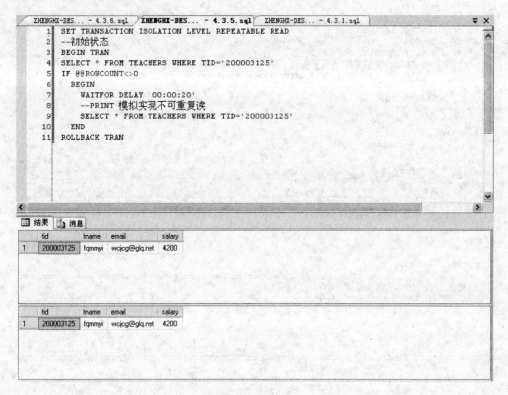

图   4.3.3

当设置事务隔离级别为 Repeatable Read 后,同一事务内部对同一数据的读取,其结果是一致的。但是在连续的两次读取时,可能会发生数据不一致。

(4) 设置可串行读隔离级别,就可以在数据集放置一个范围锁,可以防止其他用户在事务完成之前更新数据集或者将行插入到数据集内。

在连接 1 内,执行代码 4.3.7,实现同一事务内连续的查询,事务的隔离级别设置为可重复读。

```
INSERT INTO TEACHERS VALUES('300000000','AA','BBB@163.COM',5000)
SET TRANSACTION ISOLATION LEVEL REPEATABLE READ
BEGIN TRAN
SELECT  *  FROM TEACHERS WHERE TID = '300000000'
IF @@ROWCOUNT <> 0
    BEGIN
        WAITFOR DELAY '00:00:10'
        SELECT  *  FROM TEACHERS WHERE TID = '300000000'
    END
ROLLBACK TRAN
```

代码 4.3.7

在连接 2 内，执行代码 4.3.8，删除教师编码为 300000000 的教师记录，事务的隔离级别也设置为可重复读。

```
SET TRANSACTION ISOLATION LEVEL REPEATABLE READ
DELETE FROM TEACHERS WHERE TID = '300000000'
```

代码 4.3.8

结果发现，在连接 1 中执行两次查询的结果均相同，但事实上，结果显示的记录已被删除，所以发生了幻象读，如图 4.3.4 所示。

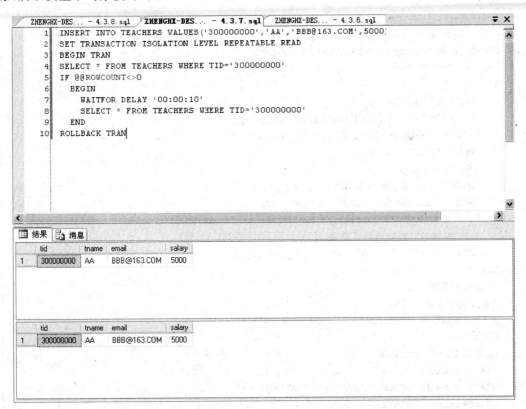

图   4.3.4

这时提高事务并发的隔离级别，设置为可串行读。将连接 1 中代码改变为代码 4.3.9。

```
SET TRANSACTION ISOLATION LEVEL SERIALIZABLE
BEGIN TRAN
    SELECT * FROM TEACHERS WHERE TID = '300000000'
    WAITFOR DELAY '00:00:10'
    SELECT * FROM TEACHERS WHERE TID = '300000000'
ROLLBACK TRAN
```

代码 4.3.9

在连接 2 中,执行代码 4.3.10。

```
SET TRANSACTION ISOLATION LEVEL SERIALIZABLE
INSERT INTO TEACHERS VALUES ('300000000', 'AA', 'BBB@163.COM', 5000)
```

代码 4.3.10

连续 1 执行结果为空,说明事务执行顺序是完全串行化的。

(5) 新建两个连接,将事务隔离级别设置为提交读快照。

连接 1 中执行的代码为如代码 4.3.11 所示。

```
ALTER DATABASE school SET READ_COMMITTED_SNAPSHOT ON;
GO
SET TRANSACTION ISOLATION LEVEL READ COMMITTED;
GO
BEGIN TRAN
-- 初始查询
SELECT * FROM TEACHERS WHERE TID = '200005322'
IF @@ROWCOUNT <> 0
BEGIN
    WAITFOR DELAY '00:00:20'
    -- 连接 2 已经执行完更新语句,但未尚提交事务
    SELECT * FROM TEACHERS WHERE TID = '200005322'
    WAITFOR DELAY '00:00:20'
    -- 连接 2 已提交事务
    SELECT * FROM TEACHERS WHERE TID = '200005322'
    UPDATE TEACHERS SET SALARY = SALARY + 200
        WHERE TID = '200005322'
    -- 连接 1 对数据进行了更新
    SELECT * FROM TEACHERS WHERE TID = '200005322'
END
ROLLBACK TRAN
连接 2 中执行的代码为:
SET TRANSACTION ISOLATION LEVEL READ COMMITTED
BEGIN TRAN
WAITFOR DELAY '00:00:05'
UPDATE TEACHERS SET SALARY = SALARY + 200 WHERE TID = '200005322'
SELECT * FROM TEACHERS WHERE TID = '200005322'
WAITFOR DELAY '00:00:20'
COMMIT TRAN
GO
```

代码 4.3.11

连接 1 中的执行结果如图 4.3.5 所示。

连接 2 中的执行结果如图 4.3.6 所示。

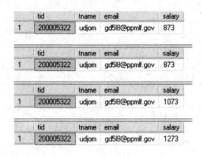

	tid	tname	email	salary
1	200005322	udjom	gd5l8@ppmlf.gov	873

	tid	tname	email	salary
1	200005322	udjom	gd5l8@ppmlf.gov	873

	tid	tname	email	salary
1	200005322	udjom	gd5l8@ppmlf.gov	1073

	tid	tname	email	salary
1	200005322	udjom	gd5l8@ppmlf.gov	1273

	tid	tname	email	salary
1	200005322	udjom	gd5l8@ppmlf.gov	1073

图　4.3.5　　　　　　　　　　　　　图　4.3.6

结果显示,提交读快照事务中查询语句获得的结果必须是已提交事务的结果(比较第二个查询和第三个查询)。同时连接 1 中的更新语句顺利执行,说明提交读快照没有更新冲突检测。

(6) 新建两个连接,设置事务隔离级别为快照隔离级别。在连接 1 中执行代码如代码 4.3.12 所示。

```
ALTER DATABASE school SET READ_COMMITTED_SNAPSHOT ON;
GO
SET TRANSACTION ISOLATION LEVEL SNAPSHOT;
GO
BEGIN TRAN
    SELECT tid,salary FROM teachers WHERE tid = '200005322'
    WAITFOR DELAY '00:00:15'
    SELECT tid,salary FROM teachers WHERE tid = '200005322'
    WAITFOR DELAY '00:00:15'
    SELECT tid,salary FROM teachers WHERE tid = '200005322'
COMMIT TRAN
连接 2 中执行:
BEGIN TRAN
    UPDATE teachers SET salary = salary + 100 WHERE tid = '200005322'
    SELECT tid,salary FROM teachers WHERE tid = '200005322'
    WAITFOR DELAY '00:00:15'
COMMIT TRAN
```

代码 4.3.12

连接 1 的执行结果如图 4.3.7 所示。

连接 2 的执行结果如图 4.3.8 所示。

	tid	salary
1	200005322	2373

	tid	salary
1	200005322	2373

	tid	salary
1	200005322	2373

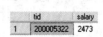

	tid	salary
1	200005322	2473

图　4.3.7　　　　　　　　　　　　　图　4.3.8

数据库系统实验指导教程(第二版)

由快照事务执行的读取操作将检索在快照事务启动时已提交的每行的最新版本,因此在连接 1 的第三次查询中,即使所查询的行已经被连接 2 中的事务所修改,但在连接 1 中仍然只能查询到该事务启动前的最新行版本信息。

新建两个连接,模拟快照隔离级别下的更新冲突。

连接 1 中执行的代码如代码 4.3.13 所示。

```
ALTER DATABASE school SET ALLOW_SNAPSHOT_ISOLATION ON;
GO
SET TRANSACTION ISOLATION LEVEL SNAPSHOT;
GO
BEGIN TRAN
 -- 初始查询
SELECT * FROM TEACHERS WHERE TID = '200005322'
IF @@ROWCOUNT <> 0
 BEGIN
    WAITFOR DELAY '00:00:20'
     -- 连接 2 已经执行完更新语句,但未尚提交事务
    SELECT * FROM TEACHERS WHERE TID = '200005322'
    WAITFOR DELAY '00:00:20'
     -- 连接 2 已提交事务
    SELECT * FROM TEACHERS WHERE TID = '200005322'
     -- 对连接 2 已提交事务中被更新的数据进行修改
    UPDATE TEACHERS SET SALARY = SALARY + 200 WHERE TID = '200005322'
    SELECT * FROM TEACHERS WHERE TID = '200005322'
END
连接 2 中执行的代码为:
SET TRANSACTION ISOLATION LEVEL SNAPSHOT
BEGIN TRAN
WAITFOR DELAY '00:00:05'
UPDATE TEACHERS SET SALARY = SALARY + 200 WHERE TID = '200005322'
SELECT * FROM TEACHERS WHERE TID = '200005322'
WAITFOR DELAY '00:00:20'
COMMIT TRAN
GO
```

代码 4.3.13

连接 1 的执行结果如图 4.3.9 所示

```
(1 行受影响)

(1 行受影响)

(1 行受影响)
消息 3960, 级别 16, 状态 2, 第 9 行
快照隔离事务由于更新冲突而中止。
您无法在数据库 'School' 中使用快照隔离来直接或间接访问表 'dbo.TEACHERS',
以便更新、删除或插入已由其他事务修改或删除的行。
请重试该事务或更改 update/delete 语句的隔离级别。
```

图 4.3.9

连接 2 的执行结果如图 4.3.10 所示。

	tid	tname	email	salary
1	200005322	udjom	gd5l8@ppmlf.gov	1273

图　4.3.10

由于存在更新冲突检测,快照隔离级别无法修改已被其他事物更新的数据。

4.3.5　自我实践

（1）书写命令对选课成绩表 choices 实施一个共享锁,并且保持到事务结束时再释放封锁。

（2）书写命令对课程信息表 courses 加锁,防止在检查表的过程中有人修改表。

（3）在下列的事务处理中,在 COMMIT TRAN 时持有什么锁呢？并解释锁的意义。

```
BEGIN TRAN
  Update courses set hour = 60 where cid = ' 10001 '
  Insert teachers values('1234567890','MY','MY@ZSU.EDU.CN',3000)
  Select top 10 * from teachers (HoldLock)
COMMIT TRAN
```

（4）探讨在各个隔离级别下各种锁的加锁时间、释放时间。

4.4　锁冲突与死锁

4.4.1　实验目的

锁定机制是实现数据库事务的并发控制机制,是保证数据库的一致性、正确性、完整性的前提。但是随着用户事务进程的增多,数据库系统可能会由于事务请求的锁类型与资源的现有锁类型不兼容,出现锁争夺,甚至会出现死锁现象。在这一节,将学会识别锁冲突,学会检查和处理死锁。

4.4.2　原理解析

当客户向数据库提交查询后,客户机可能会感觉到好像“死机”了,这就可能是发生了锁争,当系统中出现锁争夺的时候,如果不想让进程永久的等待下去,解决的办法是通过设置锁超时时间间隔。可以用 SET LOCK_TIMEOUT 命令设置时间间隔。

死锁是在关系数据库管理系统中的某组资源上,发生了两个或多个线程之间循环相关性时,由于各个线程之间互不相让对方所需要的资源而造成的。SQL Server 中有循环死锁和转换死锁两大类。

循环死锁是由于系统或用户进程之间彼此都只有得到对方持有的资源才能执行时发生。在图 4.4.1 中,事务 A 持有数据库对象 A 的独占锁,事务 B 持有数据库对象 B 的锁,与此同时,事务 A 请求在数据库对象 B 上的锁,事务 B 请求在数据库对象 A 上的锁,都希望得到对方持有的锁,互不相让,从而形成死锁。而转换死锁发生在两个或多个进程在事务中持有同一资源的共享锁,而且都需要将共享锁升级为独占锁,但都要待其他进程释放这一共享锁时才能升级。在图 4.4.1 中,事务 A 和事务 B 均持有数据库对象 A 的共享锁,与此同时,事务 A 与 B 都希望将各自持有的共享锁,转变为独占锁,此时进入等待之中,陷入死锁状态。

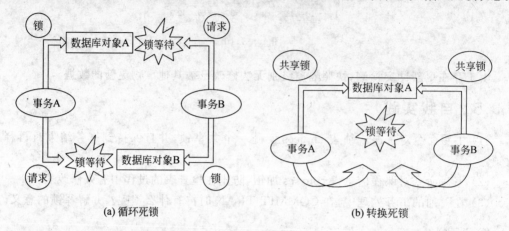

(a) 循环死锁   (b) 转换死锁

图 4.4.1

SQL Server 的 Lock_Monitor 进程大约 5 秒钟检测一次系统的死锁。第一次检查时,Lock_Monitor 进程探测所有等待锁资源的进程。Lock_Monitor 线程检查等待锁请求清单,检查持锁进行和等锁进程之间是否存在循环锁请求。如果存在,SQL Server 会选择中止开始会话以来累计 CPU 时间最少的进程;也可能中止锁优先级较低的进程,来解除死锁。

可以用 SET DEADLOCK_PRIORITY 语句影响死锁受害者的进程。

4.4.3 实验内容

(1) 设计实验造成事务对资源的争夺,试分析原因,并讨论解决锁争夺的办法。

(2) 设计实验制造事务之间的死锁,并分析造成死锁的原因。

(3) 讨论预防死锁的办法。

4.4.4 实验步骤

(1) 建立一个连接,更新 courses 表中的 database 的课时。打开另一个连接,查询 courses 表中的 database 的课时。

先执行更新事务(为了制造锁争夺,更新事务没有提交),如代码 4.4.1 所示。

```
begin tran
update courses set hour = 80 where cid = '10001 '
```

代码 4.4.1

再执行查询事务,如代码 4.4.2 所示。

```
begin tran
    select * from courses where cid = '10001 '
commit tran
```

代码 4.4.2

这时,利用 SQL Server Management Studio 中查看管理项目中的 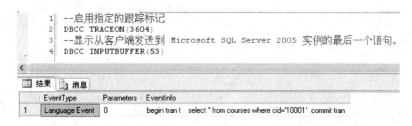活动监视器,发现更新事务进程获得了对数据库对象的排他锁 X,致使查询事务进程 53 得不到查询需要的共享锁,出现锁争夺,使查询事务进程 53 处于等待状态,如图 4.4.2 所示。

所选对象:				School..COURSES							
进程 ID	上下文	批处理 ID	类型	子类型	对象 ID	说明	请求模式	请求类型	请求状态	所有者类型	所有者
52	0	0	KEY		412092034711552	(a200ca5ea9a0)	X	LOCK	GRANT	TRANSACTION	1865
53	0	0	KEY		412092034711552	(a200ca5ea9a0)	S	LOCK	WAIT	TRANSACTION	1867

图 4.4.2

要识别进程是否受阻,更直观的方法是执行 sp_who 存储过程,检查 blk 列,如果 blk 列的值为 0,则这个进程没有发生阻塞。如果是任何非 0 值,则会话受阻,blk 列的值就是造成阻塞的进程 ID。

例如:

exec sp_who
go

执行结果如图 4.4.3 所示。

	spid	e...	status	loginame	hostname	blk	dbname	cmd	request_id
20	51	0	sleeping	ZHEN...	ZHEN...	0	master	AWAITING COMMAND	0
21	52	0	sleeping	ZHEN...	ZHEN...	0	School	AWAITING COMMAND	0
22	53	0	suspended	ZHEN...	ZHEN...	52	School	SELECT	0
23	54	0	sleeping	ZHEN...	ZHEN...	0	tempdb	AWAITING COMMAND	0
24	55	0	runnable	ZHEN...	ZHEN...	0	School	SELECT	0

图 4.4.3

从执行结果中看出,进程 53 被进程 52 阻塞。

如果希望知道参与锁争夺的会话最后在执行的命令,可以用 DBCC INPUTBUFFER 命令,并以所涉及的进程 ID 作为参数,如图 4.4.4 所示。

```
1  --启用指定的跟踪标记
2  DBCC TRACEON(3604)
3  --显示从客户端发送到 Microsoft SQL Server 2005 实例的最后一个语句。
4  DBCC INPUTBUFFER(53)
```

	EventType	Parameters	EventInfo
1	Language Event	0	begin tran t select * from courses where cid='10001' commit tran

图 4.4.4

进一步,如果将查询事务写成:

set LOCK_TIMEOUT 2000
select * from courses where cid = '10001 '

按同样的方法执行,将得到如图 4.4.5 所示的结果。

这就表明,当设置好锁定超时时间后,锁定管理器将

消息 1222, 级别 16, 状态 51, 第 2 行
已超过了锁请求超时时段。

图 4.4.5

自动将解除锁的争夺。

除了系统发生资源的争夺会发生阻塞时,对于费时的查询或事务;不正确的事务或事务隔离级别;事务未正确处理的情况下,也可能会发生阻塞。

(2) 采用本书范例中提供的数据库 school,选择其中的 TEACHERS 来进行实验。

打开两个连接到 SQL Server 执行实例,在这两个连接中同时执行以下的代码 4.4.3。

```
SET TRANSACTION ISOLATION LEVEL REPEATABLE READ
BEGIN TRAN
    SELECT * FROM TEACHERS WHERE TID = '200003125'
    WAITFOR DELAY '00:00:05'
    UPDATE TEACHERS SET SALARY = 4000 WHERE TID = '200003125'
COMMIT TRAN
    SELECT * FROM TEACHERS WHERE TID = '200003125'
```

代码 4.4.3

在其中一个连接中获得以下的消息,如图 4.4.6 所示。

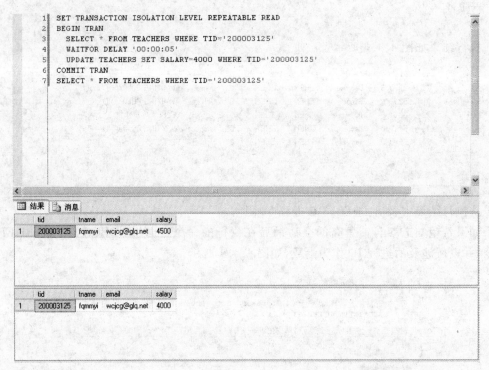

图 4.4.6

在另一个连接中得到如图 4.4.7 所示的结果。

消息 1205,级别 13,状态 51,第 5 行
事务(进程 ID 58)与另一个进程被死锁在 锁 资源上,并且已被选作死锁牺牲品。请重新运行该事务。

图 4.4.7

消息 1205 是在 SQL Server 实例发现系统出现死锁情况时,选择其中的一个程序当作牺牲者,直接停掉当前程序的工作,并回滚之前所做的事务内容,并通过连接回传 1205 的

错误。

在这个实验中为什么会出现死锁呢？这是因为两个连接都是通过设置共享锁（Shared Lock）对同一数据查询，并接着尝试转换为更新锁（Update Lock），进而到排他锁（Exclusive）以完成更新操作，但是设置事务的隔离级别为可重复读，在事务完成之前，两个连接不可能释放共享锁而永远无法更新，因而导致发生死锁。

可以通过在执行的代码中加入一条：

exec sp_lock @@spid

来观察系统当前锁的分配情况。

52	8	0	0	DB		S	GRANT
52	1	85575343	2	KEY	(c300d27116cf)	S	GRANT
52	8	469576711	0	TAB		IX	GRANT
52	1	85575343	2	PAG1:1487		IS	GRANT
52	1	85575343	0	TAB		IS	GRANT
52	8	469576711	1	KEY	(b700ce7a3067)	X	GRANT
52	1	85575343	2	KEY	(b200dbb63a8d)	S	GRANT
52	8	469576711	1	PAG1:1657		IX	GRANT
52	1	85575343	2	KEY	(49014dc93755)	S	GRANT
52	1	85575343	2	KEY	(be00dd39306e)	S	GRANT
52	1	85575343	2	KEY	(170130366f3d)	S	GRANT
52	1	85575343	2	KEY	(0701d0ff1b6e)	S	GRANT
52	1	85575343	2	KEY	(ca008636d9c0)	S	GRANT

注意：当系统发生锁争夺时，如果有事务超时，SQL Server 向用户返回错误号 1222；当发生死锁时，如果有牺牲事务，SQL Server 向用户返回错误号 1205；在应用时，需要在应用程序中处理锁争夺与死锁，通过在错误处理器中捕获消息 1222 或者 1205，然后让应用程序自动重新提交事务。

（3）死锁发生后，对系统会产生不好的影响，要尽量有针对性的防止死锁并在死锁发生时，及时的处理。一般来说，注意以下的事项：

当系统中锁定与阻塞增多时，有可能发生死锁，因此在应用程序中尽量防止或尽快处理阻塞。

存取资源的顺序最好要相同。如连接 A 先存取甲数据库对象，再存取乙数据库对象，如果连接 B 的存取顺序刚好相反，则有可能发生死锁。

4.4.5　自我实践

（1）创建两个用户表 Check 和 Save，如表 4.4.1 和表 4.4.2 所示。

表 4.4.1　Check 表

字段名	类型	是否为空
Acco_num	int	Not null
Acco_name	Varchar(20)	Not null
balance	money	Not null

表 4.4.2　Save 表

字段名	类型	是否为空
Acco_num	int	Not null
Acco_name	Varchar(20)	Not null
balance	money	Not null

数据库系统实验指导教程(第二版)

(2) 分别向表 Check 和 Save 中添加两条记录。

```
insert check values(1,'张三',500)
insert check values(2,'李四',300)
insert save values(1,'张三',100)
insert save values(2,'李四',300)
```

(3) 分别打开两个连接,在连接 1 中执行从支票账户 1 加 100 元:

```
BEGIN TRAN
  UPDATE CHECK
  SET BALANCE = BALANCE + 100 WHERE ACCO_NUM = 1
```

在连接 2 中运行,将现金账户 2 转出 200 元。

```
BEGIN TRAN
  UPDATE SAVE
  SET BALANCE = BALANCE − 200 WHRE ACCO_NUM = 2
```

继续在连接 1 中运行,将现金账户 1 减去 100 元。

```
UPDATE SAVE
SET BALANCE = BALANCE − 100 WHERE ACCO_NUM = 1
```

分析,将会发生什么情况呢? 如何解决这个问题?

4.5 SQL Server 2005 事务与事务日志

4.5.1 实验目的

SQL Server 2005 提供了强大的日志功能,事务日志可以用来帮助诊断系统的故障,帮助恢复系统。

4.5.2 原理解析

1. 日志的基本原理

日志以一种安全的方式记录数据库状态变迁的历史,作用是为了在发生系统故障时重建对数据库所做的更新的过程。日志是关于日志记录的一个序列,每个日志记录记载有关事务已做的事的某些情况。有两种日志方式可以用来记录数据库发生的变化,分别是 REDO 日志和 UNDO 日志。

UNDO 日志记录数据库系统中发生的更新记录情况。更新记录是一个三元组 $<T, X, V>$,就是说事务 T 改变了数据库元素 X,X 元素原来的值为 V。更新记录所反映的改变通常发生在主存而不是磁盘上。因此可以使用 UNDO 日志恢复旧值来清除事务可能在磁盘上造成的影响。UNDO 日志的规则如下。

规则 1:如果事务 T 改变了数据库元素 X,那么形如 $<T, X, V>$ 的日志记录必须在 X 的新值写到磁盘前写到磁盘。

规则 2:如果事务提交,则其 COMMIT 日志必须在事务改变的所有数据库元素已写到磁盘后再写到磁盘,但应尽快。规则 1、规则 2 指出了与事务相关的内容是按以下顺序写到磁盘的。

A 记录所改变数据库元素旧值的日志记录。

B 改变的数据库元素自身。

C COMMIT 日志记录。

REDO 日志也是记录数据库系统中发生的更新记录情况。不同于 UNDO 日志的是在于用给出新值的日志记录来表示数据库元素的更新。这些记录也是三元组<T,X,V>,不同的是这一记录的含义是:事务 T 为数据库元素 X 写入了新值 V,每当一个事务 T 修改数据库元素 X 的时候,形如<T,X,V>的一条记录就会写入了日志文件中。REDO 日志的规则如下:

A 记录所改变数据库元素新值的日志记录。

B COMMIT 日志记录

C 改变数据库元素的自身。

REDO 日志是在数据库元素改变以前,将事务日志先写到磁盘上,因此这一规则也称为提前写日志规则。同样,也说明了如果一个日志记录中没有<COMMIT T>的记录,则说明事务 T 对数据库所做的更新没有写到磁盘上。

2. SQL Server 的日志操作

SQL Server 2005 数据库用事务日志,按修改发生的顺序记录数据库中发生的数据插入、删除与更新操作,并存放在与数据库关联的一个或多个日志文件中。

SQL Server 2005 使用提前写日志的方法,缓存管理器先将数据库的改变写入事务日志文件,然后再将改变写入数据库中。其完整的事件发生顺序如下:

- 将 BEGIN TRAN 记录写入缓冲内存的事务日志中。
- 将数据修改信息写入缓冲内存的事务日志中。
- 将数据修改信息写入缓冲内存的数据库中。
- 将 COMMIT TRAN 记录写入缓冲内存的事务日志中。
- 将事务日志文件记录写入磁盘上的事务日志文件中。
- 将 COMMIT 确认发送到客户机进程中。

在数据库修改的过程中,数据修改信息并没有直接写入了磁盘文件中去,这是为了减少磁盘 I/O;但是所有的日志要同步写入,保证日志记录实际写入磁盘并按正确顺序写入,从而保证日志记录的可靠性。

为了保证先写入日志记录再影响数据页,SQL Server 2005 记录改变的数据页的日志记录的日志序号(LSN),修改的数据页只能在数据页的 LSN 记录小于写入事务日志的最后日志页的 LSN 时才写入磁盘。

3. 事务日志与检查点

SQL Server 2005 利用检查点来决定数据写入磁盘的时机。所谓检查点(CheckPoint),实际上是 SQL Server 2005 的内置过程,用于在已知的、良好的时刻及时准确地提交数据库的变化或配置选项的变化。

SQL Server 2005 提供两种检查点时机,第一类是 SQL Server 自动发出检查点。在没

数据库系统实验指导教程(第二版)

有用户的干预下,通过大约每 60 秒发出一次检查点,这个时间也可以通过 SQL Server 设置以及根据数据库的性能调整。另外通过存储过程 sp_dboption 修改数据库参数或者关闭数据库时,SQL Server 2005 也会自动发出检查点。

第二类检查点是强制检查点,是数据库的所有者或 DBA 根据需要用 checkponit 语句发出的命令。SQL Server 2005 在关闭服务器时也会自动发出检查点,这样可以在数据库关闭以前,将所有的数据库信息都保存在磁盘上,可以减少系统重新启动时的启动时间。

如果 SQL Server 数据库意外中止,则下一次启动可能会花很长时间,这是因为系统在意外中止时来不及发出检查点,数据库信息丢失。SQL Server 在重新启动时,要将整个事务回滚,直到最后一个检查点,以用于将数据库恢复到最后一个正确的状态。

4.5.3 实验内容

在这部分实验中,将了解以下内容:

(1) 学会利用 DBCC 命令来读写 SQL Server 2005,并能够理解各个字段的具体意义。

(2) 利用 LumiCent 公司推出的 Log Explorer 软件来观察日志的内容。

(2) SQL Server 2005 错误日志的读取。

4.5.4 实验步骤

1. SQL Server 2005 日志的读取

SQL Server 在内部将每个物理事务日志文件分成多个虚拟文件,是事务日志修剪的单元,当一个虚拟日志文件不再为活动的事务包含记录时,则被修剪,所占的空间可提供给新的事务记录日志。SQL Server 的事务日志是一个环绕处理的日志,换句话说当物理日志文件不止一个时,将循环地在每个物理日志文件上增长虚拟日志文件。另外,MS SQL Server 利用 LSN(Log Sequence Number)来标记每一个日志记录,LSN 是一个唯一、递增的标记,越早的活动记录,LSN 就越小,因此,可以利用 LSN 来准确定位记录。日志文件的读取对于检查数据库事务的详细历史,对于数据库的恢复有着很大的作用。SQL Server 数据库提供了日志读取的接口,可以使用这些接口获取日志中的有用信息。

SQL Server 数据库提供标准的 SQL 命令来获取事务的日志信息,但是可以通过 SQL Server 提供的 DBCC LOG 命令来读取内存中活动的事务日志记录。

(1) DBCC LOG 命令:该命令用于显示特定的数据库事务日志。

其语法为:

```
DBCC log({dbid|dbname},[,type = { -1|0|1|2|3|4}])
```

参数说明:

dbid|dbname 为相应的数据库名或数据库的 ID。

type:输出的类型,有如下 6 种。

0:默认值,提供最少的信息(operation,context,transaction id)。

1:在 0 的基础上增加(flags,tags,row,description)。

2:增加(object name,index name,page id,slot id)。

3:有关操作的所有信息但返回不是记录集。

4：有关操作的所有信息以及记录的原始数据。

－1：显示所有的信息，但返回不是记录集。

（2）DBCC PAGE 命令：该命令可以显示 data page 的结构。

其语法为：

```
DBCC PAGE({dbid|dbname},pagenum [,print option] [,cache] [,logical])
```

参数说明：

dbid|dbname：相应的数据库名或数据库的 ID。

pagenum：页号，包括两个参数。如 0001：00000034 的参数应写成 34,1。

print option：输出类型，有如下 3 种。

0：默认值，只显示 page header 信息。

1：显示 page header 信息、页中每一 row data 信息以及 offset table。

2：与 1 类似，只是把整个页信息不加分析地显示出来。

Cache 与 logical 不作详细介绍。

注意：使用该命令前必须先执行 DBCC TRACEON（3604）。

为了读取日志，可以利用日志读取接口 DBCC Log 命令从内存中直接读写当前活动的全部日志记录；然后将日志读取接口得到的最新日志记录集成按标准的数据结构进行形式变换，形成要分析的日志记录。使用 DBCC Log 命令，选择输出类型为 4，得到原始日志的记录集形式，而且还包含日志记录的原始二进制数据字段 RecordData。执行：

```
dbcc log (school,4)
```

结果如图 4.5.1 所示。

	Current LSN	Operation	Context	Transaction ID	Tag Bits	Log Record Fixed Length	Log Record Leng
1	000004cd:000002ca:0027	LOP_BEGIN_CKPT	LCX_NULL	0000:00000000	0x0000	96	96
2	000004cd:000002da:0001	LOP_END_CKPT	LCX_NULL	0000:00000000	0x0000	136	136
3	000004cd:000002db:0001	LOP_BEGIN_XACT	LCX_NULL	0000:00085be1	0x0000	48	104
4	000004cd:000002db:0002	LOP_MODIFY_ROW	LCX_BOOT_PAGE	0000:00085be1	0x0000	62	80
5	000004cd:000002dc:0001	LOP_PREP_XACT	LCX_NULL	0000:00085be1	0x0000	64	68
6	000004cd:000002dd:0001	LOP_COMMIT_XACT	LCX_NULL	0000:00085be1	0x0000	48	52
7	000004cd:000002de:0001	LOP_BEGIN_XACT	LCX_NULL	0000:00085be2	0x0000	48	116
8	000004cd:000002de:0002	LOP_MODIFY_ROW	LCX_CLUSTERED	0000:00085be2	0x0000	62	124
9	000004cd:000002de:0003	LOP_MODIFY_ROW	LCX_CLUSTERED	0000:00085be2	0x0000	62	76
10	000004cd:000002de:0004	LOP_ABORT_XACT	LCX_NULL	0000:00085be2	0x0000	48	52
11	000004cd:000002de:0005	LOP_BEGIN_XACT	LCX_NULL	0000:00085be3	0x0000	48	116

图 4.5.1

但 RecordData 存储的是一个长的二进制的数据流并以十六进制的形式显示出来的，很难以直观的形式显示出来，除非利用进一步的日志分析软件，才能得到直观的结果。

2. 通过 Log Explorer 来读取 SQL Server 的日志

Log Explorer 是 LumiCent 推出的软件，提供了在线日志的分析功能与日志文件的分析功能，可以利用 Log Explore 进行事务的重做与撤销。下面着重介绍在线日志分析功能，其操作步骤如下。

（1）单击 Log Explorer 左窗口中的 Attach Log File 选项，在右窗口中 SQL Server 服

数据库系统实验指导教程(第二版)

务器选项中选择 SQL Server 数据库服务器,选择登录方式,输入登录名和用户密码,单击
Connect 按钮,如图 4.5.2 所示。

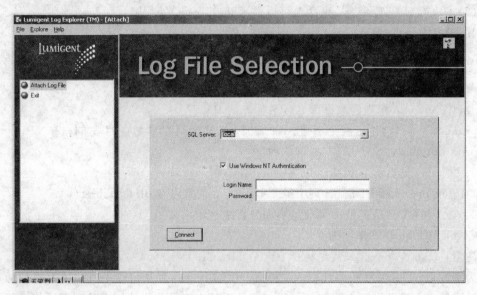

图 4.5.2

(2) 在图中选择要查看日志的数据库名,选择 school 数据库,并且选择利用 Use Online
Log,单击 Attach 按钮,如图 4.5.3 所示。

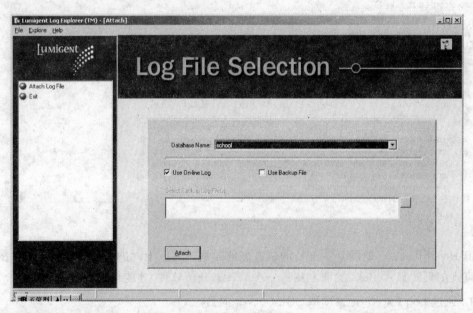

图 4.5.3

(3) 在图 Browse 中,选择 View Log,将在右边的上半部分看到十六进制形式的事务日
志,在右边的下半半窗口部分,将可以看到日志的数据,如图 4.5.4 所示。

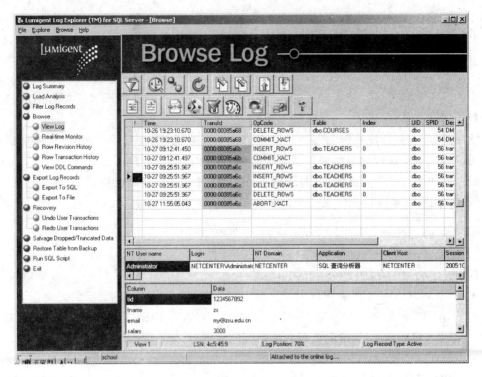

图 4.5.4

3. SQL Server 2000 错误日志的读取

在 SQL Server 中保留有最近 6 个错误日志的档案,可以通过 Management Studio 直接浏览,操作步骤如下:

选择要游览的服务器,在"管理"文件夹中,选择 ⊞ 📁 SQL Server 日志,选择相应存档即可查看日志详细信息。

选择日志条目,在右窗口中将出现日志信息,在"消息"列中会看到诸如 failed、problem 和 unable 的字样,可以密切关注这些信息,经过仔细分析找到 SQL Server 数据库服务器出现的问题,并确定相应的解决办法。

4.5.5 自我实践

(1) 现在许多开发商提供了功能完善的第三方软件如 Log Explorer,有兴趣的话可以试着下载,来了解 SQL Server 的日志。

(2) 深入学习 REDO 和 UNDO 日志记录的原理及过程。

4.6 游标及游标并发

4.6.1 实验目的

熟悉 SQL Server 中游标语句的使用,同时深入了解游标的适用场合及其性能分析。

4.6.2 原理解析

1. 游标

SQL Server 提供的大多数 SQL 语句都是面向集合的,可以通过这些 SQL 语句一次对集合中的多条记录进行处理。但是,实际应用中有时需要数据库管理者对集合中的记录逐个进行操作,此时就可以使用游标。

使用游标时,数据库系统为用户开设一个数据缓冲区,用以存放 SQL 语句的结果数据集。可以通过游标逐行读取结果数据集中的记录并作进一步处理。

游标的使用可分为定义游标、打开游标、游标推进、关闭并释放游标等步骤。

(1)使用游标前应该先定义一个命名的游标。

```
DECLARE <游标名> [ INSENSITIVE ] [ SCROLL ] CURSOR
FOR <映像语句> [ FOR …{ READ ONLY | UPDATE [ OF <列名> [ , … n ] ] } ] [;]
```

其中:

* INSENSITIVE:游标获取记录集后,基表数据的变化不影响游标结果集。
* SCROLL:允许为游标指定推进方向,如 NEXT、FIRST、LAST、ABSOULUTE、RELATIVE。默认情况下只允许游标向前推进。
* READ ONLY:游标获取的记录集不能被更改。
* UPDATE:允许修改指定列的记录集。默认情况下可以对所有列进行修改。

(2)打开游标使其处于活动状态。

```
OPEN <游标名>
```

(3)读取当前记录,并将游标向指定方向推进。

```
FETCH [NEXT|PRIOR|FIRST|LAST|ABSOLUTE <偏移量 n>|RELATIVE <偏移量 n>]
FROM <游标名> [INTO <对象变量列表>]
```

其中:

* NEXT:游标向结果集的下一行推进。
* PRIOR:游标向结果集的前一行推进,需设置为 SCROLL。
* FIRST:游标指向结果集的第一行。
* LAST:游标指向结果集的最后一行。
* ABSOLUTE n:当 n 为 0 时游标指向第一行之前的位置;当 n 大于 0 时游标位置在第 n 行;若 n 大于记录集总行数,则游标指向最后一行之后,不返回数据。
* RELATIVE n:当 n 为 0 时游标在当前位置;但 n 大于 0 时,游标指向当前位置后第 n 行,若此时超出记录集总行数,则游标不返回数据。

(4)游标使用完后需要关闭并释放所占空间。

```
CLOSE <游标名>
DEALLOCATE <游标名>
```

注意:在一般情况下不推荐使用游标。虽然游标提供了易懂的编程方式,但却以牺牲系统性能为代价。因为在游标的处理过程中,对每一条记录的每次操作都将迫使数据库执行一次相应的查询或更新操作,这就使得数据库管理系统本身提供的性能优化毫无用武之地。游标的性能消耗与游标记录集的大小以及游标处理的复杂程度成正比。

2. 游标并发

Transact-SQL 扩展语法可以实现游标并发功能,游标声明如下:

```
DECLARE <游标名> CURSOR [ LOCAL | GLOBAL ]
    [ FORWARD_ONLY | SCROLL ]
    [ STATIC | KEYSET | DYNAMIC | FAST_FORWARD ]
    [ READ_ONLY | SCROLL_LOCKS | OPTIMISTIC ]
    [ TYPE_WARNING ]
    FOR <查询语句>
    [ FOR UPDATE [ OF <列名> [ , …n ] ] ] [;]
```

通过该声明可以实现如下 4 种游标并发选项。

(1) READ_ONLY 以只读方式打开游标,游标使用过程中不能通过 Update 或 Delete 语句修改游标的值。使用方法是在声明语句中指定游标并发为 READ_ONLY。

(2) OPTIMISTIC WITH VALUES 以乐观并发控制方式打开游标,当用户试图修改某一行时,数据库将对该行的值进行更新冲突检测,一旦发现该值发生改变,则返回一个错误。仅当该行的值没有发生变化时才执行相应的修改。乐观数值并发选项可应用于 ADO、ODBC、DB-Library 等应用程序中,但 Transact-SQL 中并不支持这种并发方式。

(3) OPTIMISTIC WITH ROW VERSIONING 以行版本比较的乐观并发控制方式打开游标。数据表有一个数据类型为 timestamp 的字段,专门用于存放系统当前时间戳。当某一行的值发生变化时,系统会将当前时间戳的值存放到该行对应的 timestamp 字段中。数据库只需要在修改某一行数据时对时间戳列进行校验,如果发生变化,则说明该行已经被更新,发生并发冲突。若数据表中存在用于存放系统当前时间戳的 timestamp 列且在声明游标时选择 OPTIMISTIC 选项,则数据库会以行版本比较的方式实现乐观并发控制。

(4) SCROLL_LOCKS 以悲观并发控制的方式打开游标。当数据从某一行读入到游标时,数据库在该行上设置一个更新锁,直至事务被提交或回滚。使用方法是在声明语句中指定游标并发为 SCROLL_LOCKS。

4.6.3　实验内容

(1)使用游标对示范数据库 school 中的 Teachers 表进行较复杂的逻辑操作:

① 对月工资低于 3000 元的教师增加 300 元的工资。

② 对月工资大于等于 3000 元并小于 4000 元的教师增加 200 元工资。

③ 对月工资大于等于 4000 元的教师减少 200 元工资。

(2) 分别使用 SQL 语句和游标实现同一逻辑功能,比较两者的执行效率。

(3) 分别以乐观控制和悲观控制的方式实现游标并发,比较两种机制在发生并发冲突时的区别。

4.6.4　实验步骤

(1) 打开一个连接,执行以下代码。

```
USE school
GO
DECLARE @tid char(10), @salary int                   -- 声明变量
DECLARE my_cursor CURSOR FOR                          -- 声明游标
    SELECT tid, salary FROM teachers
OPEN my_cursor                                        -- 打开游标
FETCH NEXT FROM my_cursor INTO @tid, @salary          -- 读取记录并推进游标
WHILE @@fetch_status = 0
BEGIN
    IF @salary < 3000
        UPDATE teachers SET salary = @salary + 300 WHERE tid = @tid
    IF @salary >= 3000 and @salary < 4000
        UPDATE teachers SET salary = @salary + 200 WHERE tid = @tid
    IF @salary >= 4000
        UPDATE teachers SET salary = @salary - 200 WHERE tid = @tid
    FETCH NEXT FROM my_cursor INTO @tid, @salary      -- 读取记录并推进游标
END
CLOSE my_cursor                                       -- 关闭游标
DEALLOCATE my_cursor                                  -- 释放游标
```

这里可能会疑惑,为什么不使用以下 3 个 SQL 语句来替换上面的游标操作?

```
UPDATE teachers SET salary = salary + 300 WHERE salary < 3000
UPDATE teachers SET salary = salary + 200 WHERE salary >= 3000 and salary < 4000
UPDATE teachers SET salary = salary - 200 WHERE salary >= 4000
```

这是因为在第二个更新语句执行的时候,第一个更新语句已经将更新应用到数据库中,造成了第二个语句中条件判断产生的结果不正确。例如一个工资为 2900 元的教师,在第一个语句执行后其工资变为 3100 元,但在第二个更新语句执行后,该教师的工资又被更新为 3300 元,这就造成了数据处理错误。当执行第三个更新语句时也会出现同样的问题。这种错误经常出现在实际应用中,应该给予警惕。

(2) 新建两个连接。在连接 1 中执行如下代码,实现利用游标对教师工资的更新。

```
USE school
GO
DECLARE @tid char(10), @salary int
DECLARE my_cursor CURSOR FOR
    SELECT tid, salary FROM teachers
OPEN my_cursor
FETCH NEXT FROM my_cursor INTO @tid, @salary
WHILE @@fetch_status = 0
BEGIN
    UPDATE teachers SET salary = @salary + 100 WHERE tid = @tid
    FETCH NEXT FROM my_cursor INTO @tid, @salary
END
CLOSE my_cursor
DEALLOCATE my_cursor
```

执行结果如图 4.6.1 所示。

在消息窗口右下方显示出程序的运行时间,记录下该时间。

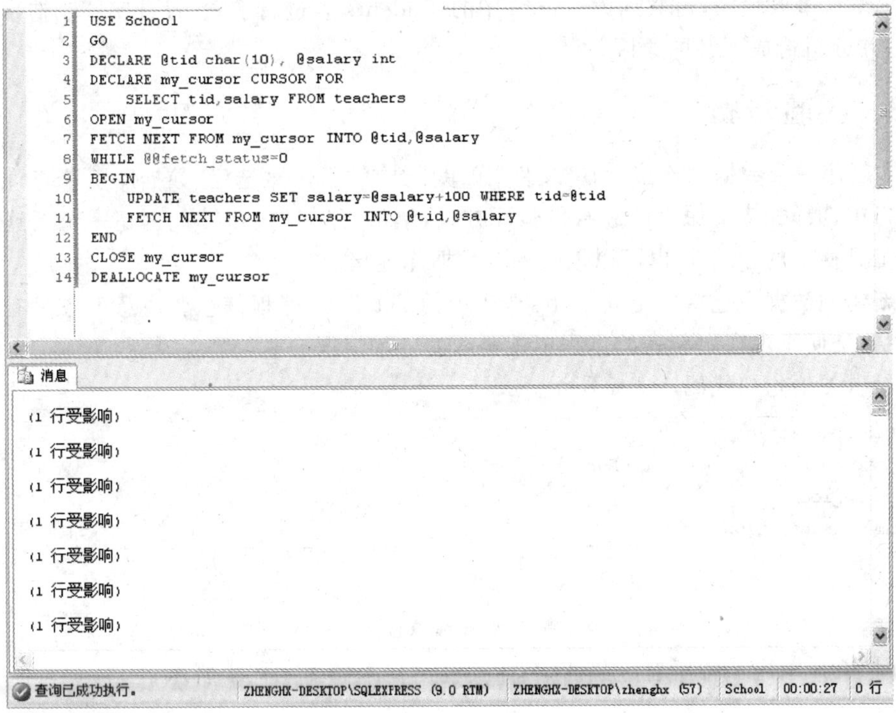

```
 1   USE School
 2   GO
 3   DECLARE @tid char(10), @salary int
 4   DECLARE my_cursor CURSOR FOR
 5       SELECT tid,salary FROM teachers
 6   OPEN my_cursor
 7   FETCH NEXT FROM my_cursor INTO @tid,@salary
 8   WHILE @@fetch_status=0
 9   BEGIN
10       UPDATE teachers SET salary=@salary+100 WHERE tid=@tid
11       FETCH NEXT FROM my_cursor INTO @tid,@salary
12   END
13   CLOSE my_cursor
14   DEALLOCATE my_cursor
```

消息

(1 行受影响)

(1 行受影响)

(1 行受影响)

(1 行受影响)

(1 行受影响)

(1 行受影响)

(1 行受影响)

查询已成功执行。　　　ZHENGHX-DESKTOP\SQLEXPRESS (9.0 RTM)　　ZHENGHX-DESKTOP\zhenghx (57)　School　00:00:27　0 行

图　4.6.1

在连接 2 中执行如下代码,实现的功能与连接 1 中的相同。

UPDATE teachers SET salary = salary + 100

执行完毕后同样记录下该次运行所用时间。比较两个时间,很容易发现在执行相同功能的情况下,使用游标所用的时间远远大于使用 SQL 语句所用的时间。事实上,一般情况下使用游标会带来可观的系统性能消耗,在大型系统中这种消耗更加明显。因此,除非特殊情况,不推荐使用游标。

4.7　综合案例

4.7.1　实验目的

通过完成一个综合案例的实验,加深对数据库事务控制的理解,是对本章所涉及的数据库事务及并发控制技术的一个复习和检测。

4.7.2　实验内容

(1) 编写事务程序,用于更新 courses 表中 database 课程的信息,观察其事务过程中锁的获得与释放的情况,以及锁定资源的类型。

(2) 编写事务程序,对数据库 school 中的 students 表进行实验,设置相应的隔离级别,模拟实现读脏数据、不可重复读以及可重复读。

(3) 编写事务程序,对数据库 school 中的 students 表进行实验,设计实验制造事务之间的死锁,并分析造成死锁的原因。

4.7.3 实验步骤

(1) 创建一个数据库连接。在"文件"菜单中选择"新建",选定"数据库引擎查询语言"。在新窗口中选择相应的服务器和身份验证方式,单击"连接"按钮即可创建一个新连接。或者单击工具栏上的 图标也可以创建一个数据库连接。

在新建的数据库连接中更新 courses 表中的 database 课程信息。注意事务没有提交语句,这主要是便于观察更新表的过程中锁资源的分配情况。

更新事务语句如代码 4.7.1 所示。

```
begin transaction
update courses set hour = 0 where cid = 'c006'
exec sp_lock
commit transaction
```

代码 4.7.1

注意:为了便于观察锁的信息,事务没有提交或回滚。

返回 SQL Server 中所有进程的信息,其输出样本如图 4.7.1 所示。

	spid	dbid	ObjId	IndId	Type	Resource	Mode	Status
1	52	7	0	0	DB		S	GRANT
2	52	7	2105058535	1	PAG	1:89	IX	GRANT
3	52	7	2105058535	1	KEY	(c300bbec12b6)	X	GRANT
4	52	7	2105058535	0	TAB		IX	GRANT
5	52	1	1115151018	0	TAB		IS	GRANT

图 4.7.1

这就是更新事务执行过程中,获得锁的信息。其中:spid 是请求锁的进程的数据库引擎会话 ID;dbid 是保留锁的数据库的 ID;ObjId 是持有锁的对象 ID;IndId 是持有锁的表索引 ID。0 表示数据行、数据页、表或数据库的锁;1 表示聚簇索引数据行、索引行或索引页的锁;Type 是资源持有锁的锁粒度类型,表明 SQL Server 加锁的资源对象的粒度。

(2) 理解数据库事务与隔离级别。

① 模拟读脏数据。在新建查询中创建两个连接,在连接 1 中执行代码 4.7.2,实现在事务中更新数据,延时一定的时间后,回滚数据。

```
BEGIN TRAN
  UPDATE STUDENTS SET GRADE = 1 WHERE SID = 'test1'
  WAITFOR DELAY '00:00:20' -- 延时 20 秒
  SELECT * FROM STUDENTS WHERE SID = 'test1'
ROLLBACK TRAN
```

代码 4.7.2

并发执行连接 2 的代码如代码 4.7.3 所示。

```
SET TRANSACTION ISOLATION LEVEL READ UNCOMMITTED
--模拟实现脏读
SELECT * FROM STUDENTS WHERE SID = 'test1'
IF @@ROWCOUNT<>0
        BEGIN
            WAITFOR DELAY '00:00:20'
            --PRINT 模拟实现不可重复读
            SELECT * FROM STUDENTS WHERE SID = 'test1'
END
```

代码 4.7.3

连接 1 执行的结果如图 4.7.2 所示。

连接 2 执行的结果如图 4.7.3 所示。

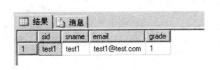

图　4.7.2　　　　　　　　　　　　图　4.7.3

从结果中可以看出,事务 2 第一次读到的数据"1"是事务 1 没有提交的数据。当事务 2 第二次去读数据时,事务 1 回滚了,所以读到的数据与第一次读到的数据是不一致的。在这儿,第一次发生了数据脏读,第二次发生了不可重复读。发生"脏读"的原因就是在事务 1 的执行过程没有和事务 2 的执行过程相互隔离,导致事务 2 读取了事务 1 没有确定提交的数据,在实际应用的情况下,这种情况应当避免。

② 模拟不可重复读。在新建查询中创建两个连接,在连接 1 中执行代码,用于在事务中实现两次重复相同的查询,在连接 2 中更新记录。

连接 1 的事务语句如代码 4.7.4 所示。

```
SET TRANSACTION ISOLATION LEVEL READ COMMITTED
--初始状态
BEGIN TRAN
SELECT * FROM STUDENTS WHERE SID = 'test1'
IF @@ROWCOUNT<>0
    BEGIN
        WAITFOR DELAY '00:00:20'
        --PRINT 模拟实现不可重复读
        SELECT * FROM STUDENTS WHERE SID = 'test1'
    END
ROLLBACK TRAN
```

代码 4.7.4

并发的连接 2 的执行语句如代码 4.7.5 所示。

```
SET TRANSACTION ISOLATION LEVEL READ COMMITTED
UPDATE STUDENTS SET GRADE = 2 WHERE SID = 'test1'
```

代码 4.7.5

其中,连接 2 执行结果如图 4.7.4 所示。

连接 1 的执行结果如图 4.7.5 所示。

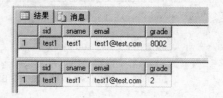

图 4.7.4   图 4.7.5

从图中可以看出,在连接 1 的同一事务中,读出同一个数据项的值是不同的,这就是不可重复读。

③ 可重复读,但容易出现"幻读"现象。在连接 1 中设置事务的隔离级别为可重复读,执行语句如代码 4.7.6 所示。

```
SET TRANSACTION ISOLATION LEVEL REPEATABLE READ
-- 初始状态
BEGIN TRAN
SELECT * FROM STUDENTS WHERE SID = 'test1'
IF @@ROWCOUNT <> 0
    BEGIN
        WAITFOR DELAY '00:00:20'
     -- PRINT 模拟实现不可重复读
        SELECT * FROM STUDENTS WHERE SID = 'test1'
    END
ROLLBACK TRAN
```

代码 4.7.6

并发的连接 2 的执行语句如代码 4.7.7 所示。

```
SET TRANSACTION ISOLATION LEVEL READ COMMITTED
UPDATE STUDENTS SET GRADE = 8888 WHERE SID = 'test1'
```

代码 4.7.7

其中,连接 2 的执行结果如图 4.7.4 所示,连接 1 的执行结果如图 4.7.6 所示。

图 4.7.6

当设置事务隔离级别为 Repeatable Read 后,同一事务内部对同一数据的读取,其结果是一致的。

(3) 新建查询,打开两个连接到 SQL Server 执行实例,在这两个连接中同时执行以下的代码 4.7.8。

```
SET TRANSACTION ISOLATION LEVEL REPEATABLE READ
BEGIN TRAN
    SELECT * FROM STUDENTS WHERE SID = 'test1'
    WAITFOR DELAY '00:00:05'
    UPDATE STUDENTS SET GRADE = 4444 WHERE SID = 'test1'
COMMIT TRAN
    SELECT * FROM STUDENTS WHERE SID = 'test1'
```

代码 4.7.8

其中,一个执行结果如图 4.7.7 所示。

图　4.7.7

另一个执行结果如图 4.7.8 所示。

结果　消息

(1 行受影响)
消息 1205,级别 13,状态 51,第 6 行
事务(进程 ID 53)与另一个进程被死锁在　锁 资源上,并且已被选作死锁牺牲品。请重新运行该事务。

图　4.7.8

消息 1205 是在 SQL Server 实例发现系统出现死锁情况时,会选择其中的一个程序当作牺牲者,直接停掉当前程序的工作,并回滚之间所做的事务内容,并通过连接回传 1205 的错误。

之所以会发生死锁是因为两个连接都是通过设置共享锁(Shared Lock)对同一数据查询,并接着尝试转换为更新锁(Update Lock),进而到排他锁(Exclusive)以完成更新操作,但是设置事务的隔离级别为可重复读,在事务完成之前,两个连接不可能释放共享锁而永远无法更新,导致发生死锁。

如果通过在执行的代码中加入一条:exec sp_lock @@spid 就可以来观察系统当前锁的分配情况,执行结果如图 4.7.9 所示。

	spid	dbid	Objld	Indld	Resource	Type	Mode	Status
1	53	7	0	0		DB	S	GRANT
2	53	1	1115151018	0		TAB	IS	GRANT

图　4.7.9

4.8　本章自我实践参考答案

4.1.5 节自我实践参考答案

(1)、(2)、(3)分别参见代码 4.1.8、代码 4.1.9、代码 4.1.10。

(4)中的代码见源代码文件夹中的应用示例文件夹,源代码是采用 Delphi 实现。

4.2.5 节自我实践参考答案

略。

4.3.5 节自我实践参考答案

(1) SELECT * FROM CHOICES (TABLOCK HOLDLOCK)

(2) SELECT * FROM COURSES (TABLOCKX)

(3) 略。

(4) 略。

4.4.5 节自我实践参考答案

略。

4.5.5 节自我实践参考答案

略。

数据库的备份与还原、导入与导出

由于计算机系统中硬件故障、软件错误、操作员失误以及恶意破坏是不可避免的,这些故障轻则造成运行事务非正常中断,影响数据库的正确性,重则破坏数据库,使数据库部分或全部数据丢失。DBMS 必须具有把数据库从错误状态恢复到某一已知的正确状态的功能,这就是数据库的恢复。恢复子系统是 DBMS 的一个重要组成部分,保证故障发生后能把数据库中的数据从错误状态恢复到某一已知的正确状态,保证事务 ACID。恢复技术是衡量系统优劣的重要指标。备份和恢复还可以用作其他用途。例如:将一台服务器上的数据库备份下来,再恢复到其他的服务器上,实现快捷的移动数据库。

由于数据库在物理上是由数据文件、控制文件等构成,在逻辑上是由表空间、表、索引等组成,所以数据丢失可分为物理丢失和逻辑丢失两类。相应地,SQL Server 能够通过数据库备份和导入/导出实现物理数据备份与逻辑数据备份,可以单独使用,也可以集成使用。

5.1 SQL Server 数据库的备份

5.1.1 实验目的

理解数据库备份原理,掌握备份数据库的方法和验证备份文件,并学会制定合适的备份计划。

5.1.2 原理解析

数据库中的数据对于用户来说是非常宝贵的资产,但数据库并非绝对安全,潜在的可能造成数据库故障的因素有很多,如系统故障、事务故障、存储介质故障和自然灾害等。进行数据库恢复的重要基础,就是要存在数据库的各种备份。数据库的备份是数据库结构、对象和数据的"副本",是在数据库灾难发生时的最后一道防线,使得数据库系统在发生故障后能还原和恢复数据库中的数据。数据库备份是一项重要的日常性质的工作。

1. 恢复模式

恢复模式是数据库的一个属性,用于控制数据库备份和还原操作的基本行为。例如,恢复模式控制了将事务记录在日志中的方式、事务日志是否需要备份以用于还原操作等。备份和还原操作都是在一定的恢复模式下进行的。

在 SQL Server 数据库管理系统中,提供了以下三种恢复模式。

(1) 简单恢复模式简略地记录大多数事务日志,事务日志被自动截断,不能使用日志文件进行恢复。

(2) 完整恢复模式完整地记录了所有事务,并保留所有的事务日志记录,直到将其备份。

(3) 大容量日志恢复模式简略地记录大多数大容量操作(如索引创建、大容量加载等),完整地记录其他事务日志。大容量日志恢复模式是兼顾了简单恢复模式和完整恢复模式两者的优点所做出的一种平衡,如表 5.1.1 所示。

表 5.1.1 SQL Server 的恢复模式

恢复模式	可选择的备份类型	优　点	数据丢失情况	恢复到即时点
简单	完全备份、差异备份	允许高性能大容量复制操作 最小的日志空间占用	数据库备份后所做的更改丢失	只能恢复到备份时刻
完全	完全备份、差异备份、事务日志备份、文件或文件组备份	最小的数据丢失可能,恢复到即时点	日志不损坏将不丢失任何数据	可以恢复到任何即时点
大容量日志	完全备份、差异备份、事务日志备份、文件或文件组备份	允许高性能大容量复制操作。 较小的日志空间占用	会丢失备份后大容量操作的数据	可以恢复到任何备份的结尾处

2. 备份设备

备份存放在物理备份介质上,备份介质可以是磁带,也可以是本地或网络上的磁盘。备份设备代表备份介质,用来指明备份的存储位置。用于数据库备份的设备有许多类型,如磁盘备份设备、磁带备份设备和命名管道备份设备等。

(1) 磁盘备份设备通常是硬盘或其他磁盘类存储介质,可以定义在数据库服务器的本地磁盘上,也可以定义在通过网络连接的远程磁盘上。如果磁盘备份设备定义在网络上的远程设备上,则应使用统一命名方式(UNC)来引用该文件,例如:\\Servername\Sharename\Path\File。

(2) 磁带备份设备必须直接物理连接在 SQL Server 服务器所在的计算机上。

(3) 命名管道备份设备为使用第三方的备份软件和设备提供了一个灵活的、功能强大的通道。

SQL Server 使用逻辑设备或物理设备两种方式来标识备份设备。

(1) 物理备份设备名主要用于供操作系统对备份设备进行引用和管理,例如:D:\Backup\School\Full.bak。

(2) 逻辑备份设备是物理备份设备的别名,通常比物理备份设备名更直观有效地描述备份设备的特征,主要用于供用户或用户程序对备份设备进行操作。使用逻辑备份设备名的好处在于可以使用一种相对简单的方式来实现对物理备份设备的引用。例如,可以使用逻辑备份设备名 SchoolBackup 来引用上述物理备份设备。

在执行数据库的备份或恢复操作过程中,既可以使用逻辑备份设备名也可以使用逻辑备份设备名。

注意:实际应用中不会把数据库备份至数据库服务器所在的磁盘,以避免出现介质故障时同时损失数据库原文件和备份文件。

3. 备份类型

(1) 完整备份是完整地备份整个数据库。备份操作时,SQL Server 把所有完成的事务写到磁盘上,然后开始复制数据库。对于没有完成或者备份开始时,没有发生的事务将不被复制。这种备份需要较大的存储空间和较长的存储时间,因此创建完整备份的频率往往较低。

完整数据库备份为差异、事务日志备份创建基准数据库备份,其他所有备份类型都依赖于完整备份。

(2) 差异备份(又称为增量备份)记录自从做完上一个完整备份以来数据库中已发生的所有变化。同样不处理没有完成或者备份开始时没有发生的事务,只提供将数据库恢复到差异数据库创建时的能力,但不具备恢复到失效点的能力。由于仅仅备份上一次完整备份以来数据库中发生的所有变化,因此备份数据量比完整备份时要小,而且备份速度也要快,便于经常性的备份任务。

(3) 事务日志备份将对上一次完整备份、差异备份或者事务日志备份以来数据库中所有发生并已完成的事务日志进行记录。事务日志备份还可以截断事务日志的非活动部分。

(4) 文件或文件组备份针对大型数据库,可以分别备份和还原数据库中的个别文件或文件组,每次只从数据库中备份一部分,主要应用于系统没有足够的时间进行完整备份、差异备份的情形。

上述几种备份类型都属于物理备份。备份了数据文件、控制文件和所有可用的重做以及归档日志。如果发生物理数据库丢失或崩溃,利用物理备份能将数据丢失减少到最小甚至完全恢复。物理备份是不可移植的,仅能应用于以下两种情况的恢复。

(1) 应用于相同的机器、相同的 SQL Server 版本以及实例上的恢复。

(2) 当两种机器是相同的体系结构、相同的操作系统版本以及 SQL Server 版本时,把数据从一个系统完全移植到另一个系统。

4. 影响备份计划的因素

数据备份策略是基于数据恢复的需要而制订的,备份的频率和范围依赖于应用和业务的要求。使用哪种备份方案或计划最好没有一个固定的样式,应视具体情况而定。为了保证数据库的安全,需要制定良好的数据库备份计划。影响备份计划的因素包括数据库的规模、备份的介质、数据库的可用性、可接受的停工时间和可接受的数据损失等。

5.1.3　实验内容

(1) 将 School 数据库的恢复模式设置为"完整"。

（2）为 School 数据库创建一个新的备份设备。

（3）为 School 数据库分别创建一个完整备份、差异备份和事务日志备份。

5.1.4　实验步骤

（1）在 SQL Server 2005 中可以使用 SQL Server Management Studio 查看、设置或更改数据库的恢复模式。步骤如下：

① 从"开始"|"程序"|Microsoft SQL Server 2005|SQL Server Management Studio 进入到 SQL Server 2005 的图形化界面进行系统、数据库的管理和维护。

② 连接到相应的服务器后，在"对象资源管理器"中展开"数据库"，右击 School 数据库，在弹出菜单中选择"属性"命令，如图 5.1.1 所示。

图　5.1.1

③ 在"数据库属性"对话框中的左侧的"选择页"窗格中单击"选项"，此时可以在对话框右侧看到"恢复模式"列表框，在该下拉列表框中有完整、大容量日志和简单三项选择，选择"完整"，单击"确定"按钮完成恢复模式的设置，如图 5.1.2 所示。

也可以使用 Transact-SQL 设置数据库恢复模式以及使用 DATABASE 句的 RECOVERY 子句设置恢复模式。

例如，将 School 数据库设置为完全恢复模式，可以使用如下语句：

```
ALTER DATABASE School SET RECOVERY FULL
```

（2）在 SQL Server 2005 中可以使用 SQL Server Management Studio 创建备份设备。步骤如下：

① 在"对象管理器"菜单中，展开服务器，然后展开"服务器对象"命令。

② 右击"服务器对象"子菜单下的"备份设备"命令，在弹出的子菜单中选择"新建备份设备"命令，如图 5.1.3 所示。

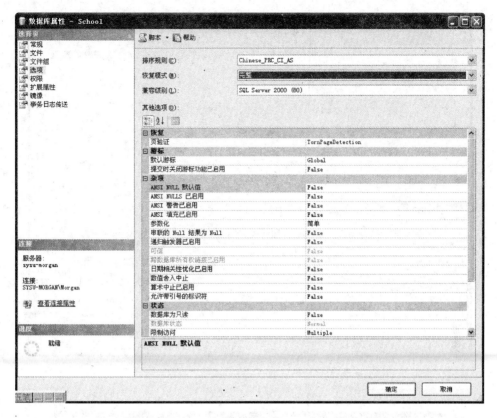

图　5.1.2

③ 在"备份设备"对话框中的"设备名称"框中输入 SchoolBackup,在"文件"文本框中输入或定位备份设备文件的物理地址,如图 5.1.4 所示。

④ 单击"确定"按钮,完成备份设备的创建。

(3) 使用数据库的三种备份类型对数据库进行备份。

① 通过完整备份可以生成备份完成时数据库的一致性快照。

SQL Server 在备份开始时记录日志序列号 LSN。写入日志的每个记录指定一个 LSN,用于跟踪变化,同时复制数据库的页组。值得指出的是,因为完整备份是一个动态备份过程,为了保证得到完全一致快照,SQL Server 在

图　5.1.3

备份页组时,再次记录 LSN,备份第一个 LSN 和最后一个 LSN 之间的日志部分,添加到备份中。为了节省备份时间,通常在数据库活动较少的时间进行完整备份。

数据库的完整备份,可以用两种不同的方式进行。

一种是使用 SQL Server Management Studio 进行完整备份,在 SQL Server Management Studio 中,可以通过向导在图形界面环境下备份数据库,步骤如下:

第 1 步,进入 SQL Server Management Studio,右击"对象资源管理器"中 School 数据库,在弹出菜单中选择"任务"子菜单,单击"备份"命令,如图 5.1.5 所示。

数据库系统实验指导教程(第二版)

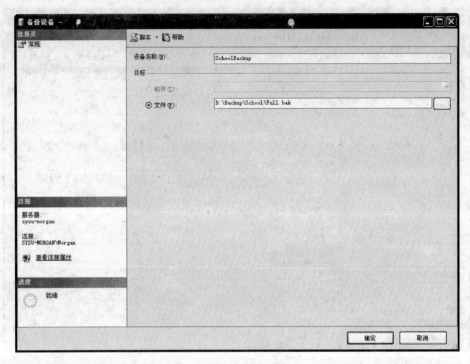

图 5.1.4

图 5.1.5

第 2 步,在如图 5.1.6 所示的"备份数据库"对话框的"常规"页,进行如下操作:

在"源"选项区域中,在"数据库"下拉列表框中选择所要备份的 School 数据库;由于此前已设置恢复模式为"完全",此时"恢复模式"文本框中为灰色且不可修改的"Full";在"备份类型"下拉列表框中选择"完整"。

在"备份集"选项区域中,在"名称"文本框中输入备份集名称,如"School-完整 数据库备份";在"说明"文本框中输入对备份集的描述(可选)。

图　5.1.6

在"目标"选项区域中,单击"磁带"或"磁盘"单选按钮,指定备份的目标。如果没有出现备份目标,则单击"添加"按钮添加现有的目标或创建新的目标,也可以是前面创建的备份设备,如图 5.1.7 所示。

第 3 步,在如图 5.1.8 所示的"备份数据库"对话框的"选项"页下,可进行如下操作:

在"可靠性"选项区域中,如果选择"完成后验证备份"复选框,则在备份完成后将对备份进行验证以确保备份与数据库的一致性;如果选择"写入媒体前检查校验和"复选框,则在备份前将检查所要备份数据的检验和,确保其正确性。

第 4 步,完成以上完整备份选项设置后,单击"确定"按钮,开始创建数据库的完整备份。当成功创建备份后,将出现如图 5.1.9 所示的提示框。

另一种完整备份的方式是使用 Transact-SQL 的 Backup 命令进行。

Transact-SQL 提供了 BACKUP DATABASE 语句对数据库进行备份,其语法格式如下:

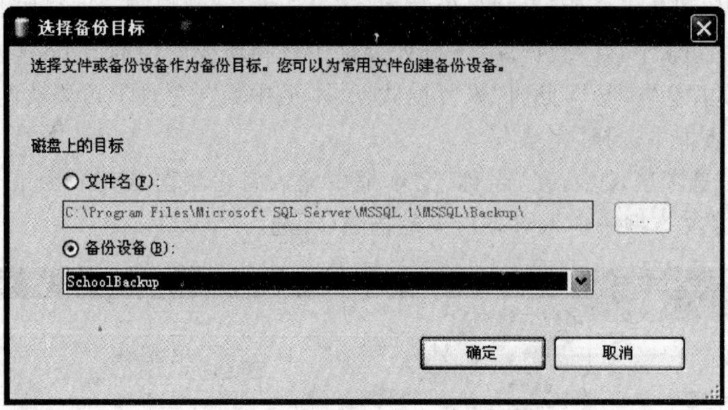

图 5.1.7

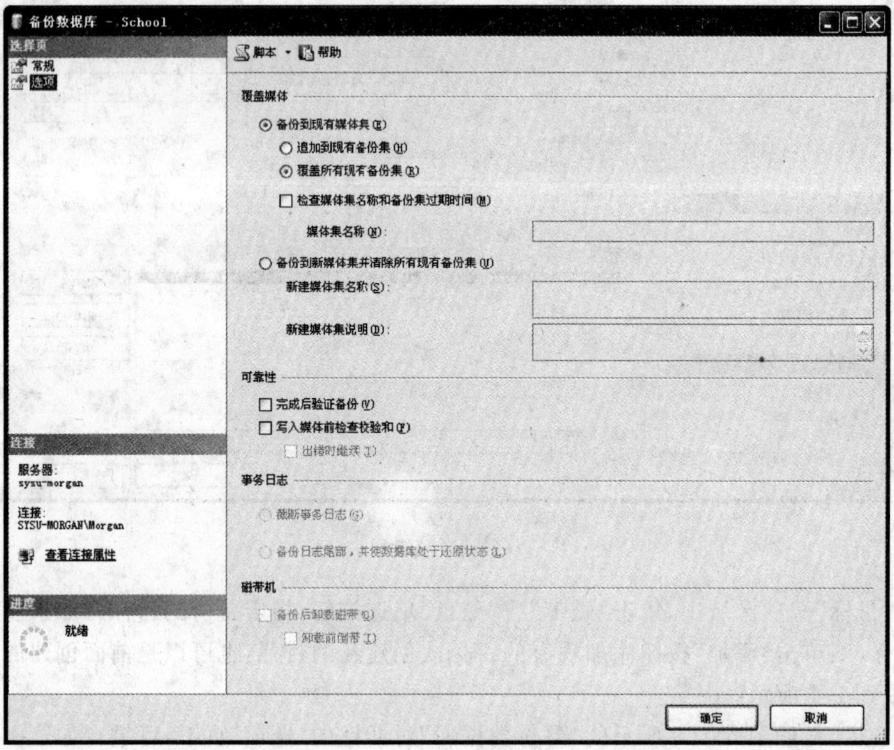

图 5.1.8

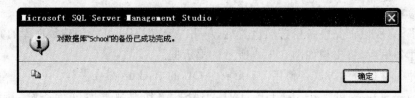

图 5.1.9

```
BACKUP DATABASE database_name TO {DISK|TAPE} = 'name'
```

其中,参数 database_name 指定要备份的数据库；TO {DISK|TAPE}说明备份到磁盘或磁盘；name 指定备份使用的物理文件名或备份设备名。

例如,为 School 数据库执行完整备份到前面创建的备份设备 SchoolBackup,可以使用如下语句:

```
BACKUP DATABASE School TO SchoolBackup
```

② 数据库差异备份是备份自上次完整备份以来数据库中所有已发生变化的页组。与完整备份相比,具有速度快、占用空间小等优点。但是要利用数据库差异备份来正确恢复数据库,数据库的完整备份是必要前提。假设在星期一对数据库 School 进行了完整备份,以后每天晚上进行一次差异备份。当数据库在星期六发生故障后,则只需要还原数据库的完整备份和最后一个差异备份,就可以将数据库恢复到最近的正确状态。

数据库的差异备份,也可以用以上两种方式进行。

利用 SQL Server Management Studio 进行数据库的差异备份的步骤和完整备份差不多,只要在如图 5.1.6 所示的"备份数据库"对话框的"常规"页中"源"选项区域,将"备份类型"下拉列表框设为"差异"即可。

同样也可以使用 Transact-SQL 的 Backup 命令对数据库进行差异备份,其语法格式如下:

```
BACKUP DATABASE database_name TO {DISK|TAPE} = 'name' WITH DIFFERENTIAL
```

其中,参数 WITH DIFFERENTIAL 表示差异备份。

例如,为 School 数据库执行差异备份到前面创建的备份设备 SchoolBackup,可以使用如下语句:

```
BACKUP DATABASE School TO SchoolBackup WITH DIFFERENTIAL
```

③ 数据库事务日志备份用于复制数据库事务日志中的事务,然后删除活动部分以外的所有日志,释放空间。事务日志是上次日志备份以来所有事务的顺序记录,利用事务日志可以将数据库恢复到出故障的时刻。备份日志后,可以将事务日志截断,即从日志中清除非活动事务,为新事务腾出空间,防止日志填满或在日志设置为自动扩大文件时变得太大。

事务日志备份也可以使用以上两种方式。利用 SQL Server Management Studio 进行数据库的差异备份的步骤和完整备份差不多,只要在如图 5.1.6 所示的"备份数据库"对话框的"常规"页中"源"选项区域,将"备份类型"下拉列表框设为"事务日志"即可。

也可以使用 Transact-SQL 的 Backup 命令对数据库进行差异备份,其语法格式如下:

```
BACKUP LOG database name TO {DISK|TAPE} = 'name'
```

其中,参数 LOG 表示事务日志。

例如,为 School 数据库执行事务日志备份到此前创建的备份设备 SchoolBackup,可以使用如下语句:

```
BACKUP LOG School TO SchoolBackup
```

注意：简单恢复模式不允许备份事务日志文件。

5.1.5 自我实践

对 AdventureWorks 数据库分别进行完整备份、差异备份和事务日志备份。

5.2 SQL Server 数据库的还原

5.2.1 实验目的

理解数据库还原原理,掌握数据库还原的策略与方法。

5.2.2 原理解析

数据库的还原是数据库备份的逆操作,将数据库恢复到备份前的状态。数据库还原过程分为三个阶段。

(1) 数据复制阶段,从数据库做好备份将所有数据、日志和索引页复制到数据库文件中。

(2) 重做阶段(Redo)/前滚(Roll Forward),将记录的事务应用到从备份复制的数据,以将这些数据前滚到恢复点。

(3) 撤销阶段(Undo)/回滚(Roll Back),回滚所有未提交的事务并使用户可以使用此数据库。

在还原数据库之前,要注意以下两点:

(1) 检查备份设备或文件。在还原数据库之前,首先找到要还原的备份文件或备份设备,并检查备份文件或备份设备里的备份集是否正确无误,例如使用 RESTORE VERIFYONLY 语句。

(2) 查看数据库的使用状态。在还原数据库之前,要先查看数据库是否还有其他人在使用,如果还有其他人正在使用,将无法还原数据库。

5.2.3 实验内容

(1) 根据 School 数据库的完整数据库备份进行数据库恢复。

(2) 根据 School 数据库的差异备份进行数据库恢复。

(3) 根据 School 数据库的事务日志备份进行数据库恢复。

(4) 对 School 数据库进行时点还原。

5.2.4 实验步骤

根据不同的备份策略,有不同的还原方法。具体来说有以下几种:

1. 根据完整数据库备份进行恢复

根据完整数据库备份进行恢复,可以用两种不同的方式进行。

一种是使用 SQL Server Management Studio 进行还原,在 SQL Server Management Studio 中,可以通过向导在图形界面环境下还原数据库,步骤如下:

（1）打开 SQL Server Management Studio，右击"对象资源管理器"中的 School 数据库，在弹出菜单中选择"任务"|"还原"|"数据库"，如图 5.2.1 所示。

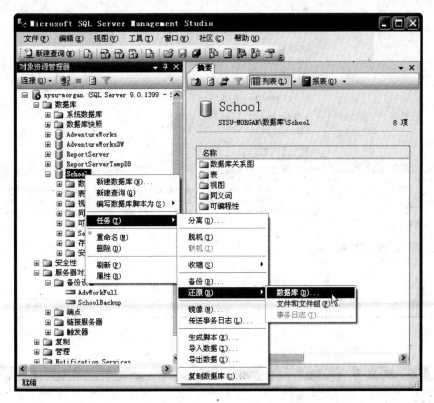

图　5.2.1

（2）在"还原数据库"对话框的"常规"页中，选择"目标数据库"为 School，选择"选择用于还原的备份集"栏中类型为"完整"的"School-完整 数据库 备份"项，如图 5.2.2 所示。

（3）在"还原数据库"对话框的"选项"页中，在"还原选项"选项区域中选择"覆盖现有数据库"复选框，单击"确定"按钮，完成对数据库的还原操作，如图 5.2.3 所示。

还可以使用 Transact-SQL 的 RESTORE 命令进行数据库的恢复。

Transact-SQL 提供了 RESTORE DATABASE 语句对数据库进行还原，其语法格式如下：

```
RESTORE DATABASE database_name FORM {DISK|TAPE} = 'name'
[WITH [NORECOVERY|][REPLACE]]
```

其中，参数 NORECOVERY 指示还原操作不撤销备份中任何未提交的事务，RECOVERY 指示还原操作撤销备份中任何未提交的事务，REPLACE 指示即使存在另一个具有相同名称的数据库，也创建指定的数据库及相关文件，即覆盖现有数据库。

注意：在数据库恢复后就使用数据库，应选用 RECOVERY。

例如，利用此前创建的数据库完整备份为 School 数据库进行数据库恢复，可以使用如下语句：

```
RESTORE DATABASE School FORM SchoolBackup WITH NORECOVERY
```

数据库系统实验指导教程(第二版)

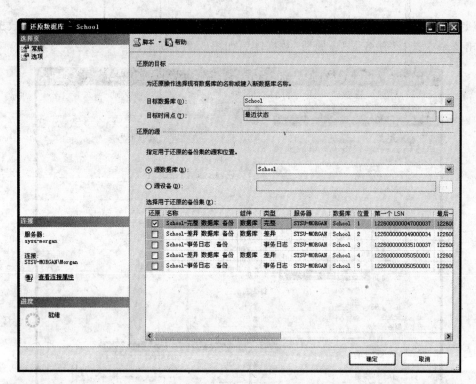

图 5.2.2

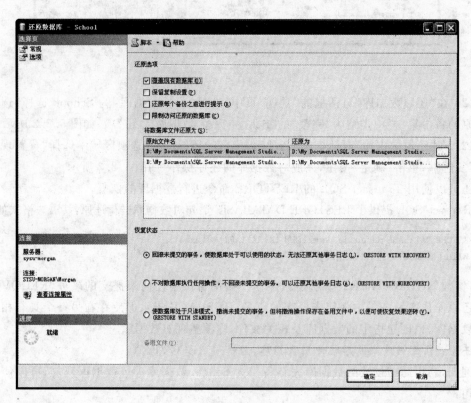

图 5.2.3

2．根据差异备份进行恢复

利用 SQL Server Management Studio 进行还原数据库的差异备份的步骤和还原完整备份相似，只是在上述第(2)步中图 5.2.2 所示的"还原数据库"对话框的"常规"页中选择"选择用于还原的备份集"栏中类型为"差异"的差异备份集。选中差异备份集后，完整备份集会自动被选中。

3．根据事务日志备份进行恢复

采用事务日志备份进行数据库恢复，SQL Server 将只恢复事务日志中所做的事务更改。

利用 SQL Server Management Studio 进行还原数据库的事务日志备份的步骤和还原完整备份相似，只是在图 5.2.2 所示的"还原数据库"对话框的"常规"页中选择"选择用于还原的备份集"栏中类型为"事务日志"的事务日志备份集。选中事务日志备份集后，完整备份集和差异备份集会自动被选中。

使用 Transact-SQL 的 RESTORE 命令进行数据库的恢复。

Transact-SQL 提供了 RESTORE DATABASE 语句对数据库进行还原，其语法格式如下：

```
RESTORE LOG database_name FORM {DISK|TAPE} = 'name'
[WITH [NORECOVERY|RECOVERY]]
[STOPAT = date_time|STOPATMARK = 'mark_name'[AFTER datetime]
|STOPBEFOREMARK = 'mark_name'[AFTER datetime]]
```

其中，参数 STOPAT 指示数据库恢复到指定日期时间，STOPATMARK 指示数据库恢复到指定标记的状态。所有中间恢复都用 NORECOVERY，最后一个则不用。

4．即时点恢复

SQL Server 2005 与其早期版本不同，在完全恢复模式下，所有数据库完整备份和差异备份均包含日志记录，使得数据库也能像事务日志一样实现即时点还原，将数据库恢复到备份前的任意时间点。

利用 SQL Server Management Studio 进行即时点还原的步骤与一般的还原操作步骤相似，只是在上述第②步中图 5.2.2 所示的"还原数据库"对话框的"常规"页中，单击"目标时间点"文本框后的定位按钮，弹出如图 5.2.4 所示的"时点还原"对话框。

在"时点还原"对话框"还原到"选项区域中，选择"具体日期和时间"单选按钮，在"日期"和"时间"列表框中选择或输入所要还原到的目标时间，单击"确定"按钮完成时点还原的设置。

5.2.5　自我实践

对 AdventureWorks 数据库执行插入、删除或更新操作，再利用 AdventureWorks 数据库的备份进行还原，对比还原前和还原后的数据库状态。

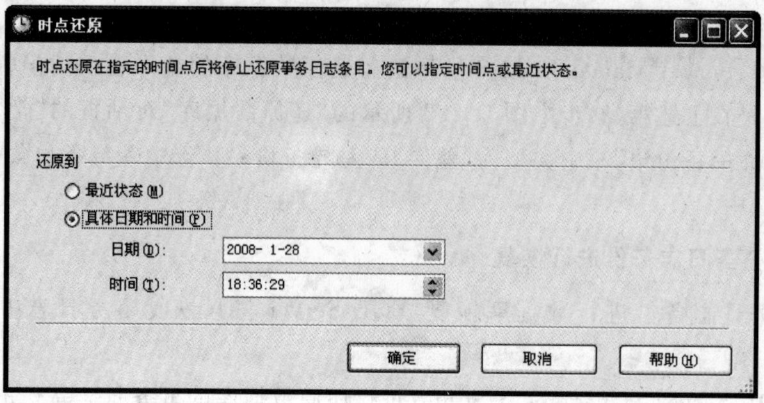

数据库系统实验指导教程(第二版)

图 5.2.4

5.3 SQL Server 数据库的导入与导出

5.3.1 实验目的

理解数据库的导入与导出原理,学会将 SQL Server 数据库中的数据的导出以及将其他类型数据导入至 SQL Server 数据库操作。

5.3.2 原理解析

数据库的逻辑备份是针对表空间、索引和表记录等数据库逻辑组件的丢失进行的,如果丢失了逻辑组件,用逻辑备份恢复最快。同时,逻辑备份是可移植的,当需要在不同的系统结构、操作系统版本或 SQL Server 版本之间复制一个实例的全部数据时也要使用逻辑备份系统。SQL Server 逻辑备份是通过"导入/导出"操作实现的。"导入"是将数据从数据文件中加载到 SQL Server 数据库中;"导出"是将数据从数据库中复制到数据文件中。通过导入与导出操作可以实现 SQL Server 和其他不同类型数据源(如 Oracle、Access 等数据库)之间自由地移动和使用多种不同格式的数据。

5.3.3 实验内容

(1) 从 School 数据库中的 Students 表中的数据导出到文本文件 Learner 中。
(2) 将文本文件 Learner 中的数据导入到 School 数据库中的 Students 表中。

5.3.4 实验步骤

1. 数据库表数据的导出

利用 SQL Server Management Studio 中的"导入和导出向导"将 SQL Server 数据库中的表数据导出,步骤如下:

(1) 进入 SQL Server Management Studio,右击"对象资源管理器"中的 School 数据库,在弹出菜单中选择"任务"子菜单,选择"导出数据"选项,如图 5.1.5 所示。

(2) 在"导入和导出向导"对话框的"选择数据源"页中,选择要从中复制数据的数据源,单击"下一步"按钮,如图 5.3.1 所示。

图　5.3.1

（3）在"导入和导出向导"对话框 "选择目标"页的"目标"下拉列表框中选择导出数据的目标,即指定将 SQL Server 数据库中的数据复制到何处。如果选择 Microsoft Access 选项,则将 SQL Server 数据库的数据复制到 Access 数据库中；如果选择 SQL Native Clint 选项,则将本地的 SQL Server 数据库的数据复制到其他 SQL Server 服务器中。

在"目标"下拉列表框中选择"平面文件目标"选项,再指定相应文件名,然后单击"下一步"按钮,如图 5.3.2 所示。

（4）在"导入和导出向导"对话框的"指定表复制或查询"页中,指定所要复制的对象类型,是从数据源复制一个或多个表和视图,还是从数据源复制查询结果。单击"复制一个或多个表和视图的数据"单选按钮,再单击"下一步"按钮,如图 5.3.3 所示。

（5）在"导入和导出向导"对话框的"配置平面文件目标"页中选择要复制的数据库源表或视图,在"源表或源视图"下拉列表框中选择"[School].[dbo].[STUDENTS]"项,选择相应的分隔符,单击"下一步"按钮,如图 5.3.4 所示。

（6）在"导入和导出向导"对话框"保存并执行包"页中,选择"立即执行"复选框,单击"下一步"按钮。

（7）在"导入和导出向导"对话框"完成该向导"页中单击"完成"按钮,开始导出。

（8）成功完成导出操作后,弹出"执行成功"对话框,并反馈相关状态信息,单击"关闭"按钮退出导出操作,如图 5.3.5 所示。

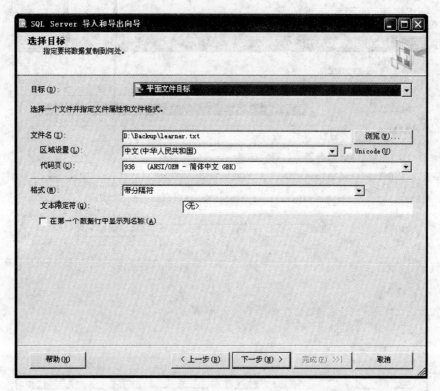

图 5.3.2

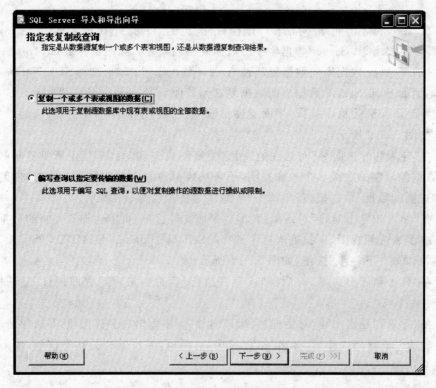

图 5.3.3

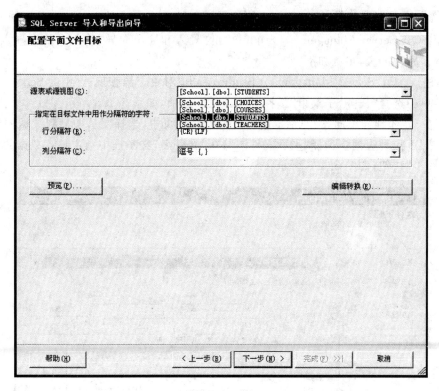

图 5.3.4

图 5.3.5

2. 数据库表数据的导入

利用 SQL Server Management Studio 中的"导入和导出向导"将文本数据导入到 SQL Server 数据库中的表,步骤如下:

(1) 进入 SQL Server Management Studio,右击"对象资源管理器"中的 School 数据库,在弹出菜单中选择"任务"子菜单,选择"导入数据"选项,如图 5.1.5 所示。

(2) 在"导入和导出向导"对话框的"选择数据源"页中,选择要从中复制数据的数据源。在"数据源"下拉列表框中选择"平面文件源",在"文件名"文本框中指定导入数据的文件名,单击"下一步"按钮,如图 5.3.6 所示。

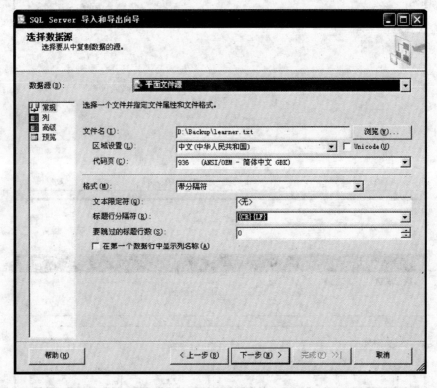

图 5.3.6

(3) 在"导入和导出向导"对话框的"选择目标"页中指定导出数据的目标类型。在"目标"下拉列表框中选择 SQL Native Clint 选项指定将源数据复制到 SQL Server 服务器中,在"数据库"下拉列表框中选择 School 选项指定将源数据复制到 School 数据库中,如图 5.3.7 所示。

(4) 在"导入和导出向导"对话框的"选择源表和源视图"页中设置要复制的表到目标数据库的映射,单击"编辑"按钮,如图 5.3.8 所示。

(5) 在弹出的"列映射"对话框中设置目标数据库中表的各列的属性,可以根据需要修改各个列的名称和数据类型,完成列设置后单击"确定"按钮,如图 5.3.9 所示。

(6) 在"导入和导出向导"对话框的"保存并执行包"页中,选择"立即执行"复选框,单击"下一步"按钮。

(7) 在"导入和导出向导"对话框的"完成该向导"页中,单击"完成"按钮,开始导入。

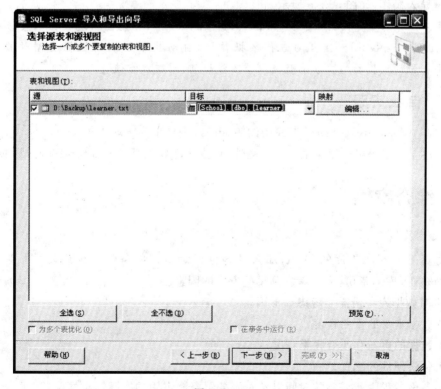

图 5.3.7

图 5.3.8

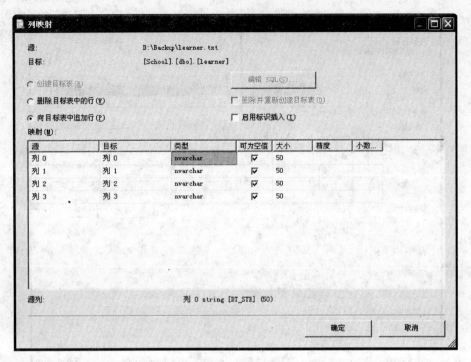

图 5.3.9

(8) 成功完成导出操作后,弹出"执行成功"对话框,并反馈相关状态信息,单击"关闭"按钮退出导入操作,如图 5.3.5 所示。

注意:将其他异类数据源数据导入到 SQL Server 中,可能会出现数据不兼容的情况。此时,SQL Server DBMS 会自动进行数据转换,自动将不识别的数据类型转换为 SQL Server 中相似的数据类型。如果数据取值不能识别,则赋以空值。

5.3.5 自我实践

(1) 将 AdventureWorks 数据库中的 Address 表导出为 Excel 文件。

(2) 建立一个班级通讯录的 Excel 文件,将该文件导入至 AdventureWorks 数据库中。

5.4 综合案例

1. 综合案例 1

假如是 School 数据库的 DBA,那么对 School 数据库的备份是日常必不可少的工作。因此,对该数据库的备份,应该考虑到哪些方面的因素?

通常对数据库备份需要考虑如下因素:

(1) 数据本身的重要程度;

(2) 数据的更新和改变频繁程度;

(3) 备份硬件的配置;

(4) 备份过程中所需要的时间以及对服务器资源占用的实际需求情况;

（5）数据库备份方案中，还需要考虑到对业务处理的影响尽可能地小，把需要长时间完成的备份过程放在业务处理的空闲时间进行。对于重要的数据，要保证在极端情况下的损失都可以正常恢复。对备份硬件的使用要合理，既不盲目地浪费备份硬件，也不让备份硬件空闲。

2．综合案例 2

以下对 School 数据库的简要描述：

（1）School 数据库应用部门的工作时间是星期一到星期五的 8:00～17:00，工作时间数据库必须可用；

（2）通常在学期初，student 要选修 course；在学期末，teacher 要根据 student 的学习情况最终评 score，这两段时期内 school 数据库数据更新量较大，而平时数据更新量相对较小；

（3）网络中有两台计算机可以用于备份，一台是 SQL Server 2005 服务器，一台是可执行网络备份的普通客户机，无故障转移集群，无磁带机；

（4）要求保证数据库的数据的安全，在发生故障时要求尽可能以最快的速度恢复；

（5）在需要的情况下，可以恢复到 1 个月以前的数据。

根据以上描述，为 School 数据库设计一个备份方案。

参考方案：

这是一个典型的企业数据库备份与恢复问题。根据用户的需求和实际环境，设计了如下的备份方案。

（1）恢复模式可采用完整恢复模式；

（2）同时在两台计算机上进行备份；

（3）采取多种备份类型组合备份的方式进行备份，在平时可以：

每星期六 8:00 执行一次完全数据库备份，完全数据库备份保存 2 个月；

每星期一至星期五的 18:00 执行一次差异数据库备份，差异备份保存 2 个月；

每星期一至星期五的 8:00～17:00 间，每 1 小时执行一次事务日志备份，事务日志备份保存 2 个月；

在学期初和学期末数据更新量比较大时，加大备份密度以尽可能避免数据库故障时的数据损失，每星期一至星期五的 8:00～17:00 间，每 30 分钟执行一次事务日志备份。

（4）删除 2 个月前的备份，以清理磁盘空间；

（5）此外，在数据库结构变化后应及时对系统数据库进行备份。

具体实现步骤如下：

（1）设置恢复模式为完整恢复模式。

```
ALTER DATABASE School SET RECOVERY FULL
```

（2）添加网络备份设备。

网络中另外有一台用来备份的客户机，计算机名为 Me，IP 地址为 192.168.41.201，用户名为 Administrator，密码为 2008，共享文件夹名为 share。

① 将网络备份目录映射成服务器上的 Z 驱动器。

```
EXEC master..xp_cmdshell 'net use Z: \\Me\share "2008"/user:Administrator',NO_OUTPUT
```

在该命令中也可以用 IP 地址 192.168.41.201 来代替计算机名 Me。

② 测试能否成功备份至客户机。

BACKUP DATABSE School TO DISK = 'Z:\ test.bak'

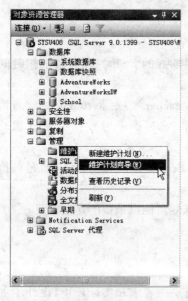

图 5.4.1

在客户机的共享文件夹中查看是否已经创建了备份文件 test.bak.。

③ 为了便于使用,还可以在客户机上创建备份设备 SchoolBackup2,详情可参照教材。

(3) 利用 SQL Server Management Studio 中的"维护计划"自动地实现备份与维护。

① 用"维护计划"实现每星期六 8:00 执行一次完全数据库备份,步骤如下:

进入 SQL Server Management Studio,右击"对象资源管理器"中"维护计划"选项,在弹出菜单中单击"维护计划向导"命令,如图 5.4.1 所示。

在"选择服务器"对话框中选择所要维护的服务器,并命名该维护计划。设置完毕后单击"下一步"按钮。

在"选择维护任务"对话框中选择所要进行的维护操作,选择"备份数据库(完整)",如图 5.4.2 所示。设置完毕后单击"下一步"按钮。

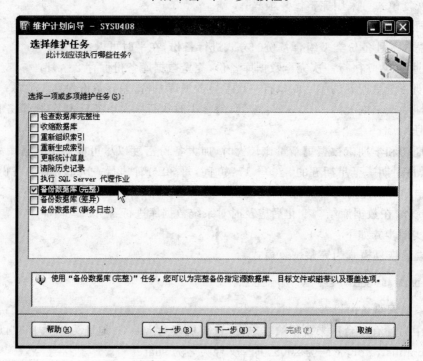

图 5.4.2

在"定义'备份数据库（完整）'任务"对话框中，选择 School 数据库，备份到本地的 SchoolBackup 和客户机的 SchoolBackup2 备份设备上，选择"验证备份完整性"复选框，如图 5.4.3 所示。设置完毕后单击"下一步"按钮。

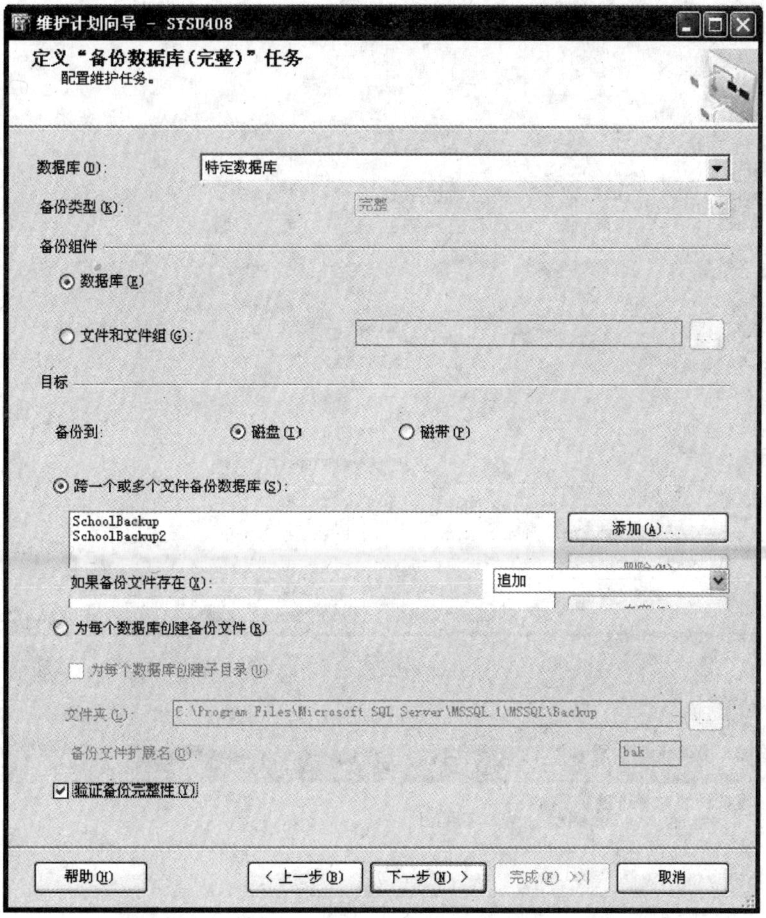

图　5.4.3

在"选择计划属性"对话框中单击"更改"按钮，在弹出的"新建作业计划"对话框中设置备份数据库的时间及频率，如图 5.4.4 所示。设置完毕后单击"确定"按钮，返回到"选择计划属性"对话框。单击"下一步"按钮继续。

在"选择报告选项"对话框中选择如何管理维护计划报告：可以将其写入文件中，也可以通过电子邮件发送给数据库管理员。设置完毕后单击"下一步"按钮。

在"完成向导"对话框，单击"完成"按钮完成维护计划创建操作，出现如图 5.4.5 所示提示框。

② 同样可以用类似于上述"维护计划"实现每星期一至星期五的 18:00 执行一次差异数据库备份；每星期一至星期五的 8:00～17:00，每 1 小时执行一次事务日志备份；以及清理过期备份。

③ 在数据库结构变化后，可手动对系统数据库进行备份。

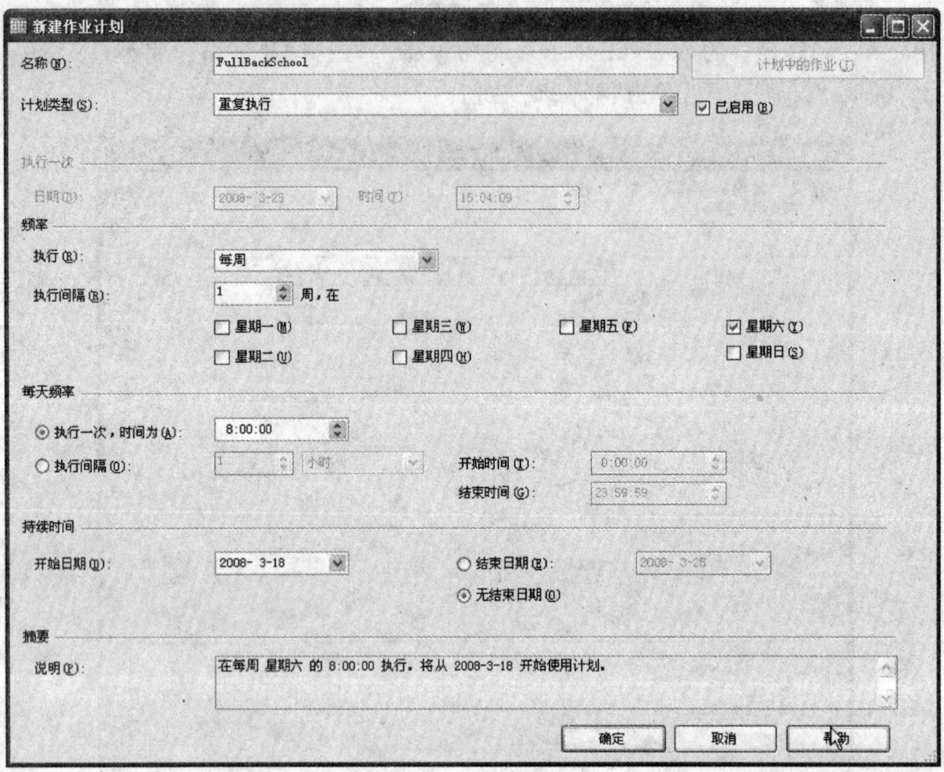
新建作业计划
名称(N):
FullBackSchool
计划中的作业(J)
计划类型(S):
重复执行
已启用(B)
执行一次
日期(D):
2008- 3-25
时间(T):
15:04:09
频率
执行(R):
每周
执行间隔(R):
1
周，在
星期一(M)
星期二(U)
星期三(W)
星期四(H)
星期五(F)
星期六(Y)
星期日(S)
每天频率
执行一次，时间为(A):
8:00:00
执行间隔(O):
1
小时
开始时间(T):
0:00:00
结束时间(G):
23:59:59
持续时间
开始日期(D):
2008- 3-18
结束日期(E):
2008- 3-25
无结束日期(O)
摘要
说明(P):
在每周 星期六 的 8:00:00 执行。将从 2008-3-18 开始使用计划。
确定
取消

图　5.4.4

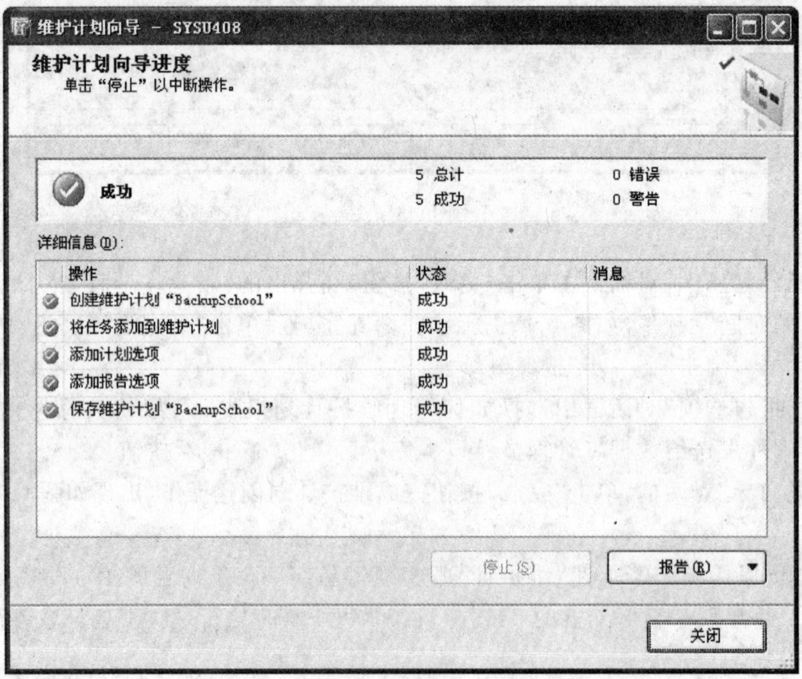
维护计划向导 - SYSU408
维护计划向导进度
单击“停止”以中断操作。
成功
5 总计
5 成功
0 错误
0 警告
详细信息(D):
操作
状态
消息
创建维护计划“BackupSchool”
成功
将任务添加到维护计划
成功
添加计划选项
成功
添加报告选项
成功
保存维护计划“BackupSchool”
成功
停止(S)
报告(R)
关闭

图　5.4.5

3. 综合案例 3

还原是数据库恢复的有效手段。在还原数据库前,应当做哪些准备?

(1) 尽快建立一个事务日志备份,以便保存之前的所有事务信息。

```
BACKUP LOG School TO SchoolBackup WITH NORECOVERY
```

(2) 尝试使用 DBCC CHECKDB 或 DBCC CHECKTABLE 命令检测和修复数据库和表。

```
DBCC CHECKDB(School) WITH ALL_ERRORMSGS
```

(3) 删除故障数据库,以便删除对故障硬件的任何引用。

```
DROP DATABASE School
```

(4) 验证数据库备份的有效性,检查备份文件或备份设备里的备份集是否正确无误,例如使用"RESTORE VERIFYONLY"语句。

```
RSTORE VERIFYONLY FROM SchoolBackup
```

4. 综合案例 4

3 月 10 日(星期一)下午两点多,School 数据库不可用,登录 SQL Server Management Studio 发现 School 变成灰色,而且显示为置疑,分析问题原因并将 School 数据库恢复到正常状态。

数据库置疑的原因有很多种,通常是由于数据文件或日志文件的损坏造成的。被质疑的数据库无法进行正常的备份与还原操作,可尝试用以下步骤恢复。

方案 1: 修复法。

(1) 将 School 数据库文件复制到其他位置备用。

(2) 删除置疑的 School 数据库。

(3) 新建同名的数据库(数据库文件名也要相同)。

(4) 停止数据库服务。运行 services.msc,启动"服务"窗口,右击该窗口中名称为 SQL Server(MSSQLSERVER)的服务,在弹出菜单中单击停止按钮图标,如图 5.4.6 所示。

(5) 用第(1)步中备份的数据库文件覆盖新 School 数据库的同名文件。

(6) 启动数据库服务。

(7) 运行如下代码就可以恢复数据库。

```
ALTER DATABASE School SET EMERGENCY          -- 将 School 数据库置为紧急状态
USE master
DECLARE @databasename varchar(255)
SET @databasename = 'SchooL'
EXEC sp_dboption @databasename, N'single', N'true'   -- 将 School 数据库置为单用户状态
DBCC CHECKDB(@databasename,REPAIR_ALLOW_DATA_LOSS)
DBCC CHECKDB(@databasename,REPAIR_REBUILD)
EXEC sp_dboption @databasename, N'single', N'false'  -- 将 School 数据库置为多用户状态
```

方案 2: 还原法。

(1) 删除置疑的 School 数据库。

DROP DATABASE School

(2)还原数据库基准备份。

RESTORE DATABASE School FROM SchoolBackup WITH REPLACE

(3)用事务日志备份将数据库恢复到最近的正常状态。

RESTORE LOG School FROM SchoolBachup WITH STOPAT = "2008 - 3 - 9 14:00:00"

图 5.4.6

5. 综合案例 5

Choices 表是 School 数据库中的一个重要组件,但现在却不存在了,应该采取什么步骤确定何时和如何从数据库中删除这个表? 应该如何恢复丢失的表并尽可能地避免数据丢失?

方案 1:时点还原。

(1)用日志工具 Log Explorer 查看事务日志,确定 Choices 表删除的时间。

使用 Log Explorer 连接本地服务器的 School 数据库,单击对话框中左侧 Browse 目录下的 View Log 命令,就可以看到 School 数据库的事务日志记录了; 可以看见 Time 为"3-19 8:50:18.046"时 drop table dbo.Choices 的日志。

(2)如果是误删除或恶意删除,且此后没有对数据库进行更新操作,可以通过"时点还原",将数据库还原至 Choices 表删除前的时间点。

先建立一个事务日志备份:

BACKUP LOG School TO SchoolBackup WITH NO_TRUNCATE

将数据库还原到删除 Choices 表之前的时间点:

```
RESTORE DATABASE School FROM SchoolBackup WITH FILE = 42, NORECOVERY, NOUNLOAD, STATS = 10
GO
RESTORE DATABASE School FROM SchoolBackup WITH FILE = 51, NORECOVERY, NOUNLOAD, STATS = 10
GO
RESTORE DATABASE School FROM SchoolBackup WITH FILE = 60, NORECOVERY, NOUNLOAD, STATS = 10
GO
RESTORE LOG School FROM SchoolBackup WITH FILE = 61, NOUNLOAD, STATS = 10, STOPAT = N'03/19/
2008 08:50:18'
GO
```

注意：上述 SQL 语句中 FILE = 42，FILE = 51，FILE = 60，FILE = 61 分别是备份设备 SchoolBackup2 中 3 月 15 日(上星期六)的数据库完整备份、3 月 17 日(星期一)18 点和 3 月 18 日(星期二)18 点的数据库差异备份以及 3 月 19 日 9 点的事务日志备份文件。

方案 2：使用 Log Explorer 还原。

(1) 用日志工具 Log Explorer 查看事务日志,确定 Choices 表删除的时间。

(2) 使用 Log Explorer 的 Undo 功能进行还原。

选中 LOG 中删除 Choices 表日志,单击 undo 按钮生成表结构的语句,再单击 Salvage 按钮生成插入语句,并保存为 Transact-SQL 代码;进行恢复时,只要在 SQL Server 的 Management Studio 中打开这段代码,运行后即可恢复。

6. 综合案例 6

在备份或还原 School 数据库过程中发生中断(如电源故障等)时,如何处理?

如果备份或还原操作被中断,可以从中断点重新开始备份或还原操作。这对于数据库,尤其是大型数据库的备份与恢复是很有帮助的。如果备份或还原操作在即将结束时被中断,可以尝试从中断点重新开始,而不必从起点开始整个操作。

(1) 备份被中断后的,重新启动备份进程的处理语句如下:

```
BACKUP DATABASE School
TO SchoolBackup
WITH RESTART
```

(2) 还原被中断后的,重新启动还原进程的处理语句如下:

```
RESTORE DATABASE School
FROM SchoolBackup
WITH RESTART
```

7. 综合案例 7

2008 年 3 月 25 日(星期二)10：17,School 数据库由于服务器的介质故障(如磁盘坏道、磁盘崩溃等)不能使用,怎样恢复 School 数据库的正常运行?

当服务器的介质发生故障,School 数据库不能使用时,采用如下办法:

(1) 如果服务器还能正常使用,只是破坏了 School 数据库的数据及其在服务器上的备份,那么可以用保存在客户机上的备份进行恢复。

从客户机备份设备 SchoolBackup2 中依次还原 3 月 22 日(上星期六)的数据库完整备份、3 月 24 日(本星期一)18 点的数据库差异备份以及 3 月 25 日故障前(9：00 和 10：00 点)

数据库系统实验指导教程(第二版)

的事务日志备份。

方案 1：使用 SQL Server Management Studio 恢复。

在 SQL Server Management Studio 的对象资源管理器中,右击 School 数据库,在弹出菜单中选择"任务",再选择其子菜单中的"还原",单击"数据库"。

在"还原数据库"对话框中,将"源设备"指定为客户机上的"SchoolBackup2",在"选择用于还原的备份集"栏中选择 3 月 22 日的"School-完整 数据库 备份"、3 月 24 日 18 点的"School-差异 数据库 备份"以及 3 月 25 日 9 点和 10 点的"School-事务日志 备份"文件,如图 5.4.7 所示,单击"确定"按钮执行还原操作。

图 5.4.7

执行完上述操作,数据库将恢复至 3 月 25 日 10 点的状态。手动重做 10 点至故障前之间已执行的事务,将数据库恢复至故障前状态。

方案 2：使用 Transact-SQL 语句恢复。

```
RESTORE DATABASE School FROM SchoolBackup2 WITH FILE = 61, NORECOVERY, NOUNLOAD, STATS = 10
GO
RESTORE DATABASE School FROM SchoolBackup2 WITH FILE = 72, NORECOVERY, NOUNLOAD, STATS = 10
GO
RESTORE LOG School FROM SchoolBackup2 WITH FILE = 73, NOUNLOAD, STATS = 10
GO
RESTORE LOG School FROM SchoolBackup2 WITH FILE = 74, NOUNLOAD, STATS = 10
GO
```

　　注意：上述 SQL 语句中 FILE ＝ 61，FILE ＝ 72，FILE ＝ 73，FILE ＝ 74 分别是备份设备 SchoolBackup2 中 3 月 22 日的数据库完整备份、3 月 24 日 18 点的数据库差异备份以及 3 月 25 日 9 点和 10 点的事务日志备份文件。

　　执行完上述操作，数据库将恢复至 3 月 25 日 10 点的状态。手动重做 10 点至故障前之间已执行的事务，将数据库恢复至故障前状态。

　　(2) 如果由于磁盘崩溃而导致服务器不能运行，则涉及以下操作。

　　① 更换并配置磁盘；

　　② 重新安装操作系统、驱动程序及应用软件，或用异地的系统备份还原至新的磁盘；

　　③ 用上面所说的方法从客户机的备份设备恢复 School 数据库至服务器。

5.5　本章自我实践参考答案

　　略。

第 6 章　　　　　　　XML 语言

20 世纪 60 年代末,为了解决不同格式的文件在公司内部各个不同部分交换、移植的问题,IBM 公司创建了标准通用标记语言(Standard Generalized Markup Language,SGML)。1996 年,万维网协会(W3C)在 SGML 的基础上创建了 XML 语言,继承了 SGML 的强大性同时具有更加简明的语法。至今 XML 已经成为了数据的存储和交换的通用格式和网络中不同应用程序之间交换数据的重要标准。

XML 语言的文档结构主要包括三类信息:元素、控制信息和实体。其中元素包括用于描述和组织文档结构的标记部分,用于描述元素特征的属性部分以及内容部分。控制信息则主要是提供文档的编写者或者 XML 解析器信息,主要有消息的注释和处理指令等信息。实体则类似 C++ 中的 define 指令,提供可以替换的文本和内容。

XML 有两种类型:无类型的 XML 和类型化的 XML。无类型的 XML 就是说 XML 文档没有和任何模式相关联。有类型的 XML 则是说 XML 文档有一个相关联的模式。

目前有很多数据库厂商都提供了对 XML 数据库的支持。这其中就包括了 MS Servers 2005 以及 MS Server 2008。这两个版本提供了针对 XML 的模式定义,XML 数据的创建,针对 XML 数据的插入、查询、修改等操作。同时也提供了 XML 数据与关系型数据相互转换的多种方式、方法。

6.1　XML 模式的创建

6.1.1　实验目的

通过本次实验,了解 XML 模式的创建、添加和删除方式。熟悉相应数据结构和文档结构的 XML 文档的 Schema 模式的创建。了解如何创建一个包含 XML 列的表,以及往这个表中的 XML 列中添加符合模式的数据。

6.1.2　原理解析

一个 XML 文档必须有一个根元素，并对大小写是敏感的。XML 文档中的标签页必须严格的彼此正确的嵌套配对。在 HTML 中，"test"是准许的，但是在 XML 中则必须为test。XML 文档中属性的属性值，无论是字符类型还是非字符类型都必须加双引号。

XML 数据具有两种类型，类型化的数据和无类型的数据。当插入无类型的 XML 数据时，MS Server 会自动的验证 XML 数据的格式的良好性，而当插入的是类型化的数据时，MS Server 则自动地用关联的模式验证 XML 数据。

有两种验证 XML 文档结构合法性的方式，Document Type Definition(DTD)和 XML Schema(XSD)。尽管 DTD 能够对 XML 文档中数据结构的有效性进行验证，但是 DTD 自身也存在着提供的数据类型有限、描述能力有限等不足。而 XMLSchema 文档则显著地提高了对 XML 文档的验证能力。其中，XML Schema 最重要的能力之一就是对数据类型的支持。通过对数据类型的支持可以：

- 更好地描述内容；
- 有效地验证数据；
- 更好地处理与数据库中数据的交互；
- 方便地定义数据约束和数据模型；
- 简易对不同数据类型的数据进行转换。

XML Schema 本身就是一个 XML 文档，更加有效地描述 XML 文档的数据结构和文档结构。一个 XMLSchema 也是一个 XML 文档，一个常见的 Schema 文档主要包括版本的控制信息，Schema 元素根元素，相应的简单类型和复合类型的元素。

1. 版本控制信息

```
<? xml version = "1.0"?>
```

比较 XML 文档的版本。

2. Schema 元素

一个简单的 XML 文档需要包括一个 Schema 元素，作为整个文档的根部元素。Schema 元素可以包含多种属性。

```
<xs: schema id = "XMLSchema"
     targetNamespace = "http://tempuri.org/XMLSchema.xsd"
     elementFormDefault = "qualified"
     xmlns = "http://tempuri.org/XMLSchema.xsd"
     xmlns:xs = "http://www.w3.org/2001/XMLSchema"
>
</xs: schema>
```

其中 id 是 Schema 的一个标识，targetNamespace 显示为这个 Schema 的目标空间，xmlns = "http://tempuri.org/XMLSchema.xsd" 和 xmls：xs = "http://www.w3.org/2001/XMLSchema" 表示 shema 中用到的元素和数据类型来自于 http://tempuri.org/

XMLSchema.xsd 和 http://www.w3.org/2001/XMLSchema,同时指定了默认的空间是 http://tempuri.org./XML Sche ma.xsd,同时对来自于空间 http://www.w3.org/2001/ XMLSchema 的数据指定相应的前缀 xsd。elementFormDefault="qualified"则指出使用这个 Schema 定义模式的 XML 文档中的元素必须被命名空间限定。

3. 简单元素类型

简单元素是指仅仅包含文本的元素,不包含任何其他的元素和属性。这里的文本类型可以是 Schema 中定义的元素类型,也可以是用户自定义的元素类型。简单元素的语法如下所示。

```
< xs:element name = "elementname" type = "anytype"></xs:element >
```

这里常用的类型有:

- xs:string
- xs:decimal
- xs:integer
- xs:boolean
- xs:date
- xs:time

虽然简单元素是不可以包括属性的,但是属性的声明也是作为简单元素的类型进行声明的。除了 tag 的不同以外,命名和类别的定义等方式与简单元素的申明类似。一个属性的声明如下所示:

```
< xs:attribute name = "yourname" type = "anytype"/>
```

4. 复合的元素类型

包含着属性或者是其他元素的元素类型就是复合的元素类型。有 4 种包含属性的复合类型:

- 空元素;
- 包含其他元素的元素;
- 仅包含文本的元素;
- 包含元素和文本的元素。

其中空元素的复合类型的实例有:

```
< books id = "100"></books >
```

包含其他元素的元素实例有:

```
< books >
< book bid = "1"></book >
< book bid = "2"></book >
</books >
```

包含文本的元素实例有:

```
< books catalog = "计算机"> 1000 </books >
```

包含元素和文本的元素实例有：

```
< classmate class = "computer science"> Frankie was rolled on < datetime > 2008 - 09 - 01 <
datetime ></classmate >
```

一个包含属性，子元素和文本的元素实例的 Schema 定义如下所示：

```
< xs:element name = "classmate">
  < xs:complexType mixed = "true">
    < xs:sequence >
      < xs:element name = "datetime" type = "xs:date"/>
    </xs:sequence >
< xs:attribute name = "shool" type = "xs:string"></xs:attribute >
    </xs:complexType >
  </xs:element >
</xs:schema >
```

其中 complexType 中的属性 mixed＝"true"表示该元素是包含字元素和文本的。如果没有这个设定，则认为 complexType 指定的仅仅是包含字元素的复合类型。

5. 指示器

在上面的实例中，＜xs：sequence＞标签标识的是一个表示顺序的指示器。Schema 有 7 种指示器，主要划分为以下几个部分。

- 用于表示顺序的：all，choice，sequence。
- 用于表示发生频率的：maxOccurs 和 minOccurs。
- 用于分组的：group 和 attributeGroup。

其中 All 指示器规定 All 标签中定义的元素可以按照任意的顺序出现，且每个元素只可以出现一次。

```
< xs:element name = "books">
  < xs:complexType >
    < xs:all >
      < xs:element name = "computer" type = "xs:string"/>
      < xs:element name = "math" type = "xs:string"/>
    </xs:all >
  </xs:complexType >
</xs:element >
```

choice 指示器则规定 choice 标签中的定义的元素仅准许一个出现。

```
< xs:element name = "person">
  < xs:complexType >
    < xs:all >
      < xs:element name = "woman" type = "xs:string"/>
      < xs:element name = "man" type = "xs:string"/>
    </xs:all >
  </xs:complexType >
</xs:element >
```

sequence 指示器则规定 sequence 标签中定义的元素必须按照指定的顺序出现，其中每个元素出现的次数受到表示频率的指示器 maxOccurs 和 minOccurs 控制。

```
<xs:element name = "class">
  <xs:complexType>
    <xs:sequence>
      <xs:element name = "grade"></xs:element>
      <xs:element name = "classname" type = "xs:string" minOccurs = "1" maxOccurs = "100">
      </xs:element>
    </xs:sequence>
  </xs:complexType>
</xs:element>
```

group 指示器定义了一个组的元素组合,以方便多次应用。group 的内部必须声明,使用一个 all、choice 或 sequence 的元素。定义和使用方法如下。

定义:

```
<xs:group name = "contact">
  <xs:sequence>
    <xs:element name = "adress" type = "xs:string"/>
    <xs:element name = "tel" type = "xs:string"/>
  </xs:sequence>
</xs:group>
```

使用:

```
<xs:element name = "person">
  <xs:complexType>
    <xs:sequence>
      <xs:element name = "personname">
      </xs:element>
      <xs:group ref = "contact"></xs:group>
    </xs:sequence>
  </xs:complexType>
</xs:element>
```

attributeGroup 指示器则是通过定义一个属性组,从而方便在另外一个地方引用,定义和使用方法的原理和 group 类似。只是不需要在 attributeGroup 的标签下使用 choice,all 和 sequence 等指示器。

定义:

```
<xs:attributeGroup name = "contactinfo">
  <xs:attribute name = "adress" type = "xs:string">
  </xs:attribute>
  <xs:attribute name = "tel" type = "xs:string"></xs:attribute>
</xs:attributeGroup>
```

使用:

```
<xs:element name = "scholar">
  <xs:complexType>
    <xs:attributeGroup ref = "contactinfo"></xs:attributeGroup>
```

```
    </xs:complexType>
</xs:element>
```

以上就是有关 XML 文档的 Schema 定义的主要内容。

6.1.3 实验内容

这一节实验的主要内容包括：

（1）使用 create xml schema collection colletcion_name as 语句对一个 XML 文档的数据和文档组织结构建立特定的模式集合，集合中可以包括多个模式，模式的添加可以通过 alter xml schema collection 语句来添加。

（2）创建一个表，表中有一列是类型化 XML 数据。

（3）插入相应的 XML 数据到表格中去。

6.1.4 实验步骤

要求：

（1）根据一个具体的实例创建 XML 文档的 Schema 模式 scholars，这里是针对学术会议的一个结构，结构图如图 6.1.1 所示。

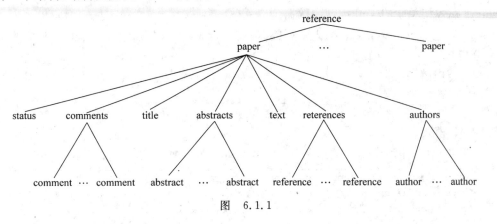

图 6.1.1

其中各个元素的属性和要求如下所示（括号内为元素相应的属性）。

`reference(tel,website,starttime,interval,address)`

reference 是整个 XML 文档的根节点，下面有多个 paper 节点，存储着在这个学术会议上发表过的 paper。Reference 具有多个属性，其中 tel 为会议常设机构的联系电话，website 为会议的主页，starttime 则是会议开始的时间，interval 则是会议举办的间隔时间，address 则是会议常设机构的地址。

`paper(subtime,modifytime,language)`

paper 即是发表的文章，具有三个属性：subtime 表示文章提交的时间，modifytime 表示文章的最后修改时间，language 表示文章的语言。

status 没有任何属性，不过对于 status 的内容则有限制，只可以选择"提交"，"在审"，"定稿"，"录用"。

comments 是审稿人对文章评论的集合,不带有任何属性,下面有多个 comment 评论元素。

title 是一个字符串型的简单元素,表示的是文章的标题。

abstracts 则是摘要的集合,下面有 abstract 元素。

text 则是一个字符串的集合。由于文章的正文的内容较多,保存在 XML 文档中不是很合适。所以将文章的正文保存在一个关系表中,而 text 中保存的则是对该关系表进行查找的关键字。

references 保存的是文章的引用文献元素 reference 的集合。

authors 保存的则是文章作者元素 author 的集合。显然,第一作者和第二作者是有差别的,所以这个集合对作者元素 author 的排列有要求。

comment(Reviewer)具有 Reviwer 属性,Reviwer 保存的是评论者的 ID 信息,而 comment 自身的文本则是字符串型的数据。

abstract(keywords)具有 keywords 属性,keywords 保存的是摘要的关键字信息,而 abstract 则是保存摘要的信息元素。

reference 保存的是保存引用文章的信息元素,文本的类型是字符串类型。

(2) 创建一个表 conferences(cid,content),其中 cid 为表的主键,而 content 为一个与 scholars 模式相关联的 xml 类型的数据。

(3) 为这个 conference 表插入一列数据,其中 content 数据满足模式 scholars 的约束。

分析与解答:

(1) 使用语句:

```
create xml schema collection 名称 as 内容
```

创建 XML 模式。

根据要求(1)中所给出的数据和文档结构创建的模式如代码 6.1.1 所示。

```
create xml schema collection scholars as
'<xs:schema id="myschema"
          xmlns:xs="http://www.w3.org/2001/XMLSchema"
          >
  <xs:element name="conference">
    <xs:complexType>
    <xs:sequence>
    <xs:element name="paper" type="paper" maxOccurs="unbounded"/>
    </xs:sequence>
      <xs:attribute name="tel" type="xs:string"/>
      <xs:attribute name="website" type="xs:anyURI"/>
      <xs:attribute name="starttime" type="xs:date"/>
      <xs:attribute name="interval" type="xs:nonNegativeInteger"/>
      <xs:attribute name="adress" type="xs:string"/>
    </xs:complexType>
  </xs:element>
              <xs:complexType name="paper">
```

代码 6.1.1　创建 scholars 模式

```
      <xs:all>
      <xs:element name = "status" type = "status"/>
      <xs:element name = "title" type = "xs:string"/>
      <xs:element name = "authors" type = "authors"/>
      <xs:element name = "category" type = "category"/>
      <xs:element name = "abstracts" type = "abstracts"/>
      <xs:element name = "text" type = "xs:string"/>
      <xs:element name = "references" type = "references"/>
      <xs:element name = "comments" type = "comments"/>
      </xs:all>
      <xs:attribute name = "subtime" type = "xs:date"/>
      <xs:attribute name = "modifytime" type = "xs:date"/>
      <xs:attribute name = "language" type = "xs:string"/>
    </xs:complexType>

    <xs:complexType name = "comments">
    <xs:sequence>
    <xs:element name = "comment" maxOccurs = "unbounded">
      <xs:complexType>
      <xs:simpleContent>
      <xs:extension base = "xs:string">
      <xs:attribute name = "Reviewerid" type = "xs:string"/>
      </xs:extension>
      </xs:simpleContent>
      </xs:complexType>
    </xs:element>
    </xs:sequence>
    </xs:complexType>

  <xs:complexType name = "references">
  <xs:sequence>
  <xs:element name = "reference" type = "xs:string" maxOccurs = "unbounded"/>
  </xs:sequence>
  </xs:complexType>

<xs:complexType name = "abstracts">
<xs:sequence>
<xs:element name = "abstract" maxOccurs = "unbounded">
<xs:complexType>
<xs:simpleContent>
<xs:extension base = "xs:string">
<xs:attribute name = "keywords" type = "xs:string"/>
</xs:extension>
</xs:simpleContent>
</xs:complexType>
</xs:element>
</xs:sequence>
</xs:complexType>
```

代码 6.1.1（续）

数据库系统实验指导教程(第二版)

```
       <xs:complexType name = "category">
        <xs:simpleContent>
        <xs:extension base = "xs:nonNegativeInteger">
        <xs:attribute name = "subcategory" type = "xs:nonNegativeInteger"/>
        </xs:extension>
        </xs:simpleContent>
       </xs:complexType>

    <xs:complexType name = "authors">
    <xs:sequence>
    <xs:element name = "author" maxOccurs = "unbounded">
    <xs:complexType>              ·
    <xs:simpleContent>
       <xs:extension base = "xs:string">
        <xs:attribute name = "tel" type = "xs:string"/>
        <xs:attribute name = "email" type = "xs:string"/>
        <xs:attribute name = "affilication" type = "xs:string" />
      </xs:extension>
  </xs:simpleContent>
      </xs:complexType>
      </xs:element>
      </xs:sequence>
      </xs:complexType>

    <xs:simpleType name = "status">
    <xs:restriction base = "xs:string">
    <xs:enumeration value = "提交"/>
    <xs:enumeration value = "在审"/>
    <xs:enumeration value = "定稿"/>
    <xs:enumeration value = "录用"/>
    </xs:restriction>
    </xs:simpleType>
            </xs:schema>'
```

代码 6.1.1(续)

为模式集合 scholars 继续添加模式的语句如代码 6.1.2 所示。

```
alter xml schema collection scholars add '语句'
```

代码 6.1.2

其中语句就是 Schema 的定义。

删除模式集合 scholars 使用的语句如代码 6.1.3 所示。

```
drop xml schema collection scholars
```

代码 6.1.3

(2) 建立表 conferences(cid,content),其中 cid 是主键,content 则是与模式 scholars 相关联的 XML 数据。

可以使用 SQL 语句创建表如代码 6.1.4 所示。

```
create table conferences(
cid varchar(50) primary key,
content xml(scholars)
)
```

代码 6.1.4

其中 XML 类型在关系表中的作用和普通的数据类型相似。其中语句：

```
content xml(scholars)
```

与语句

```
content xml
```

的差别是，前者指定了 XML 文档的验证模式为 scholars，插入到列 content 数据需要经过模式 scholars 验证正确方可插入。而在后一种情况的时候，仅仅是由数据库提供验证，格式良好的 XML 文档就可以被插入。

（3）插入表 conferences 中一条数据，其中插入 content 列中的数据要满足模式的验证。

插入不符合模式约束的数据如代码 6.1.5 所示。

```
insert conferences values('CSCW','
< school >
<class >
  < classmate > 刘小翔</classmate >
  < classmate>方聪</classmate >
  < classmate>王军</classmate >
  < classmate>李静</classmate >
</class >
</school >
')
```

代码 6.1.5

当插入不符合模式约束的数据的时候，这一列是插入不成功的。

插入符合约束的数据如代码 6.1.6 所示。

```
insert conferences values('ACM.DB,
'
< conference tel = "1234567890" website = "http://www.ACM.com/db" starttime = "1940 - 08
- 09" interval = "12" adress = "华盛顿 A 区 B 大街 F 号">
< paper subtime = "2008 - 09 - 08" modifytime = "2008 - 09 - 08" language = "chinese">
  < status >提交</status >
  < title>模拟退火算法</title >
  < authors >
    < author tel = "39323311" email = "frankie@yahoo.com.cn" affilication = "sysu">
    陈小明
    </author >
    < author tel = "39323311" email = "zhen@yahoo.com.cn" affilication = "sysu">
    郑月
```

代码 6.1.6

```
            </author>
            < author tel = "39323311" email = "cheng@yahoo.com.cn" affilication = "pku">
            程功
            </author>
        </authors>
        < category subcategory = "1">
        0
        </category>
        < abstracts >
            < abstract keywords = "模拟退火组合优化">
            将热力学的退火思想引入到组合优化领域,提出了一种大规模组合优化问题的解决方
    法——模拟退火算法。
            </abstract>
        </abstracts>
        < text >
        模拟退火算法
        </text >
        < references >
            < reference >引用模拟退火算法 book1 </reference >
            < reference >引用模拟退火算法 book2 </reference >
            < reference >引用模拟退火算法 book3 </reference >
        </references >
        < comments >
            < comment Reviewerid = "frankie">
              由 frankie 发表的有关模拟退火算法的评论
            </comment >
            < comment Reviewerid = "fangwencong">
            由 fangwencong 发表的有关模拟退火算法的评论
            </comment >
            < comment Reviewerid = "fangwensheng">
            由 fangwensheng 发表的有关模拟退火算法的评论
            </comment >
        </comments >
    </paper >
</conference >
    ')
```

代码 6.1.6(续)

模式集中可以保存多个模式,可以在创建模式集之后使用前面介绍的语句:

alter collection colletcionname as add 语句

继续添加模式,只要插入的 XML 数据满足模式集中的一个模式的验证就可以添加了。

说明:

在 Microsoft SQL Server 2005 中进行以上的实验,可以采取下面步骤:

(1) 打开 SQL Server Management Studio,双击选定的数据库。在工具栏中,单击"新建查询",打开 SQL 语句的文本区。

(2) 在文本编辑区输入相应的 SQL 语句。

(3) 按 F5 键或选择"执行"快捷键来运行 SQL 语句。

6.1.5　自我实践

（1）以自己所在的学校为例，构建相应的 XML 结构，用于存放每个同学的学籍信息。

（2）在已经构建好的 XML 数据架构的基础上，创建相应的 XML 文档的模式集。

（3）创建一个关系表来保存相应的 XML 数据，将其中的一个列设置为和模式集关联的数据类型。

（4）往关系表中插入数据。

6.2　XML 数据的查询修改

6.2.1　实验目的

通过本次实验，熟悉 XML 数据的五种类型方法，熟悉 XQuery 表达式以及使用 XQuery 方法查询和修改 XML 数据方法。

6.2.2　原理解析

1. XML 数据的 5 种类型方法

XML 数据类型有 5 种方法用于支持 XML 实例的查询和修改。

（1）query（）方法是用来从一个 XML 实例中返回某些指定的部分。query（）方法的语法如下所示。

```
query('XQueryExpression')
```

（2）value（）方法是用来从一个 XML 实例中查找节点值，语法如下所示。

```
value(XQueryExpression,SQLTYPE)
```

其中第一个参数是 XQuery 表达式，第二个参数是一个字符串的值，用于指定要转换的 SQL 类型。

（3）exist（）方法是用来检查 XML 实例中某个指定的 XML 片段是否存在，如果存在，则放回 1，如果不存在，则放回 0。语法如下所示：

```
exist('XQueryExpression')
```

（4）nodes（）方法是把一个 XML 数据类型实例转换成关系数据。nodes（）方法的目的是指定哪些节点映射到一个新的数据集的行。nodes（）方法的语法如下所示：

```
nodes(XqueryExpresion) as TableName(ColumnName)
```

（5）modify（）方法是用来修改一个 XML 数据类型实例。这里是把 XML DML（Data Modification Language，数据修改语言）语句作为一个参数来执行插入、删除、更新的操作。语法如下：

```
modify(XML_DML_Expression)
```

下面的综合示例展现了如何使用上面介绍的 5 种类型方法对 XML 数据进行查询和修

改的操作,如代码 6.2.1 所示。

```
declare @xml xml
set @xml = '
< university >
    < school name = "信息科学与技术">
        < class >计算机软件理论</class >
        < class >计算机应用技术</class >
        < class >电子通信工程</class >
    </school >
    < school name = "教育">
        < class >心理学</class >
        < class >社会科学</class >
        < class >体育教育</class >
    </school >
    < school name = "人文科学">
        < class >中国语言文学</class >
        < class >历史学</class >
        < class >哲学</class >
    </school >
    < school name = "国际商学院">
        < class >应用经济学</class >
        < class >企业管理</class >
    </school >
</university >
'
/ * 使用 modify 语句修改其中 XML 文档,将国际商学院改为商学院 * /
set @xml.modify('replace value of (/university/school[@name = "国际商学院"]/@name)[1]
with "商学院"
')
/ * 使用 exist 语句判断是否存在商学院 * /
select @xml.exist('/university/school[@name = "商学院"]')
/ * 使用 query 语句返回所有商学院所有班的集合 * /
select @xml.query('/university/school[@name = "商学院"]/class')
/ * 使用 nodes 方法将 XML 数据映射成相应的关系数据,
然后在这个基础上,使用 value 方法返回全校院系 school 的名称集合,
使用 query 返回相应院系所有的班级
* /
select university.schools.value('@name','varchar(20)')as school,
university.schools.query('class')
from @xml.nodes('/university/school') university(schools)
```

代码 6.2.1

其中查询语句:

```
select @xml.exist('/university/school[@name = "商学院"]')
```

返回的结果如图 6.2.1 所示。

查询语句:

```
select@xml.query('/university/school[@name = "商学院"]/class')
```

返回的结果如图 6.2.2 所示。

图　6.2.1　　　　　　　　　　图　6.2.2

查询语句：

```
select university. schools. value('@name','varchar(20)')as school,
university. schools. query('class')
    from @xml.nodes('/university/school') university(schools)
```

返回的结果如图 6.2.3 所示。

	school	(No column name)
1	信息科学与技术	\<class\>计算机软件理论\</class\>\<class\>计算机应用技术\</class\>\<class\>电子通信工程\</class\>
2	教育	\<class\>心理学\</class\>\<class\>社会科学\</class\>\<class\>体育教育\</class\>
3	人文科学	\<class\>中国语言文学\</class\>\<class\>历史学\</class\>\<class\>哲学\</class\>
4	商学院	\<class\>应用经济学\</class\>\<class\>企业管理\</class\>

图　6.2.3

2. XQuery

在前面介绍的五种 XML 数据类型方法中,除了 modify 方法以外,还需要 XQuery 表达式作为一个参数。XQuery 是被设计用来查询包括 XML 文档在内的,任何以 XML 形态呈现的数据,构建于 xpath 表达式的基础上,并且被大多数的数据库(DB2,SQL Server,Oracle)引擎支持。

(1) xpath 是一套语法,用来定位 XML 文档中的节点。使用 xpath 可以定位到 XML 文档中的任一节点(元素和属性)。xpath 的路径有绝对路径和相对路径两种定位方式。使用绝对路径的时候须使用"/",而使用相对路径的时候则须使用"//"。例如,有如下代码 6.2.2。

```
< university >
  < school name = "信息科学与技术">
    < class >计算机软件理论</class >
    < class >计算机应用技术</class >
    < class >电子通信工程</class >
  </school >
  < school name = "教育">
    < class >心理学</class >
    < class >社会科学</class >
    < class >体育教育</class >
  </school >
</uiversity >
```

代码 6.2.2

这一段 XML 数据,使用"/university"返回的则是代码 6.2.1 的自身。而使用"//class"的路径表达式则返回的是所有班级的信息,如代码 6.2.3 所示。

```
<class>计算机软件理论</class>
<class>计算机应用技术</class>
<class>电子通信工程</class>
<class>心理学</class>
<class>社会科学</class>
<class>体育教育</class>
<class>中国语言文学</class>
<class>历史学</class>
<class>哲学</class>
<class>应用经济学</class>
<class>企业管理</class>
```

代码 6.2.3

...n 定义的主要表达式的含义如表 6.2.1 所示。

表 6.2.1　xpath 定义的主要表达式

xpath 表达式	相应的含义
.	选取当前节点
..	选取父节点
@	选取当前节点的某个属性
/	从绝对路径寻取节点
//	从相对路径寻取节点
[]	利用方括号内部的条件进一步的指定满足节点的元素。其中,方括号里面的数值表示选择在选择集里面的相应位置的元素,方法类似于 C 语言中的数组的索引。不过它的其实位置是从 1 开始.
*	表示选择 * 号之前 xpath 表达式所指定的所有元素
count	用于计算所选择元素的个数,例如对于代码 6.2.1 中定义的变量 @xml 执行查询 select @xml. query('count(//class)')将放回 class 元素的个数,结果为 11

(2) FLOWOR 是 for,let,where,order by 和 return 字符的缩写。一个 FLOWER 语句由以下几个部分构成。

- 一个变量;
- 一个可选的 where 语句;
- 一个可选的 order by 语句;
- 一个 return 表达式。

FLOWOR 语句简单易解,可以通过以下示例来熟悉,了解基本使用方法,如代码 6.2.4 所示。相应的查询结果如图 6.2.4 所示。

```
declare @xml xml
set @xml = '
<school>
<class department = "计算机">软件理论</class>
<class department = "计算机">应用技术</class>
<class department = "电子">电子通信</class>
<class department = "电子">自动化</class>
```

代码 6.2.4

```
</school>'
select @xml.query(
'
for $ var in /school/class[@department = "计算机"]
  return string( $ var)
'
)as '计算机系'
```

代码 6.2.4（续）

3. XML 数据修改语言（XML DML）

XML 的数据修改语言主要涉及三种类型，数据的插入、修改和更新，分别对应的关键字和语句是 insert，delete 和 replace value of。其中使用 insert 关键字可以往文档中插入一个或多个节点，表达式如下所示。

	计算机系
1	软件理论 应用技术

图　6.2.4

```
insert expression1
      (as first|last) into|after|before
expression2
```

使用 delete 关键字则可以从文档中删除一个或多个节点，表达式如下所示：

```
delete expression
```

使用 replace value of 关键字可以更新一个或多个节点的值或者属性的值，表达式如下所示：

```
replace value of expression1 with expression2
```

相应的使用方法如代码 6.2.5 所示，结果如图 6.2.5～图 6.2.7 所示。

```
/ * insert,delete,repalce value of 的用法 * /
declare @xml xml
set @xml = '< school >< class department = "电子">电子通信</class></school>'
/ * 插入二条数据 * /
set @xml.modify('insert < class department = "计算机">软件理论</class> into (/school)[1]')
set @xml.modify('insert < class department = "计算机">应用技术</class> as first into (/school)
[1]')
select @xml.query('.')
/ * 将软件理论改为应用软件 * /
set @xml.modify('replace value of (school/class[text() = "软件理论"]/text())[1] with "应
用软件"')
select @xml.query('.')
/ * 删除电子系的数据 * /
set @xml.modify('delete (school/class[@department = "电子"])')
select @xml.query('.')
```

代码 6.2.5

6.2.3　实验内容

基于 6.1 节实验所创建的 conferences 表进行。这里要进行的实验主要包括如下内容。

```
☐ <school>
    <class department="计算机">应用技术</class>
    <class department="电子">电子通信</class>
    <class department="计算机">应用软件</class>
  └ </school>
```

图 6.2.5

```
☐ <school>
    <class department="计算机">应用技术</class>
    <class department="电子">电子通信</class>
    <class department="计算机">软件理论</class>
  └ </school>
```

```
☐ <school>
    <class department="计算机">应用技术</class>
    <class department="计算机">应用软件</class>
  └ </school>
```

图 6.2.6   图 6.2.7

(1) 更新表 conferences 的列 content,插入一条新的提交的论文。

(2) 修改新论文的一系列信息。

(3) 模拟论文的审核部分,审核论文。并且将相应的审核意见添加到论文的 XML 数据中。

(4) 录用该论文。

6.2.4 实验步骤

(1) 根据要添加的论文名称,利用 exist 关键字查找该论文是否已经存在,如果不存在,则插入新论文的 XML 格式数据,语句如代码 6.2.6 所示。

```
IF(
select content. exist('/conference/paper/title[string() = "Social Network Model of Construction"]'
)
 from conferences where cid = 'ACM.DB') = 0
 update conferences
 set content.modify('insert
 < paper subtime = "2009 − 05 − 08" modifytime = "2009 − 05 − 08" language = "chinese">
    < status >提交</status >
    < title > Social Network Model of Construction </title>
    < authors >
      < author tel = "39323311" email = "frank@yahoo.com.cn" affilication = "sysu">
        frank
        </author >
      < author tel = "39323311" email = "zhenxiaolong@yahoo.com.cn" affilication = "sysu">
        woswo
        </author >
      < author tel = "39323311" email = "narcy@yahoo.com.cn" affilication = "pku">
        narcy
        </author >
    </authors >
    < category subcategory = "2">1 </category >
    < abstracts >
      < abstract keywords = "Engineering Construction">
```

代码 6.2.6

```
        Engineering and Construction Projects are depends on two fundamental elements
          </abstract>
      </abstracts>
      <text>
        Social Network Model of Construction
        </text>
      <references>
        <reference>Social Network Model of Construction1</reference>
        <reference>Social Network Model of Construction2</reference>
        <reference>Social Network Model of Construction3</reference>
      </references>
      <comments>
      <comment>nocomment</comment>
      </comments>
    </paper>
  into (conference)[1]
  ')
      where cid = 'ACM.DB'
```

代码 6.2.6（续）

（2）添加论文的引用 references 部分；修改论文的中文摘要；并且修改论文的状态部分，把论文的状态由"提交"改为"定稿"；同时修改论文的最后修改时间，如代码 6.2.7 所示。

```
update conferences
set content.modify('insert <reference>addreference</reference> into
(/conference/paper[string(title) = "Social Network Model of Construction"]/references)[1]
')
where cid = 'ACM.DB'
/* 修改它的中文摘要 */
update conferences
set content.modify('replace value of
(/conference/paper[string(title) = "Social Network Model of Construction"]/abstracts/
abstract)[1]
with "this is the new abstract modified"
')where cid = 'ACM.DB'
/* 修改文档的 status 状况 */
update conferences
set content.modify('replace value of
(/conference/paper[string(title) = "Social Network Model of Construction"]/status)[1]
with "定稿" cast as status?
')
where cid = 'ACM.DB'
/* 修改文档的最后修改日期 */
update conferences
set content.modify('replace value of
(/conference/paper[string(title) = "Social Network Model of Construction"]/@modifytime)[1]
with "2009 - 05 - 09" cast as xs:date?
')
where cid = 'ACM.DB'
```

代码 6.2.7

(3) 修改添加的论文的 comments 部分,添加新的评论,同时把论文的状态由提交由 "定稿"转换为"在审",如代码 6.2.8 所示。

```
/ * 添加评论 * /
update conferences
set content.modify('insert < comment Reviewerid = "frankie"> this is the comment added </
comment > into
  (/conference/paper[string(title) = "Social Network Model of Construction"]/comments)[1]
')
where cid = 'ACM.DB'
/ * 将论文的状态由定稿改为再审 * /
update conferences
set content.modify('replace value of
  (/conference/paper[string(title) = "Social Network Model of Construction"]/status)[1]
  with "在审" cast as status?
')
    where cid = 'ACM.DB'
```

代码 6.2.8

(4) 修改论文的状态,将论文的状态设置为"录用",如代码 6.2.9 所示。

```
update conferences
set content.modify('replace value of
  (/conference/paper[string(title) = "Social Network Model of Construction"]/status)[1]
  with "录用" cast as status?
')
    where cid = 'ACM.DB'
```

代码 6.2.9

最后,新加入的论文的 XML 信息如代码 6.2.10 所示。

```
< paper subtime = "2009 - 05 - 08" modifytime = "2009 - 05 - 09" language = "chinese">
    < status >录用</status >
    < title > Social Network Model of Construction </title >
    < authors >
      < author tel = "39323311" email = "frank@yahoo.com.cn" affilication = "sysu">
      frank
      </author >
      < author tel = "39323311" email = "zhenxiaolong@yahoo.com.cn" affilication = "sysu">
      woswo
      </author >
      < author tel = "39323311" email = "narcy@yahoo.com.cn" affilication = "pku">
      narcy
      </author >
    </authors >
    < category subcategory = "2"> 1 </category >
    < abstracts >
      < abstract keywords = "Engineering Construction">this is the new abstract modified </
abstract >
    </abstracts >
```

代码 6.2.10

```
< text >
 Social Network Model of Construction
 </text >
< references >
  < reference > Social Network Model of Construction1 </reference >
  < reference > Social Network Model of Construction2 </reference >
  < reference > Social Network Model of Construction3 </reference >
</references >
< comments >
  < comment > nocomment </comment >
  < comment Reviewerid = "frankie"> this is the comment added </comment >
</comments >
 </paper >
```

代码 6.2.10（续）

说明：以上代码中出现的"cast as xs：date"等类似语句是为了将相应的数据转换为 schema 定义的格式，从而能够通过验证，插入到结构化的 XML 数据中。其中""录用" cast as status?"则是为了将字符串"录用"转换为之前用户自定义的数据类型 status。

6.2.5　自我实践

在原有数据的基础上，对 cid＝"ACM.DB"的列 content 进行操作。

（1）查找是否存在文章名为"temporal XML"的论文。

（2）如果不存在这个论文，则插入相应的论文。插入的论文的状态定义为"提交"。

（3）删除 temporal XML 的所有引用，并且插入新的引用，修改论文的最后修改日期，将论文的状态修改为"定稿"。

（4）将论文的状态改为"审核"，给论文添加相应的审核意见。

（5）修改论文的状态，将论文的状态改为"录用"。

（6）查询所有被录用的文章的 XML 信息。

6.3　建立索引

6.3.1　实验目的

熟悉 XML 的主/从索引的作用和创建方法，了解如何给 XML 类型的列创建全文本索引以及如何使用全文本索引查找相应的字符串数据。

6.3.2　原理解析

在 SQL Server 2005 中，XML 的数据类型是被当作二进制大对象（Binary Large OBject，BLOB）存储的。如果没有对 XML 数据建立索引，数据库就会在查询的时候将相应的 XML 数据转换为关系数据的形式。对没有建立索引的 XML 数据进行查询将是一个繁琐、费时的过程。索引的建立将大大的加快相应的查询速度。

1. 主索引和从索引的建立

XML 索引分为主索引和从索引，可以通过给 XML 数据类型添加从 XML 索引以提供额外的查询功能。有三种从索引：PATH，VALUE 和 PROPERTY。PATH 索引的创建有助于加快针对 XML 实例路径的查询，VALUE 从索引的创建有助于加快针对 XML 实例特定值的查询，PROPERTY 的查询则有助于加快 XML 实例特定值的查询。其中 VALUE 索引和 PROPERTY 索引的不同之处在于，VALUE 索引是增加单个值的查询速度，而 PROPERTY 索引则是为了增加多个值的查询速度。

XML 创建索引的语句如下所示：

```
CREATE [ PRIMARY ] XML INDEX index_name
    ON < object > ( xml_column_name )
    [ USING XML INDEX xml_index_name
        [ FOR { VALUE | PATH | PROPERTY } ] ]
```

创建主索引时要注意的是，针对一个表创建主索引之前必须给该表的主键创建聚簇索引。在 SQL Server 2005 中需要自己创建聚簇索引，而 SQL Server 2008 则自动给创建的表建立聚簇索引。

表中的一个 XML 类型的列可以有一个主索引和多个从索引。所有的从索引必须在主索引创建的基础上进行创建。

当需要对 XML 索引进行修改的时候，可以使用以下的修改语句：

```
ALTER INDEX { index_name | ALL }
ON < object >
SET ( < set_index_option > [ , …n ] )
```

一般来说，索引一旦创建很少需要修改。如果需要详细了解 XML 索引的修改方法可以参照 MSDN 文档。

2. 全文本索引的创建

可以对 XML 列创建全文本索引，全文本索引为在字符串数据中进行复杂的词搜索提供有效支持。对 XML 列创建的全文本索引将 XML 实例当作一系列的字符串进行处理，忽略节点、属性等 XML 语法。创建全文本索引的基本语法如下所示。

```
CREATE FULLTEXT INDEX ON table_name
    KEY INDEX index_name
```

需要注意的是，一个表仅仅允许创建一个全文本索引。创建全文本索引之后使用 contains()关键字查找字符串。

6.3.3 实验内容

在前面两个实验的基础上，给 conference 表中的 content 列分别创建一个主索引，多个从索引和全文索引并使用 contains 关键字进行字符串的查找。

6.3.4 实验步骤

(1) 给 conferences 表中的 content 列创建 XML 主索引。

```
create primary xml index pr_index on conferences(content)
```

（2）给 conferences 表中的 content 列创建 PATH 从索引。

```
create xml index path_index on conferences(content)
using xml index pr_index
 for path
```

（3）给 conferences 表中的 content 列创建 VALUE 从索引。

```
create xml index value_index on conferences(content)
using xml index pr_index
 for value
```

（4）给 conferences 表中的 content 列创建 PROPERTY 从索引。

```
create xml index property_index on conferences(content)
using xml index pr_index
 for property
```

（5）给 conferences 表中的 content 列创建全文本索引。

```
/ * 首先创建一个目录来存储全文本索引，这个是必须的 * /
create fulltext catalog full_log as default
/ * 创建全文本索引 * /
create fulltext index on conferences(content)
key index fulltext_index
on full_log
```

注意： fulltext_index 为表 conferences 中的聚簇索引。

（6）使用 contains 关键字查找 conferences 表中列 content 中的关键字。

```
select cid,content from conferences
where contains(content, 'frankie')
```

	cid	content
1	ACM.DB	<conference tel="1234567890" website="http://www...

运行的结果如图 6.3.1 所示。　　　　　　　图　6.3.1

6.3.5　自我实践

（1）创建一个表 newtable，表中有两列 Nid 和 Ncontent，其中 Nid 为 int 类型，并且为主键。Ncontent 为无类型的 XML 数据。

（2）给 Nid 创建聚簇索引。

（3）给 Ncontent 创建主索引。

（4）给 Ncontent 创建 PATH，VALUE 和 PROPERTY 索引。

（5）给 Ncontent 创建全文本索引。

（6）使用 contains 关键字对 Ncontent 中的内容进行检索。

6.4　XML 数据与关系数据库的转换

6.4.1　实验目的

学会使用 FOR XML 命令查询关系数据库，并且将关系型数据转换为相应的 XML

数据库系统实验指导教程（第二版）

数据格式的方法；学会使用 OPEN XML 命令将 XML 文档转换，并且导入数据表的方法。

6.4.2 原理解析

1. FOR XML

FOR XML 语句可以用来将多行的关系型数据转换成 XML 数据。FOR XML 的语法定义如下：

```
[ FOR { BROWSE | < XML > } ]
< XML > ::* =
XML
  {
    { RAW [ ('ElementName') ] | AUTO }
    [
        < CommonDirectives >
        [ , { XMLDATA | XMLSCHEMA [ ('TargetNameSpaceURI') ]} ]
        [ , ELEMENTS [ XSINIL | ABSENT ] ]
    ]
    | EXPLICT
    [
        < CommonDirectives >
        [ , XMLDATA ]
    ]
    | PATH [ ('PathName') ]
    [
        < CommonDirectives >
        [ , ELEMENTS [ XSINIL | ABSENT ] ]
    ]
  }
< CommonDirectives > :: =
    [ , BINARY BASE64 ]
    [ , TYPE ]
    [ , ROOT [ ('RootName') ] ]
```

其中，语法的主要参数的含义如表 6.4.1 所示。

表 6.4.1　FOR XML 语法的主要参数及其含义

参　　数	含　　义
RAW('ElementName')	将数据集中的每一行记录作为一个元素，元素的名称为 ElementName
AUTO	将数据集的结果以元素的形式返回，其中查询的对象作为元素，而查询的结果根据是否指定 ELEMENT 关键字，作为元素的属性或者是子元素放回
EXPLICT	将数据集的结果以显示指定的元素形式放回
PATH(PathName)	提供一种相对 EXPLICT 更为简单的方式，返回从数据集中构造出的 XML 元素
TYPE	将返回的结果指定为 XML 数据类型
ROOT（RootName')	可选的选项，用来添加一个最顶层的根元素，元素的名为 RootName

FOR XML 有以下几种转换模式：

- RAW；
- AUTO；
- EXPLICT；
- PATH。

RAW 模式是最简单的一种模式，仅仅将数据集中的每一行数据作为一个元素输出。可以通过添加 RAW(ElementName)指定每行数据返回的元素的元素名。

AUTO 模式是将数据集的结果以元素的形式返回，其中查询的对象作为元素，而查询的结果根据是否指定 ELEMENT 关键字，作为元素的属性或者是子元素放回。其中，最先查询的对象是最外层的元素。

EXPLICT 模式则提供了更加强大的功能用于显式的输出 XML 类型的结果，可以通过 EXPLICT 选项定制返回的 XML 型数据的结构。在 EXPLICT 模式中，select 语句的前两个字都必须分别命名为 TAG 和 PARENT。在 EXPLICT 模式中需要通过 TAG 和 PAREMENT 两个元数据显式的指定输出元素的别名，从而返回的数据中 XML 的数据结构。其中元素的别名的形式为：

[元素名!元素相关的标号!属性名]

PATH 模式则提供了一种相对 EXPLICT 更加简便的方式来将结果集中的数据转换为相应的 XML 型的数据。EXPLICT 模式虽然功能强大，但是却比较繁琐。PATH 模式则更加容易掌握和看懂，而且功能强大。PATH 模式中也是同 RAW 模式一样，最外层的元素也是 RAW，但是可以通过 PAHT('PathName')指定 RAW 元素的名称。在 PATH 模式中，通过在 select 语句中按照一些简单的规则指定相应的别名即可以有效地构造出相应的 XML 文档。别名主要有以下几种形式，如表 6.4.2 所示。

表 6.4.2　别名的几种主要形式及其含义

别名的形式	相应的含义
@Name	以@Name 表示的别名，表示需要创建 RAW 元素的属性，属性名为 Name
Name	表示创建上一层元素的字元素，元素名为 Name
Name1/Name2/@ Name3 或 Name1/Name2/Name3	这种形式是隐含着相应的 XML 结构。如果存在着元素 Name1 和 Name1 的字元素 Name2 的话，在 Name2 下创建属性@Name3 或者创建子元素 Name3
多个列的别名共用相同的前缀名	这里指的是相邻的多个列共用相同的前缀名，这个时候多个列会被当作是在同一个元素下
具有不同名称的列，如 Name1 与 Name2	表明分别在前一个元素下创建相应的元素 Name1 和 Name2 两个元素
别名为 * 的情况	当列为 XML 类型的时候，将列中返回的 XML 数据插入上层节点，当列为非 XML 类型的时候，将列中返回的数据插入上层元素的节点中

2. OPEN XML

与 FOR XML 子句相反，OPEN XML 提供了一种将 XML 文档转换成相应的关系型数据并且导入关系型数据库中的方法。在使用 OPEN XML 功能之后,首先需要调用系统存储过程 sp_xml_preparedocument 来解析指定的 XML 文档,并且返回被解析的 XML 文档的句柄。其中 sp_xml_preparedocument 的存储过程的语法如下:

```
sp_xml_preparedocument hdoc OUTPUT
[ , xmltext ] [ , xpath_namespaces ]
```

相应的参数的含义如表 6.4.3 所示。

表 6.4.3　sp_xml_preparedocument 参数及其含义

参　　数	含　　义
hDoc	用来存储返回的 XML 文档的句柄
xmltext	表示需要被解析的 XML 文档
xPathnamespace	表示 OPEN XML 中使用到的 xpath 表达式的命名空间

获得句柄之后就可以使用 OPEN XML 语句进行相应的转换,OPEN XML 的语法如下:

```
OPEN XML( idoc int [ in ] , rowpattern nvarchar [ in ] , [ flags byte [ in ] ] )
[ WITH ( SchemaDeclaration | TableName ) ]
```

相应的参数的含义如表 6.4.4 所示。

表 6.4.4　OPEN XML 语法的主要参数及其含义

参　　数	含　　义
idoc	保存的是使用 sp_xml_preparedocument 返回的解析后的 XML 文档的句柄
rowpattern	是用来确定 XML 文档中哪些节点被当作行集来处理
flags	是一个可选的选项,用来指定 XML 数据和关系型数据的关系,XML 数据怎么样转换为关系型数据
SchemaDeclaration	用来显示指定映射关系
TableName	代表指定架构的一个表名。如果存在着与表相对应的集合,那么就可以使用这个表名代替前面声明的 SchemaDeclaration

Flags 参数的含义如表 6.4.5 所示。

表 6.4.5　Flags 参数的值及其含义

Flags 的值	含　　义
0	采用默认的 attribute-centric 映射
1	采用与元素相结合的 attribute-centric 映射
2	采用与属性相结合的 attribute-centric 映射
8	使用逻辑 OR 采用与元素和属性相结合的 attribute-centric 映射

其中,SchemaDeclaration 的格式如下:

```
ColName ColType [ColPattern | MetaProperty] [, ColNameColType [ColPattern | MetaProperty] … ]
```

相应的参数含义如表 6.4.6 所示。

表 6.4.6　**SchemaDeclaration** 的参数及其含义

参　　数	含　　义
ColName	表示数据集的列名称
ColType	定义数据集中的字段类型
Colpattern	是可选的,指定 XML 数据到关系型的映射关系,如果 Colpattern 没有被使用,则采用 Flags 中定义的映射方式
MetaProperty	提供了一种方式,用来提取 XML 节点相关的信息

6.4.3　实验内容

（1）在前面实验的基础上,创建 4 个表格 category,subcategory,Reviewer,paper 分别用来存储学科的分类、子分类、审稿人和文章的信息,从而与之前创建的 XML 数据表 conferences 完成完整的数据建模。

（2）使用 FOR XML 查询 4 个表格中的相应信息,并且转换为 XML 数据形式。

（3）使用 OPEN XML 查询 conferences 表中 content 列中存储的相应的 XML 数据,并且将查询结果转换为相应的关系型的数据。

6.4.4　实验步骤

（1）创建存储学科分类类型表 category,如代码 6.4.1 所示。

```
create table category(
id int identity(0,1) primary key,
name varchar(50) not null unique
  )
```

代码 6.4.1

（2）创建存储学科子分类的表 subcategory,如代码 6.4.2 所示。

```
create table subcategory(
id int identity(0,1) primary key,
categoryid int references category(id),
name varchar(50) unique
  )
```

代码 6.4.2

（3）创建存储审稿人信息的表 Reviewer,如代码 6.4.3 所示。

```
create table Reviewer(
id varchar(50) primary key,/*用户名称*/
psd varchar(50)not null default('hello,welcome'),
name varchar(50)not null,/*用户真实姓名*/
email varchar(100),
tile varchar(50),
affilication varchar(50),
adress varchar(100),
tel varchar(50),
```

代码 6.4.3

数据库系统实验指导教程(第二版)

```
fax varchar(50),
categoryid int references category(id),
active char(2) check (active in ('Y','N'))        /*用于分别审稿人是否有效*/
    )
```

代码 6.4.3（续）

（4）创建 papercontex 用来存储论文信息，为了简便起见，论文的内容用 text 类型表示，如代码 6.4.4 所示。

```
create table papercontext(
id varchar(50) primary key,
context text
    )
```

代码 6.4.4

这里 4 个表格对应的数据插入的语句不再显示。

（5）使用 FOR XML 中的 RAW 模式查找学科分类和子分类的信息，并且构造为对应的 XML 型数据。

执行语句如代码 6.4.5 所示。

```
select category.id as "ID",category.name as "NAME" ,
(
select subcategory.id as "id",
subcategory.name as "NAME"
from subcategory
where category.id = subcategory.categoryid
for xml raw('SubCateGoryRAW'),type
)
from category
    for xml raw('CateGoryRAW'),root('CateGories'),type
```

代码 6.4.5

执行结果如下：

```
<CateGories>
  <CateGoryRAW ID = "2" NAME = "数据和知识管理">
    <SubCateGoryRAW id = "9" NAME = "数据仓库" />
    <SubCateGoryRAW id = "10" NAME = "数据挖掘和知识发现" />
    <SubCateGoryRAW id = "11" NAME = "数据集成和知识管理" />
    <SubCateGoryRAW id = "12" NAME = "网格数据" />
  </CateGoryRAW>
  <CateGoryRAW ID = "0" NAME = "数据库基础设计">
    <SubCateGoryRAW id = "0" NAME = "分布式数据库" />
    <SubCateGoryRAW id = "1" NAME = "嵌入式,移动数据库" />
    <SubCateGoryRAW id = "2" NAME = "对象数据库" />
    <SubCateGoryRAW id = "3" NAME = "XML 和半结构化数据库" />
    <SubCateGoryRAW id = "4" NAME = "数据库安全技术" />
  </CateGoryRAW>
  <CateGoryRAW ID = "3" NAME = "数据库新技术">
    <SubCateGoryRAW id = "13" NAME = "时态数据库" />
```

```
      </CateGoryRAW>
      < CateGoryRAW ID = "1" NAME = "数据库应用开发">
        < SubCateGoryRAW id = "5" NAME = "电子商务" />
        < SubCateGoryRAW id = "6" NAME = "数字图书馆" />
        < SubCateGoryRAW id = "7" NAME = "科学与统计数据库" />
        < SubCateGoryRAW id = "8" NAME = "数据库与信息检索" />
      </CateGoryRAW>
      </CateGories>
```

（6）使用 FOR XML 中的 AUTO 模式构造与实验步骤（5）中结构相同的 XML 数据。
执行语句如代码 6.4.6 所示。

```
select category. id as "ID", category. name as "NAME" ,
(
select subcategory. id as "id",
subcategory. name as "NAME"
from subcategory
where category. id = subcategory. categoryid
for xml auto, type
)
from category
    for xml auto, root('CateGories'), type
```

代码 6.4.6

执行结果如下：

```
< CateGories >
  < category ID = "2" NAME = "数据和知识管理">
    < subcategory id = "9" NAME = "数据仓库" />
    < subcategory id = "10" NAME = "数据挖掘和知识发现" />
    < subcategory id = "11" NAME = "数据集成和知识管理" />
    < subcategory id = "12" NAME = "网格数据" />
  </category>
  < category ID = "0" NAME = "数据库基础设计">
    < subcategory id = "0" NAME = "分布式数据库" />
    < subcategory id = "1" NAME = "嵌入式,移动数据库" />
    < subcategory id = "2" NAME = "对象数据库" />
    < subcategory id = "3" NAME = "XML 和半结构化数据库" />
    < subcategory id = "4" NAME = "数据库安全技术" />
  </category>
  < category ID = "3" NAME = "数据库新技术">
    < subcategory id = "13" NAME = "时态数据库" />
  </category>
  < category ID = "1" NAME = "数据库应用开发">
    < subcategory id = "5" NAME = "电子商务" />
    < subcategory id = "6" NAME = "数字图书馆" />
    < subcategory id = "7" NAME = "科学与统计数据库" />
    < subcategory id = "8" NAME = "数据库与信息检索" />
  </category>
</CateGories>
```

注意：Auto 模式不同于 RAW 模式，它不可以通过 RAW（RAWName）的形式来指定

数据库系统实验指导教程(第二版)

元素的名称,它只能够采用表名作为元素的名称。

(7) 使用 FOR XML 中的 Path 模式构造与图 6.1.1 相同的 XML 数据。

执行语句如代码 6.4.7 所示。

```
select category.id as "@ID",category.name as "@NAME",
(
select subcategory.id as "@id",
subcategory.name as "@NAME"
from subcategory
where category.id = subcategory.categoryid
for xml path('SubCateGoryRAW'),type
)
from category
    for xml Path('CateGoryRAW'),root('CateGories'),type
```

代码 6.4.7

(8) 使用 FOR XML 中的 EXPLICT 模式将审稿人的信息转换成相应的 XML 结构数据。

执行语句如代码 6.4.8 所示。

```
select
1 as tag,
null as parent,
name as[Reviwer!1!Name],
active as[Reviwer!1!Active],
categoryid as[Reviwer!1!categoryid],
null as[login!2!id],
null as[login!2!password],
null as[contact!3!tel],
null as[contact!3!fax],
null as[contact!3!email],
null as[contact!3!tile],
null as[contact!3!affilication],
null as[contact!3]
from Reviewer

union all
select 2 as tag,
1 as parent,
name,active,categoryid,id,psd,tel,fax,email,tile,affilication,adress
from Reviewer
union all
select 3 as tag,
1 as parent,
name,active,categoryid,id,psd,tel,fax,email,tile,affilication,adress
from Reviewer
order by [Reviwer!1!Name],[login!2!id],[contact!3!tel]
    for xml explicit
```

代码 6.4.8

执行结果如下：

```
< Reviwer Name = "方文" Active = "y " categoryid = "0">
  < login id = "fangwensheng" password = "hello,welcome" />
  < contact tel = " 12345678900" email = " fangwencong @ yahoo. com. cn" tile = " 研 究 生"
affilication = "中山大学信息科学与技术学院">中大南校区 173 栋 820 号</contact >
</Reviwer >
< Reviwer Name = "古月" Active = "y " categoryid = "0">
  < login id = "frankie" password = "hello,welcome" />
  < contact tel = "15914387136" email = " frankie1986126 @ yahoo. com. cn" tile = " 研 究 生"
affilication = "中山大学信息科学与技术学院">中大南校区 173 栋 818 号</contact >
</Reviwer >
< Reviwer Name = "李豪" Active = "y " categoryid = "3">
  < login id = "lihao" password = "hello,welcome" />
  < contact tel = "12345678906" email = "lihao@ yahoo. com. cn" tile = "研究生" affilication =
"中山大学信息科学与技术学院">中大南校区 173 栋</contact >
</Reviwer >
< Reviwer Name = "向华" Active = "y " categoryid = "3">
  < login id = "xianghua" password = "hello,welcome" />
  < contact tel = "12345678905" email = "xianghua@ yahoo. com. cn" tile = "研究生" affilication
= "中山大学信息科学与技术学院">中大南校区 173 栋</contact >
</Reviwer >
< Reviwer Name = "杨量" Active = "y " categoryid = "2">
  < login id = "yangliang" password = "hello,welcome" />
  < contact tel = "12345678903" email = "yangliang@ yahoo. com. cn" tile = "研究生" affilication
= "中山大学信息科学与技术学院">中大南校区 173 栋</contact >
</Reviwer >
< Reviwer Name = "杨思" Active = "y " categoryid = "1">
  < login id = "yangsi" password = "hello,welcome" />
  < contact tel = "12345678902" email = "yangsi@ yahoo. com. cn" tile = "研究生" affilication =
"中山大学信息科学与技术学院">中大南校区 173 栋</contact >
</Reviwer >
< Reviwer Name = "张文" Active = "y " categoryid = "1">
  < login id = "fangwencong" password = "hello,welcome" />
  < contact tel = "12345678901" email = "zhangwen@ yahoo. com. cn" tile = "研究生" affilication
= "中山大学信息科学与技术学院">中大南校区 173 栋 818 号</contact >
</Reviwer >
< Reviwer Name = "朱雄" Active = "y " categoryid = "2">
  < login id = "zhuxiong" password = "hello,welcome" />
  < contact tel = "12345678904" email = "zhuxiong@ yahoo. com. cn" tile = "研究生" affilication
= "中山大学信息科学与技术学院">中大南校区 173 栋</contact >
    </Reviwer >
```

（9）使用 EXPLICT 模式转换 XML 型的数据是比较烦琐的。构造如实验步骤（6）中所示的 XML 数据可以采用 Path 模式。

执行语句如代码 6.4.9 所示。

```
select name "@name",active "@active",categoryid "@categoryid",
id "login/@id",psd "login/@password",
tel " contact/@ titile", email " contact/@ email", tile " contact/@ tile", affilication "
contact/affilication"
from Reviewer
    for xml path('Reviewer'),type
```

代码 6.4.9

提示：实验步骤(9)和实验步骤(8)进行对比，可知 EXPLICT 模式比较复杂而且难以掌握，相对而言 Path 模式更加简单有效。

(10) 利用 OPEN XML 语句查询 conferences 表中保存的论文的所有评论，并且将评论、评论人和相对应的文章名转化为关系数据的形式，插入新的表格中。

执行语句如代码 6.4.10 所示。

```
declare @id int
declare @temp xml
set @temp = (
select content.query('
.
') from conferences
where cid = 'ACM.DB'
)
exec sp_xml_preparedocument @id output,@temp , N'< conference/>'
select *  into newtable from openxml(@id,N'conference/paper/comments/comment',8)
with
(
title varchar(100) N'../../title',
Reviewerid varchar(50) N'@Reviewerid',
comment varchar(100) N'text()'
)
exec sp_xml_removedocument @id
    select *  from newtable
```

代码 6.4.10

执行结果如图 6.4.1 所示：

	title	Reviewerid	comment
1	模拟退火算法	frankie	由frankie发表的有关模拟退火算法的评论1
2	模拟退火算法	fangwencong	由fangwencong发表的有关模拟退火算法的评论2
3	模拟退火算法	fangwensheng	由fangwensheng发表的有关模拟退火算法的评论3
4	Social Network Model of Construction	frankie	this is the comment added

图　6.4.1

6.4.5　自我实践

(1) 使用 FOR XML 语句的 4 种模式，查询审稿人具备的学科背景，并转换为 XML 格式显示出来。

(2) 使用 Path 模式，综合 Reviwer 表和 category 表查询审稿人的信息，并且转换为以下结构形式的 XML 文档。

```
<审稿人信息 name = "张文" active = "y " categoryName = "数据库应用开发">
  < login id = "fangwencong" password = "hello,welcome" />
  <联系方式 titile = "12345678901" email = "zhangwen@yahoo.com.cn" tile = "研究生" />中山大
学信息科学与技术学院</审稿人信息>
```

(3) 使用 OPEN XML 语句查询 conferences 表中的 content 的 XML 信息，查找出所有
论文的名称、所属类别的 id、评稿人的 id、评稿人的评论的信息，并且转换为 XML 形式插入
新创建的关系数据表 essay 中。

6.5　本章自我实践参考答案

略。

附录 A　实验数据环境说明

本书的实验根据 school 数据库展开,本附录对这个数据库的表格进行说明。

school 数据库由 4 个表格组成,如表 A1~表 A4,描述一个学校的学生、教师、课程和选课关系。

表 A1　students 表(记录学生的基本信息)

sid	学生的唯一性标识,主键,char(10)
sname	学生姓名,非空,char(30)
email	学生的 email,char(30)
grade	学生所在年级,如"2001",int

表 A2　teachers 表(记录教师的基本信息)

tid	教师的唯一性标识,主键,char(10)
tname	教师姓名,非空,char(30)
email	教师的 email,char(30)
salary	教师工资,单位"元",如"3200",int

表 A3　courses 表(记录可供选择课程的信息)

cid	课程的唯一性标识,主键,char(10)
cname	课程名称,非空,char(30)
hour	需要讲授的小时数,如"48",int

表 A4　choices 表(记录选课关系)

no	选课关系的唯一性标识,主键,int
sid	选课学生标识,非空,外键引用 students 表格 sid,char(10)
tid	授课老师标识,外键引用 teachers 表格 tid,char(10)
cid	选中课程标识,非空,外键引用 courses 表格 cid,char(10)
score	学生本门课程的分数,int

注: 假设某个学生 sid 选择了由某个老师 tid 开设的某门课程 cid,no 是 choices 表的主键,另外 choices 表包含了来自 students、teachers、courses 三个表的外键。

附录 B 实验环境构建

本附录介绍实验环境的构建，主要说明如何将实验数据（school 数据库）导入到管理器中。

（1）复制网站上下载的 database 文件夹下的两个文件 School_Data. MDF（数据文件）和 School_Log. LDF（日志文件）到 SQL Server 2005 安装目录下的 MSSQL1 文件夹下的 Data 文件夹中。

（2）进入 Management Studio 中，展开到"数据库"一级，并在"数据库"上右击，选择"附加"选项，会出现一个如图 B1 所示的"附加数据库"对话框，在弹出的对话框中选择"添加"按钮，出现默认的 SQL Server 2005 安装目录下的 MSSQL1 文件夹下的 Data 文件夹下的所有数据文件。选择 SQL Server 2005 安装目录的 School_Data. MDF 文件，然后单击"确定"按钮，回到"附加数据库"对话框，然后单击"确定"按钮，便可以导入数据库。此时可以在 Management Studio 的"数据库"目录下看到新添加的 School 数据库，说明导入成功。读者还可以查看数据库中的表格，以加深对实验数据结构的理解。

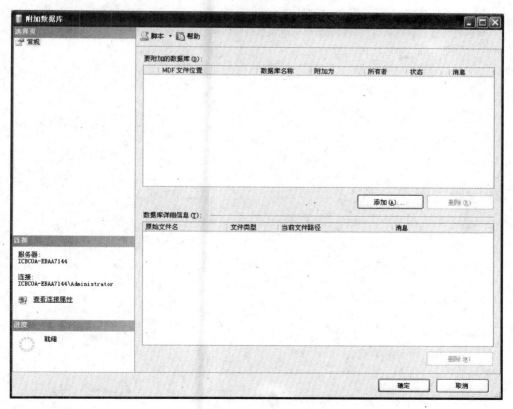

图 B1　附加数据库